中国科协学科发展研究系列报告

中国科学技术协会 / 主编

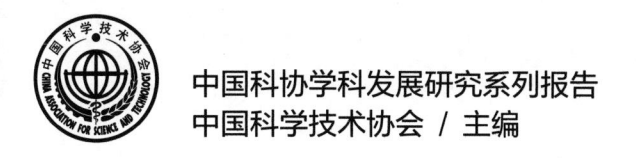

2022—2023
环境科学技术
学科发展报告
水环境

中国环境科学学会　编著

中国科学技术出版社
·北　京·

图书在版编目（CIP）数据

2022—2023环境科学技术学科发展报告. 水环境 / 中国科学技术协会主编；中国环境科学学会编著. —北京：中国科学技术出版社，2024.6

（中国科协学科发展研究系列报告）

ISBN 978-7-5236-0700-8

Ⅰ.①2… Ⅱ.①中… ②中… Ⅲ.①环境科学 – 学科发展 – 研究报告 – 中国 – 2022-2023 ②水环境 – 学科发展 – 研究报告 – 中国 – 2022-2023 Ⅳ.① X–12

中国国家版本馆 CIP 数据核字（2024）第 090115 号

策　　划	刘兴平　秦德继
责任编辑	杨　丽
封面设计	北京潜龙
正文设计	中文天地
责任校对	邓雪梅
责任印制	徐　飞

出　　版	中国科学技术出版社
发　　行	中国科学技术出版社有限公司
地　　址	北京市海淀区中关村南大街 16 号
邮　　编	100081
发行电话	010-62173865
传　　真	010-62173081
网　　址	http://www.cspbooks.com.cn

开　　本	787mm×1092mm　1/16
字　　数	311 千字
印　　张	14.25
版　　次	2024 年 6 月第 1 版
印　　次	2024 年 6 月第 1 次印刷
印　　刷	河北鑫兆源印刷有限公司
书　　号	ISBN 978-7-5236-0700-8 / X・157
定　　价	88.00 元

（凡购买本社图书，如有缺页、倒页、脱页者，本社销售中心负责调换）

2022—2023
环境科学技术学科发展报告：水环境

首席科学家　　胡洪营

顾问组　　钱　易　　曲久辉　　任南琪　　任洪强

专家组（按姓氏笔画排序）

于　丹	王巧娟	王志伟	文湘华	刘国强	闫振广
孙卫玲	孙迎雪	李锋民	余若祯	宋立荣	张　昱
苑宝玲	罗旭彪	季　民	金鹏康	胡勇有	种云霄
段昌群	夏祖义	柴宏祥	柴晓利	郭怀成	梁　恒
董双石	赖　波	霍明昕			

编写组（按姓氏笔画排序）

丁　宁	刀国华	王飞鹏	王少霞	王国清	王洪涛
卢少勇	史小丽	刘　平	刘　海	刘广立	米　澜
闫　政	闫振广	巫寅虎	李　敏	李立平	李彦澄
杨　勇	吴　蕾	张　建	张中华	陆　韻	陈　卓

陈　昱　陈志强　邵世云　金小伟　周丹丹　郑　欣
柏耀辉　种云霄　昝帅君　高　强　陶　益　彭剑峰
韩佳慧　魏东斌　魏亮亮

综合报告撰稿人

胡洪营　魏东斌　陆　韻　吴乾元　刘广立　周丹丹
陈志强　巫寅虎　陶　益　种云霄　陈　卓　刀国华
王文龙　黄　南　李彦澄　唐英才　闫　晗　高桦楠
张倬玮　廖安然　徐　傲　贾文杰　陆慧闽　郝姝然
褚　旭　杨春丽　丁　仁　廖梓童　徐红卫　刘　涵
陈晓雯　肖卓远　王　琦　王浩彬　曹可凡　徐雨晴
梁思懿　尹诗琪　郭洪发　沈谟禹　吴　蕾　张中华

水质水生态评价与环境基准标准专题报告撰稿人

魏东斌　陆　韻　柏耀辉　闫振广　金小伟　魏亮亮
郑　欣　李立平　丁　宁　李　敏　廖安然　王飞鹏
高桦楠　唐英才　刘　平　王国清　高　强　米　澜

水处理理论与技术专题报告撰稿人

刘广立　周丹丹　陈志强　刘　海　李彦澄　巫寅虎
黄浩勇　许博衍　苏青仙　毛玉红　苗　瑞　郑　祥
杨　庆（北京工业大学）　王大伟　罗金明　双陈冬
吴兵党　张淑娟　赵华章　王玉珏　李海翔　王佳佳
赵　欣　王　灿　骆海萍　徐　喆　王亚宜　盛国平
吕　慧　罗一豪　郑　雄　郭婉茜　穆　杨　李文卫
曹世杰　张　建　陈　一　苑宝玲　齐维晓　沈锦优
于晓菲　李海燕　王文龙　楚文海　杜　烨　陶　益
霍正洋　陈　荣　邱　珊　刘　和　张耀斌　潘　杨

贺诗欣　温沁雪　南　军　赵志伟　邱　勇　曾　薇
姚　宏　王爱杰　高宝玉　王　威　方晶云　王　鲁
王志伟　白朗明　高　嵩　孙　猛　董双石　李　冬
张　杰　王秀蘅　金鹏康　李　轶　王少霞　闫　政
陈　卓　张　冰　杨　庆（兰州交通大学）

湖泊治理理论与技术专题报告撰稿人
陶　益　种云霄　史小丽　王洪涛　张　建　卢少勇
彭剑峰　陈　卓　刀国华　昝帅君　闫　晗　郭子彰
程　呈　吴海明　国晓春　张　静　史秋月　段高旗
余春瑰　韩佳慧　邵世云　杨　勇　陈　昱

学术秘书组　刘　平　韩佳慧

序

习近平总书记强调，科技创新能够催生新产业、新模式、新动能，是发展新质生产力的核心要素。要求广大科技工作者进一步增强科教兴国强国的抱负，担当起科技创新的重任，加强基础研究和应用基础研究，打好关键核心技术攻坚战，培育发展新质生产力的新动能。当前，新一轮科技革命和产业变革深入发展，全球进入一个创新密集时代。加强基础研究，推动学科发展，从源头和底层解决技术问题，率先在关键性、颠覆性技术方面取得突破，对于掌握未来发展新优势，赢得全球新一轮发展的战略主动权具有重大意义。

中国科协充分发挥全国学会的学术权威性和组织优势，于 2006 年创设学科发展研究项目，瞄准世界科技前沿和共同关切，汇聚高质量学术资源和高水平学科领域专家，深入开展学科研究，总结学科发展规律，明晰学科发展方向。截至 2022 年，累计出版学科发展报告 296 卷，有近千位中国科学院和中国工程院院士、2 万多名专家学者参与学科发展研讨，万余位专家执笔撰写学科发展报告。这些报告从重大成果、学术影响、国际合作、人才建设、发展趋势与存在问题等多方面，对学科发展进行总结分析，内容丰富、信息权威，受到国内外科技界的广泛关注，构建了具有重要学术价值、史料价值的成果资料库，为科研管理、教学科研和企业研发提供了重要参考，也得到政府决策部门的高度重视，为推进科技创新做出了积极贡献。

2022 年，中国科协组织中国电子学会、中国材料研究学会、中国城市科学研究会、中国航空学会、中国化学会、中国环境科学学会、中国生物工程学会、中国物理学会、中国粮油学会、中国农学会、中国作物学会、中国女医师协会、中国数学会、中国通信学会、中国宇航学会、中国植物保护学会、中国兵工学会、中国抗癌协会、中国有色金属学会、中国制冷学会等全国学会，围绕相关领域编纂了 20 卷学科发展报告和 1 卷综合报告。这些报告密切结合国家经济发展需求，聚焦基础学科、新兴学科以及交叉学科，紧盯原创性基础研究，系统、权威、前瞻地总结了相关学科的最新进展、重要成果、创新方法和技术发展。同时，深入分析了学科的发展现状和动态趋势，进行了国际比较，并对学科未来的发展前景进行了展望。

报告付梓之际，衷心感谢参与学科发展研究项目的全国学会以及有关科研、教学单位，感谢所有参与项目研究与编写出版的专家学者。真诚地希望有更多的科技工作者关注学科发展研究，为不断提升研究质量、推动成果充分利用建言献策。

前　言

中国环境科学学会（以下简称"学会"）于1978年经中国科学技术协会批准成立，是国内成立最早、规模最大、专门从事环境保护事业的全国性、学术性科技社团，是国家生态环境保护事业和创新体系的重要社会力量，在紧密团结和凝聚广大环境科技工作者、共同推动生态文明建设和创新型国家建设工作中发挥重要作用。自2003年以来，学会组织联合领域内的专家学者，已累计编制完成8部环境科学技术学科发展报告。

党的二十大作出了"推动绿色发展，促进人与自然和谐共生"的重大部署，对生态文明建设和生态环境保护工作提出了新的更高要求。近年来，我国陆续出台了一系列促进资源节约与环境质量改善的政策和措施，科研立项与经费逐年递增，科技产业发展迅速，形成了大量科研成果，积累了丰富的实践经验。为充分及时地反映水环境学科的发展和变化，编者尝试编制《2022—2023环境科学技术学科发展报告：水环境》，全书以一个综合报告和水质水生态评价与环境基准标准、水处理理论与技术、湖泊治理理论与技术三个专题报告的形式，从科学研究、技术研发、管理技术和工程实践等方面反映了我国2019—2023年水环境学科的重要研究和应用进展。

科学全面认识、着力解决水环境领域存在的问题，需要广大科技工作者和来自不同学科背景的专家学者共同努力。因编写团队的学识和视野有限，难免存在疏漏与不妥之处，恳请广大读者批评指正，希望以本书的出版为契机，促进我国水环境学科持续创新发展。

中国环境科学学会
2023年12月

序
前言

综合报告

水环境学科发展综合报告 / 003
　　一、引言 / 003
　　二、水环境学科近年最新研究进展 / 005
　　三、水环境学科研究进展总结 / 054
　　四、水环境学科发展趋势及展望 / 070
　　参考文献 / 073

专题报告

水质水生态评价与环境基准标准 / 083
水处理理论与技术 / 119
湖泊治理理论与技术 / 157

ABSTRACTS

Comprehensive Report

Report on Advances in Water Environment Science / 197

Reports on Special Topics

Assessment of Water Quality and Aquatic Ecosystem and Establishment of
　　Environmental Standards / 206
Water Treatment Theory and Technology / 208
Lake Management Theory and Technology / 209

附录 / 211
索引 / 213

综合报告

水环境学科发展综合报告

一、引言

综合报告总结了水环境学科的研究现状、研究进展和研究热点，涵盖水环境化学与生物学、水环境基准与标准、水生态环境质量评价、水质分析与风险评价、水质风险控制理论与技术、城市水系统与水环境、工业水系统与水环境、农业农村水系统与水环境、湖泊污染与治理、河流污染与治理、地下水污染与治理、流域区域水环境协同治理和水生态环境监测预警与信息化等方面。在此基础上，对水环境学科的发展趋势进行了展望并提出了发展建议，以期为我国水环境保护治理和水环境学科的发展提供科学支撑。

（一）水环境与水环境学科

水环境是地球表层系统各圈层水体所处环境的总称。根据水环境形成原因，可分为自然水环境和人工水环境。自然水环境主要指自然形成的水环境，例如天然河流、湖泊、湿地等。人工水环境主要指人为建设或改造的水环境，包括人工湖泊、人工景观水体、水库等。根据水环境空间分布，可分为地表水环境和地下水环境。地表水环境包括河流、湖泊、水库、海洋、池塘、沼泽、冰川等环境，地下水环境包括泉水、浅层地下水、深层地下水等环境。

水环境学科是研究水环境系统的特点及其演变规律、机制及其调控理论、方法和技术的学科。根据研究对象不同，可分为湖泊环境科学、河流环境科学、地下水环境科学和城市水环境科学等。根据研究目的不同，可分为水环境监测、水环境评价、水污染治理、水环境管理和水生态保护等（程荣 等，2018；卢应涛，2019）。

（二）我国的水环境状况与重大需求

近年来，我国水生态环境质量持续改善，水生态环境保护工作取得明显成效。

我国地表水环境质量持续向好。2022年，全国地表水监测的3629个国控断面中，Ⅰ~Ⅱ类水质断面比例为87.9%，劣Ⅴ类水质断面比例为0.7%。主要污染指标为化学需氧量、高锰酸盐指数和总磷。

2022年，我国开展江河水质监测的3115个国控断面中，Ⅰ~Ⅲ类水质断面占90.2%，劣Ⅴ类水质断面占0.4%，主要污染指标为化学需氧量、高锰酸盐指数和总磷。长江流域、珠江流域、浙闽片河流、西北诸河和西南诸河水质为优，黄河流域、淮河流域和辽河流域水质良好，松花江流域和海河流域为轻度污染。松花江流域的主要污染指标为高锰酸盐指数、化学需氧量和总磷。海河流域的主要污染指标为化学需氧量、高锰酸盐指数和五日生化需氧量。

2022年，我国开展水质监测的210个重要湖泊（水库）中，Ⅰ~Ⅱ类水质湖泊（水库）占73.8%，劣Ⅴ类水质湖泊（水库）占4.8%，主要污染指标为总磷、化学需氧量和高锰酸盐指数。我国开展营养状态监测的204个重要湖泊（水库）中，贫营养状态湖泊（水库）占9.8%，中营养状态湖泊（水库）占60.3%，轻度富营养状态湖泊（水库）占24.0%，中度富营养状态湖泊（水库）占5.9%。太湖和巢湖均属轻度污染，全湖为轻度富营养状态，主要污染指标为总磷。滇池属轻度污染，全湖为轻度富营养状态，主要污染指标为化学需氧量和总磷。

我国地下水水质总体保持稳定。2022年，开展监测的1890个国家地下水环境质量考核点位中，Ⅰ~Ⅳ类水质点位占77.6%，Ⅴ类占22.4%，主要超标指标为铁、硫酸盐和氯化物。

我国的水生态环境质量保持改善态势。然而，水生态环境不平衡不协调的问题依然突出。少数地区消除劣Ⅴ类断面难度较大，部分区域城乡面源污染严重、部分地区生态用水的保障明显不足。河流、湖泊断流干涸现象较为普遍，部分重点湖泊蓝藻水华多发频发、水生态系统失衡，部分重点污染源周边地下水特征污染物超标等问题亟待解决。截至2023年，我国水生态环境保护面临的结构性、根源性、趋势性压力尚未根本缓解，与美丽中国水生态环境建设目标要求仍有不小差距，水环境质量改善不平衡不协调问题突出，河湖生态用水保障不足，水生态破坏问题凸显，水生态环境风险依然较高。

"十四五"是我国水生态环境保护事业进入新阶段的关键时期。我国相继颁布了《长江保护法》《湿地保护法》《黄河保护法》等法律法规，出台了《关于推进污水资源化利用的指导意见》《深入打好长江保护修复攻坚战行动方案》《黄河生态保护治理攻坚战行动方案》《深入打好城市黑臭水体治理攻坚战实施方案》《重点流域水生态环境保护规划》等政策文件，着力推动水生态环境保护由污染治理为主向水资源、水生态、水环境协同治理、统筹推进转变，以高品质的生态环境支撑高质量发展（王金南 等，2021；黄润秋 等，2023）。水环境治理和水环境质量改善提升是国家重大需求，不仅为水环境学科发展提供了强大的牵引力，同时也提出了更高的要求。

（三）水环境学科总体研究进展

从理论上认识水环境演变中各种复杂的物理、化学、生物等过程的变化规律，以及水环境对人类活动的响应关系，通过实际监测、物理化学分析、物理模型、数值模拟等各种技术手段分析其变化现象，进而寻找水环境改善和人工调控途径，是水环境科学研究的重点内容。

近5年来，水环境科学在理论、方法、技术等方面呈现出新的发展趋势。

1）理论上，水环境科学呈多学科交叉发展趋势。可持续发展理论已成为研究水环境的指导性思想，与此同时，水文学、水动力学、水化学、环境水力学、水污染处理等水环境传统学科与生态学、经济学等学科深入交叉。在研究水环境自然演变规律的同时，开始注重人类活动特别是工程建设的水生态效应，强调如水土保持、河道整治、大型水电工程建设等与水环境的相互作用关系，注重水环境的社会效益分析，使生态水文学、生态水动力、生态水工程、水环境修复、水环境风险、水环境经济等新理论得以创新和发展，并逐渐在区域水环境规划及治理、河湖水体水环境修复、区域水生态建设等实践中得到应用。

2）方法上，水环境科学呈将多种水环境要素整合，面向流域及区域系统研究的趋势。水环境系统在不同时空尺度下的能量、物质、生物循环、流动、交换和交互十分活跃。

在过去的较长时间内，水环境的研究主要以单要素小区域、微观尺度分析为主，如水动力特性、水物化特性、水质状况、污染物去除、再生水利用、水体污染修复等，研究对象多以相对封闭的水体为单元。这种研究尺度和单要素分析方法难以全面反映水环境系统的整体变化和相互影响。随着各专业技术和信息技术的发展，信息获取和整合能力的提高，水环境研究开始将多种要素进行整合分析，并从区域和流域尺度开展研究。在水循环过程方面，从以水污染处理为主的单一研究发展为水系统研究，并考虑物质循环、信息传递等，逐渐向区域、流域扩展。

3）技术上，呈现出多学科交叉、已有专业技术有机集成，高新技术不断应用于水环境专业领域的趋势，诸如人工智能、大数据等新兴技术在水环境领域中不断得到应用，极大地提高了水环境科学的研究深度与广度。

二、水环境学科近年最新研究进展

本节阐述了近年来水环境学科的新观点、新理论、新方法、新技术、新成果等发展状况，以期为我国水环境方面的研究提供参考。

（一）水环境化学与生物学

1. 水污染物及其风险

随着人口的日益增长以及城镇化的快速发展，我国面临的水环境污染和水生态破坏等问题依然突出。全国重点流域水生态优良点位仅占40.1%，部分湖泊和水库水体处于富营养状态（生态环境部，2022）。控制污染物排放仍然是新时期水环境治理的重要任务目标。

由于人类生产和使用化学品的种类和数量不断增加，水环境中的化学污染物含量也随之增加。化学污染物可分为无机污染物、有机污染物和放射性物质三类。

常见的无机污染物主要包括氮磷、重金属以及其他无机物。氮、磷等营养元素过多是造成水体富营养化的主要原因。重金属污染物包括汞、铬、镉、铅、锌、镍、铜、钴、锰、钛、钒、钼和铋等，其中汞、铬、镉、铅等生物毒性显著。重金属随污水排出时，能被水环境中的生物富集于体内，既危害生物，又可通过食物链危害人体。

水体中有机污染物种类复杂，其主要来自人类排泄物及生产生活中产生的废弃物。污水原水中的有机物包括蛋白质、碳水化合物、油脂等，这些污染物以悬浮或溶解状态存在于水中，可由微生物和化学作用而分解，在分解过程中消耗水中的大量氧气。当有机污染物过多排入水体，将造成水中溶解氧缺乏，水质退化，从而破坏水生态，影响鱼类及其他水生动物正常生活。

截至2023年12月，新污染物是指由人类活动造成的，已明确存在但尚无法律法规和标准予以规定或规定不完善的，危害生活和生态环境的所有在生产建设或者其他活动中产生的污染物。至2023年，国内外广泛关注的被排放到环境中的新污染物主要包括持久性有机污染物、内分泌干扰物、抗生素和微塑料等。相较于传统污染物，大部分新污染物持久性、累积性、迁移性的特征更为明显，其能在环境中持久存在，治理难度远超传统的污染物。

典型持久性有机污染物包括有机氯农药、全氟/多氟烷基化合物等；内分泌干扰物类典型物质有邻苯二甲酸酯、双酚A、多溴二苯醚等；抗生素类典型物质有大环类酯、四环素、喹诺酮、磺酰亚胺、氯霉素等；微塑料指最大尺寸不超过5 mm的塑料碎片和颗粒。

我国是化学物质生产使用大国，大部分新污染物涉及的化学物质产量和使用量均位于世界前列。研究显示，我国污水处理厂二级出水普遍检出新污染物，各类自然水体（地下水、河流、湖泊等）也面临微量有机物带来的污染风险。新污染物对我国人体健康和生态系统的危害已开始凸显，在推动常规污染物治理的同时，需重视新污染物的防治。

水中的微生物包括致病性和非致病性微生物。引起疾病的微生物种类繁多，总称为病原微生物。水中的病原微生物一般来源于外界环境污染，特别是人和其他温血动物的粪便污染。水体中发现1400多种病原微生物，包括细菌、病毒、真菌和原生动物等。水中常见的致病细菌包括大肠埃希菌、幽门螺杆菌和沙门氏菌等；致病真菌包括烟曲霉菌和白色念珠菌等；致病病毒包括肠道病毒、腺病毒和冠状病毒等；致病原生生物有阿米巴原虫、隐孢子虫和贾第鞭毛虫等。

2. 水污染化学理论

近年来，国内外学者对水污染化学理论的研究主要以新污染物的迁移转化为主。药品和个人护理产品（PPCP）、全氟烷基及多氟烷基物质、内分泌干扰物等新污染物在水环境中的迁移转化过程十分复杂。

新污染物与周围环境之间的相互作用是由物理、化学和生物因素触发的。物理因素，如水动力条件、温度、光照条件和降雨量，在水环境中新污染物的迁移和转化中发挥着重要作用。此外，水体中的悬浮固体、藻类等是新污染物的重要吸附剂。pH、营养物质和溶解氧等化学因素会影响水体中藻类和细菌的丰度，从而对新污染物的转化和分布产生间接影响。细菌群落等生物因素影响新污染物的生物降解和转化，不同因素之间的相互作用也影响新污染物在水环境中的降解动力学（Tong et al., 2022）。

为了更好地了解新污染物的命运和分布，科研人员已经在水体、沉积物层等环境中对许多新污染物的存在形式、降解动力学等进行了研究。然而，仍然需要全面了解不同因素之间的相互作用，以及单个或单类新污染物的生命周期，以便全面解析新污染物的迁移转化运输。

新污染物即使在微量浓度水平下，也可能对水生生态系统和人类健康构成潜在风险。为了更好地管理水环境中的新污染物，必须了解其来源、与环境因素的相互作用（命运）和转化行为。确定此类规律现象的最常见调查方法是通过现场监测，借助先进的分析仪器，如气相色谱/质谱（GC/MS）、液相色谱/质谱（LC/MS）、飞行时间质谱（QTOF）、傅里叶变换离子回旋共振质谱（FT-ICR MS）等对新污染进行检测、定性或定量。近几十年来，对水环境中新污染物进行了大量的现场和实验室研究。然而，这些分析技术成本高昂，需要熟练的人员。此外，采样活动耗时且劳动密集，这使得高频的新污染物现场和空间数据的获取非常困难。因此，发展可高效追踪水环境中新污染物水平的替代方法是有必要的。

数值模拟是研究新污染物在水环境中的命运和迁移的重要工具。与现场监测项目不同，模型可以克服昂贵的分析技术、空间和时间采样覆盖率不足以及人力资源短缺等负担。相关研究已经在不同的地理区域成功开发了如 MIKE（Hester et al., 2020）等模型来研究环境中新污染物的发生和命运。其中大多数是基于过程的模型，通过一组数学公式利用既定的理论、原理和经验物理、生物、化学生态学知识。新污染物的数值建模可以模拟其在水环境中行为的真实场景，开发此类模型需要全面了解其命运和运输。此外，还需要关于生命周期等跨学科知识来支持此类模型的开发。综合建模框架是数据集和各种链接模型的组合（Tong et al., 2022），包括逸度模型、1D 流域模型、2D/3D 模型、数据驱动模型、风险评估模型、源跟踪应用程序和基准测试开发等。未来，仍需要对新污染物的迁移转化机制及其综合模型的构建进行更深入的研究。

3. 水污染生物学理论

生物因素是影响水环境中污染物转化过程的关键因素之一，微藻、细菌和水生植物等可吸收、降解和转化污染物。其中，各类细菌是水环境中吸收、转化和降解污染物速率最高的生物。该领域近年的相关研究进展如下。

水环境中存在大量功能细菌，可吸收和转化氨氮、硝氮等营养盐。天然水体的多样微环境为细菌种群提供了多样栖息环境，如典型的厌氧环境和富氧环境等。近年研究发现，各类细菌存在好氧条件下硝化氨氮，厌氧条件下反硝化，以及异养硝化 – 好氧反硝化（HNAD）、异化 NO_3^--N 还原为 NH_4^+-N（DNRA）等特性。好氧反硝化过程主要由好氧反硝化细菌（ADB）进行，ADB 多为异养菌，能在好氧条件下代谢各种形式的氮化合物，直接将氨氮转化为 N_2 从水中去除。当下对 ADB 反硝化机理的解释包括微环境理论、酶理论、电子传递瓶颈理论和组学研究。分子生物学技术发展迅速，将微生物研究与分子生物学技术（如基因编辑技术）广泛结合，在分子水平上进一步研究 ADB 的反硝化机理，以及反硝化的控制基因成为可能（Hao et al.，2022）。

在天然水体中，一些矿化细菌可诱导碳酸钙沉淀（microbial-induced calcium precipitation，MICP），这些微生物代谢作用可产生 CO_3^{2-}，CO_3^{2-} 与游离 Ca^{2+} 结合形成 $CaCO_3$ 沉淀，同时去除水环境中多种污染物。常见的矿化细菌包括氧化细菌（oxidizing bacteria）、硫酸盐增溶细菌（sulphate solubilizing bacteria）、反硝化细菌（denitrifying bacteria）和溶尿细菌（ureolytic bacteria）。微生物诱导的钙沉淀过程受到许多因素的影响，如细菌浓度、环境温度、pH、Ca^{2+} 浓度、C/N 比、碳源、水力停留时间（HRT）等。截至 2023 年，MICP 的研究仍处于发展阶段，细菌的各种特性有待研究，MICP 的生长和代谢机制有待研究人员进一步探索。随着研究的深入，MICP 可用于污水处理等，具有极高的经济利益和环境效应（Liu et al.，2023）。

新污染物在水环境中的生物降解过程也是近年来研究的热点。氯酚类化合物（CPs），如单氯酚（MCP）、二氯酚（DCP）、三氯酚（TCP）和五氯酚（PCP）等，是一类具有高生物毒性和环境持久性的典型新污染物。研究发现，在好氧条件下，微生物可以通过氧化开环 – 脱氯和氧化脱氯 – 开环两种机制，深度降解氯酚类污染物，最终将其矿化为 CO_2 和 H_2O。在厌氧条件下，微生物可对氯酚类污染物进行还原脱卤反应，用氢原子替代氯原子，并进一步厌氧发酵降解矿化至 CH_4 和 CO_2。探索氯酚类等新污染物在水环境中降解的机理，对开发相关污染物处理技术和工艺具有重要指导意义。

4. 污染物在水环境中的迁移转化

研究污染物在水环境的迁移转化，有助于全面评估污染物的环境影响并制定相应的管控策略，开发针对性的水生态环境保护技术。

研究表明，水环境中重金属具有显著生物毒性，且可在食物网中不断积累，对人类的健康甚至寿命产生影响。重金属对水环境造成的风险本质上取决于其与水和沉积物的相互作用，主要表现为吸附和解吸反应。在进入水生生态系统后，大多数金属附着在细颗粒上，并由于沉降作用积聚在底部沉积物中，因此即使水中的重金属浓度达到水环境质量标准，沉积物中的重金属也可能造成不利的生物影响。有研究表明，地表水体中重金属的浓度可通过引入特定的水生植物削减，如芒属植物（*Miscanthus* sp.）可有效降低水体中 Cu、Ni、Cd 和 Zn 浓度（Bang et al., 2015）。

重金属的来源可通过污染组分的统计学特征来推断，有学者采用主成分分析和层次聚类算法确定了重金属来源，结果表明其来源于海洋砂岩侵入、混合岩性和砂岩侵入以及与运输相关源（Duodu et al., 2016）。此外，河流中重金属污染的程度取决于河流输送水体和沉积物中污染物的能力。为了全面系统地研究重金属在水相中的传输过程，可以采用数值模拟方法，并耦合多个过程进行系统分析。这样的研究方法能够更准确地模拟和理解重金属在河流中的行为和传播机制。已有研究表明重金属的分布受调水调沙方案过程中下游河道沉积物再悬浮或沉积的影响。此外，流速可能是影响湖泊中重金属空间异质性分布的关键因素。

微塑料是一种典型的新污染物，水环境中的微塑料因其对野生动物和人类的持久性影响而受到越来越多的关注。由于塑料在全球范围内被广泛使用，同时难以生物降解，导致微塑料在生物圈中普遍存在。包气带中较深层的微塑料可长时期持续固定在土壤中，留在土壤浅层中的微塑料较易随着径流进入地表水或地下水循环系统（Tang et al., 2021）。由于微塑料表面具有一定的亲水性，加之其表面积相对较大，是良好的吸附剂，水环境中的污染物极易吸附在微塑料表面，如抗生素、多环芳烃、重金属及有机污染物。微塑料作为这些污染物的载体，逐渐向食物链较高层级流动聚集。

持久性有机污染物在大多数水环境条件下较难降解，具有毒性、持久性、生物蓄积性和广泛的空间分布，与诱变、生殖和免疫疾病有关。持久性有机污染物进入地表水最直接和最快的途径是通过大气传播。这些污染物可以气态和颗粒形式存在于大气中。由于大气环流的作用，持久性有机污染物可通过气团和大气中颗粒物的输送扩散到世界各地。当温度降低时，持久性有机污染物更容易在地表析出；反之它们则蒸发并迁移回环境中。这一循环不断重复，使得持久性有机污染物得以转移并储存在偏远地区，即所谓的蚱蜢效应。持久性有机污染物主要通过几种不同的过程从大气进入水体，包括颗粒结合污染物的干沉降、大气和水体表面的气体交换以及湿沉降等。

病原微生物进入自然水循环的路径较多，主要来源包括处理或未处理的废水和肥料。废水在污水处理厂收集和处理后，病原微生物大约会减少 1 到 3 个数量级。在地表水和地下水中经常发现的病原微生物主要包括大肠埃希菌、霍乱弧菌、小肠结肠炎耶尔森菌、沙门氏菌属和军团菌属（Seidel et al., 2016）。一些病原微生物如铜绿假单胞菌、大肠埃希菌、军团菌属和分枝杆菌属，已被发现在人类宿主之外反复存活，然而在大多数情况下，病原微生物的特定生长条件（如适宜的温度、营养物质、特定的氧化还原状态）很少在水环境中同时满足。病原微生物在水环境中主要受到非生物因素（如紫外线照射、土壤和沉积物的疏水性、孔隙率、粒度分布和孔隙水化学特征）的影响。

5. 生物毒理学

有毒有害物质对水生生物的毒性及其作用机制非常复杂，主要涉及水生生物对有毒有害物质的代谢动力，有毒有害物质对水生生物的损害机制，以及有毒有害物质对水生生物整体的毒性效应关系等方面（程树军 等，2021）。

未来研究重点包括：有毒污染物代谢动力学模型模拟毒性对生物的吸收、分布和代谢过程的影响；有毒有害物质与生物体内生物分子（如蛋白质、核酸和细胞膜等）的相互作用，以及这些作用对生物的正常生理活动的扰动或破坏效应，有毒有害物质的风险评估及安全阈值的确定；分子模拟、定量构效关系模型（QSAR）以及分子对接模型等方法揭示分子水平毒性机理；多组学分析联合大数据整合和挖掘等技术解析生物分子水平代谢作用机制。

主要研究手段包括：基于体外细胞试验的高通量毒性物质筛选、体外三维重建组织器官和类器官芯片等方面提升对化合物毒性的筛选识别能力和毒性效应的认识水平；利用大数据技术帮助整合和挖掘生物毒理学数据，发现隐藏模式和内在关联；通过人工智能技术大规模分析毒性数据库和化学物质信息，开发预测模型和筛选方法；整合分析环境有毒有害物质的化学结构和生物数据，开发计算机模型，体外试验系统和组织工程技术等将会成为生物毒理学主要研究手段。

（二）水环境基准与标准

水生态环境质量评价是推进改善水环境质量的重要手段，水环境基准标准是开展水生态环境质量评价不可或缺的科学依据。

1. 水环境基准推导理论与方法

按照保护功能划分，水环境基准主要包括饮用水、农业用水、休闲用水、渔业用水以及工业用水等基准；根据水体污染物的种类不同，又可分为重金属、非金属无机污染物、营养盐、有机污染物以及其他水质参数（如 pH、色度、浊度和病原菌数量）等基准。不同指标的基准在推导方法上存在差异，因此，在制定水生态基准时需要首先明确保护目标和关键风险因子。环境基准的发展总是伴随着风险评价研究的进步，主要体现在环境暴露、效应识别和风险评估三个方面。

受限于没有充足的高质量污染物暴露、效应及其他相关理化数据，相当多的水环境污染物没有相应的基准值。同时，随着社会经济水平的提高和水环境研究的深入，水环境质量问题逐渐发生了变化。截至 2023 年，我国水环境基准相关研究亟待开展如下工作：①健全、充实我国的水环境基准资料库；②建立一套适合我国国情的水环境基准体系；③深入研究水环境基准理论。

水环境基准推导理论和方法学是研究水环境基准的基础。推导水环境基准时，选择哪一项基准作为标准的科学依据主要取决于要保护的水体功能和环境受体。此外，水环境基准具有区域性，应根据区域水环境特征制定基准，以更加准确地反映污染特点和有效地保护水体功能。在今后需要加强基准制定理论与方法学研究，建立适合我国国情的水质基准体系，为环境标准的制定和环境管理服务。

2. 水环境质量标准制定理论与方法

截至2023年12月，我国地表水环境质量标准存在的问题包括：①标准在考虑多种水域功能及其水质要求时存在困难，难以协调不同水域功能之间的水质关系；②标准的制定主要依据国外的基准值和标准，缺乏符合中国国情的环境基准支持；③标准中的监测项目体系是全国统一的标准，没有考虑到地理环境特征和生态系统类型的差异；④标准中对于湖泊和水库缺乏适宜的分区营养物标准，无法满足当前对富营养化控制的需求；⑤标准中水质标准项目类型的覆盖范围不够全面，特别是在涉及有毒有害有机污染物的指标方面较为欠缺；⑥标准中存在一些指标之间的相关性，但其标准值却相互不协调，导致在质量管理上存在冲突（郑丙辉 等，2014；胡林林 等，2010）。

为解决上述问题，我国地表水环境质量标准发展趋势包括以下几个方面。

（1）构建我国地表水环境质量标准体系

在充分考虑水环境管理的延续性等实际情况的基础上，我国的标准可以考虑由单一标准向系列标准转变，形成由"1+N"水环境标准簇所构成的标准体系（张远 等，2020）。其中，"1"代表地表水环境质量的基本项目标准，用于评判地表水环境质量的优劣程度，反映水环境功能的基本水质要求，并体现与标准水域功能分类管理的衔接性；而"N"则代表特定保护项目标准，包括保护水生生物的有毒有害污染物项目的水质标准、地表饮用水源地水质标准、湖泊营养物状态评价标准以及地表水水生物状况评价标准。这样的转变将有助于提高我国水环境管理水平，保护水生态系统健康发展。

（2）吸纳我国水环境基准成果

基于我国环境基准值，科学制定适合我国的标准限值至关重要。在标准修订过程中，可吸纳环境基准的最新研究成果，对标准体系设置和相关限值进行调整和完善，以修订和更新有毒有害污染物的标准限值。为了解决我国水环境质量标准存在的问题，需要进一步完善我国的水环境质量标准体系（图1）。

首先，对不同类型的水体进行分类划分，如河流、湖泊、水库和海洋等，并进行生态调查，以明确水体在生态系统中的功能、自然特征、污染特征和水功能定位，为解决全国范围内水环境质量标准过于统一的问题奠定基础。

其次，进行水力交互作用关系和污染物迁移转化规律的研究和分析，旨在判断水体及其携带物质的循环过程和最终归宿，以确定水环境质量标准所应涵盖的水环境介质。

最后，通过风险评估和水质基准研究来推导保护和维持水生态系统健康所需的水质指标及其浓度阈值，以最终形成水环境质量标准，为水环境管理提供支持。通过上述步骤，可以进一步改进我国的水环境质量标准体系，以实现对水环境更好的管理和保护（张铃松 等，2014）。

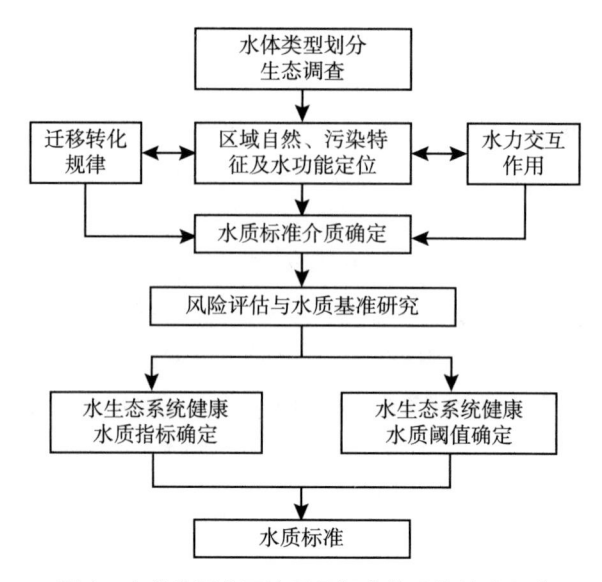

图 1 完善我国水环境质量标准体系的技术思路

（3）水污染物排放标准制定理论与方法

我国水污染物排放限值的制定方法主要为三类，包括基于水环境改善目标的限值确定方法、基于最佳可行技术的限值确定方法及类比法。基于水环境改善目标的限值确定方法是为保护水环境功能或改善水环境现状，通过区域水环境容量来推算出区域内污染源的排放限值的方法，这种方法在流域水污染物排放标准中应用较多，基础数据、采用的计算方法或模型和计算过程是限值确定的关键。基于最佳可行技术的限值确定法是通过比选现有技术的经济技术可行性，根据实现环境效益最优的现有污染防治技术确定排放限值的方法（Polders et al., 2012）。类比法是参考已有实践经验的案例，确定排放限值。

此外，水污染物排放标准涉及的非标折算，主要是为防止稀释排放而对单位产品基准排水量的规定。单位产品基准排水量限值的确定方法包括实际调研法、取水定额结合物料衡算法、清洁生产用水指标结合物料衡算法等。单位产品基准排水量会随着经济技术的不断发展而改变，是标准制修订工作的重要内容。

截至 2023 年 12 月，我国已基本搭建完成了国家、地方两级四类的水污染物排放标准的体系建设，并在实践中不断得到完善，制定理论和方法也逐步成熟。标准的监督管理要求也在根据生态管理工作的需求不断探索和发展。对于新兴污染物、毒性污染物等指标还需进一步研究其限值确定方法、检测方法等，进一步完善标准的制定理论和方法。

（三）水生态环境质量评价

1. 水环境质量评价理论与方法

随着评价研究的深入和数学模型、机器学习模型的引入，水环境质量评价从早期的色度、浊度等简单指标逐步发展为多指标、多维度的复杂体系。国内外水环境质量评价方法按照计算方法可以分为常规评价法和复杂评价法，囿于方法复杂度和数据需求，我国使用的单因子指数法和美国、加拿大、欧盟成员国、日本等国家使用的水质指数法都属于常规评价法（姜明岑 等，2016；刘玲花 等，2016）。常规评价法是一类根据所选评价指标逐一判断是否符合标准，再通过简单的统计、计算得到最终评价指数的方法，主要包括单因子指数法、均值法、最大值法等方法。常规评价法具有计算简单、结果直观、便于推广等优点，但由于需要对不同指标人为赋权且没有考虑不同指标间的联系，无法综合评价水环境质量（姜明岑 等，2016）。复杂评价法指的是一类综合考虑所选的所有评价因子及指标之间的联系，并与水质标准对比做出综合评价的方法，包括多元统计分析法、人工神经网络模型、模糊评价法、水质系统模型等。

在水环境质量评价方法中，存在不同的理论与方法，尽管各种更全面、复杂的评价方法得到了十足的发展，但在不同的应用场景下的选择和结果稳定性上存在不统一的情况，亟待研究统一的水环境质量评价模式，以评价不同理论和方法的应用场景及其合理性（李扬 等，2015）。

水质系统模型的使用也相当复杂，需要生物学、化学、物理学和工程学等不同领域的知识。因此，非专业人员使用这些模型非常复杂，需要大量的时间和研究（Costa et al.，2021）。此外，大量的数据需求也阻碍了这类模型的推广。因此，轻量化、变量地域化、使用友好型的水质系统模型会是接下来的发展趋势。

此外，水环境质量是持续动态变化的，建立一个包括识别污染源、监测水质指标、评价水质、污染治理与生态系统恢复的水环境质量管理系统对实现可持续的水资源管理至关重要（Yan et al.，2022），也为后续的预警预报工作打下基础。

水环境质量评价是保护和管理水资源的基础工作，涉及常规评价法和复杂评价法两类方法。常规评价法简单直观，但无法综合评价水质；复杂评价法考虑指标间联系，能提供准确评价结果。生物多样性和生态系统功能评价方法的应用，能更全面了解水环境生态系统状况。未来发展趋势包括统一评价模式，轻量化和友好型水质系统模型，以及建立全面的水环境质量管理系统。这些措施将有助于实现可持续的水资源管理和预警预报工作。

2. 水生态系统健康评价理论与方法

人们对健康水生态系统的定义主要包括三个方面：结构功能完整性、生存发展稳定性、生态社会服务性（任海腾，2019）。水生态健康评价方法首先要根据评价目标筛选评价指标，即能够反映"健康"的指标，并根据不同指标在"健康"评价中的"重要性"给予相应的权重。其次为评价水体或水体的某个区段确定指标"健康"的参考值，即指标值达到多少是"健康"。再次是根据参考值和待评价水体实测值的差异给每个指标赋分，即指标偏离"健康参考值"的程度与健康状态之间的量化对应关系。最后，根据每个指标的得分和权重加权平均算出待评价水体的得分。

从评价指标种类的角度可以将水生态健康评价方法分为指示生物法和多指标法（或指标体系法）。从健康参考值确定方法的角度可以将水生态健康评价方法分为预测模型法和经验参考值法。水生态健康评价方法体系仍在不断完善发展中，从评价指标看，已经从指示生物法逐渐转向指标体系法。如澳大利亚的大型无脊椎动物预测及分类的河流评估系统（AusRivAS）就是通过预测模型来评估底栖大型无脊椎动物的方法，此后又建立了溪流状况指数（ISC），从溪流水力状况、河床和河岸带情况、水质和水生生物多个角度对溪流进行评价，就属于指标体系法。但也不是评价指标越多越好，否则会增加评价的难度和工作量，需要根据水体保护和利用的主要目标来设定评价指标。比如水库的水生态健康评价应该对水力学指标更加重视，因为保证水量是水库的最主要目标；而城市景观河道则应该以水体外观和河岸带状况为主要评价指标，满足其城市服务功能。

从健康参考值看，不同指标的属性不同，应该将客观和主观确定方法结合起来，能通过模型解决参考值的指标就通过模型解决，不能通过模型解决的就通过专家主观设定。截至 2023 年 12 月，对于实际检测后指标的分值确定还没有统一的方法，最简单的方法是确定一个不健康的底线值，在其与健康参考值之间通过线性赋值法或分档赋值法给实测值赋分（任海腾，2019）。但是，很多情况下指标"健康效应"与实测值之间是一种非线性关系，仍需要更多研究进行确定。

综上所述，水生态系统健康评价的理论与方法经历了 50 多年的发展，其理论框架已经发展较为完善，即以水体保护多样化目标为指导的多指标评价体系。但是其指标健康参考值和实测值赋分的理论还需要进一步完善，应尽量使用模型或数据统一等客观方式来获取健康参考值，加强指标值与健康效应关系的研究，对水生态健康进行更合理更科学的评价。

（四）水质分析与风险评价

水质分析与风险评价是衡量水环境质量的重要手段，对加强水资源管理、保障人类用水安全、维护水生态健康至关重要。

1. 水质分析理论、方法与技术

水环境质量标准（简称水质标准，water quality standards）是水环境管理的基础，也是传统水质分析与评价的主要依据。自 20 世纪 80 年代以来，经过多年的发展和修订，我国水质标准已经形成了由地表水水环境质量标准、地下水质量标准、海水水质标准等组成的相对完整的标准体系。这些标准针对水体富营养化、石油类污染、重金属污染等水污染问题，主要对基本理化指标（pH、浊度、悬浮物及电导率等）、氮磷元素（N/P）、化学需氧量（COD）、总有机碳（TOC）、金属离子（Cd、Cr、Hg 等）、石油类及其他水质指标提出了分析要求，并对应颁布了一系列标准水质分析方法。这些水质分析方法大致可分为化学法、物理法和生物法三大类，具体又细分为不同技术手段，例如滴定法、电化学分析法、色谱法、质谱法、光谱法及微生物测定法等。传统分析方法通常采用现场取样、实验室分析的方式，难以实现对大监测范围、高采样密度、多水质指标的时序分析。当前，水资源、水环境、水生态"三水统筹"系统治理新格局迫切要求及时、快速、精确地获取综合水质信息，对水质分析提出了更高的要求。传统水质分析方法逐渐无法满足水环境质量评价的现实需求，亟需发展新理论、新方法和新技术。

水质在线监测技术是以在线分析仪器为核心，运用现代样品采集和预处理技术、自动控制技术、计算机应用技术以及相关的专用分析软件和通信网络组成的集成系统，可以对水环境质量实施全天候自动监测，实时动态地分析、传递、存储和发布数据，从而满足政府、企业或个人进行有效水质管理的需求。截至2023年12月，地表水水质在线自动监测系统已成为我国地表水环境质量监测网络的重要组成部分，在水质监测预警、处理跨界水污染纠纷、生态补偿、信息发布等方面发挥着重要作用。此外，经过多年的建设，我国水数据信息化已取得了长足发展，水利部、生态环境部、自然资源部等多个政府部门建立、管理和监督着全国数万个自动化监测站，并通过国家数据平台数字化呈现水质数据（Lin et al.，2023）。伴随着数字孪生技术的提出、发展及其在水环境中的应用（Tao et al.，2019），水环境质量智能化管理将进一步加强。

与激增的水环境数据量相适应，基于机器学习和人工智能的水质分析技术也不断发展。这些技术为水质大数据分析、污染模式识别和三维水质模拟提供了新的框架，在实时水质分析、准确风险预警等方面具有潜力。机器学习和人工智能技术已被尝试用于水污染控制、水质净化、水资源分配和流域生态系统安全管理等领域。但由于高质量数据依赖、高成本或技术门槛等限制，该技术的推广应用尚且面临诸多挑战。在未来的研究和工程实践中应考虑以下几个方面：①开发更先进的传感器并应用于水质在线监测系统，以收集足够多且准确的数据，以便于机器学习方法的应用；②致力于提高算法的鲁棒性和稳定性，并发展集成学习和模型融合，以适应"三水统筹"系统治理的新要求；③培养跨学科人才，以推进机器学习技术的更新换代及其实践应用。

探索复杂水质成因并对污染进行溯源，是水质分析新理论、新方法和新技术的新内涵。传统水质分析方法仅以COD、生化需氧量（BOD）和TOC等参数分析水质状况，无法提供对有关溶解性有机物（DOM）、新污染物等物质化学组成、浓度水平、潜在来源和环境命运等的理解。一方面，以DOM为代表的混合物通常由成千上万个结构异质性的化合物组成，常规水质分析技术无法将它们分离成单个化合物。激发-发射矩阵荧光（3D-EEM）、荧光偏振（FP）、核磁共振（NMR）、X射线、傅里叶变换红外（FT-IR）及傅里叶变换离子回旋共振质谱（FT-ICR-MS）等波谱学技术的发展为揭示复杂混合物的化学组成提供了机会。例如，FT-ICR-MS是现今最常用、最先进的DOM表征方法，能够在分子水平上鉴定数千种DOM化合物，在揭示水环境中不同DOM成分对水处理的响应方面发挥重要作用（Qi et al.，2022；Shi et al.，2021）。另一方面，新污染物数量多、组成复杂、理化性质差异较大，传统水质分析技术难以在分子尺度上定量阐明其迁移转化机制。当前，高分辨质谱（HRMS）、高通量筛查技术（HTS）结合理论计算和分子动力学模拟，有望成为高灵敏、准确、可视化地跟踪和描述有机成分之间相互作用的有力工具。持续发展分子表征技术和计算能力，将可以获得更真实的 DOM 模型和更大时间尺度的污染物环境模拟，对于健全流域水生态环境管理体系至关重要（Peng et al., 2023；Zhou et al., 2023）。

传统水质分析在实施污染物排放总量控制和恢复我国流域水环境质量过程中发挥了重要作用，但在"三水统筹"系统治理的新格局之下，需要进一步丰富水质分析的理论，加强水质分析方法、技术的标准化和规范化，提高数据处理、解释的技术水平，确保区域/全国大范围水质数据的可比性、可靠性和可用性，进而支撑水生态环境质量的持续改善。

2. 水征解析理论、方法与技术

水征（water characteristics）是指水中污染物的浓度水平、组分特征、安全性和稳定性及其时空变化等，是能够支撑水质安全评价、水环境预警与水污染控制、水生态健康评价的信息集成，包括量、时间和空间 3 个维度（胡洪营 等，2019）。基于水征的定义，其评价指标包括污染程度、组分特征、转化潜势和毒害效应 4 个一级指标，可能的具体的二级指标如图 2 所示。

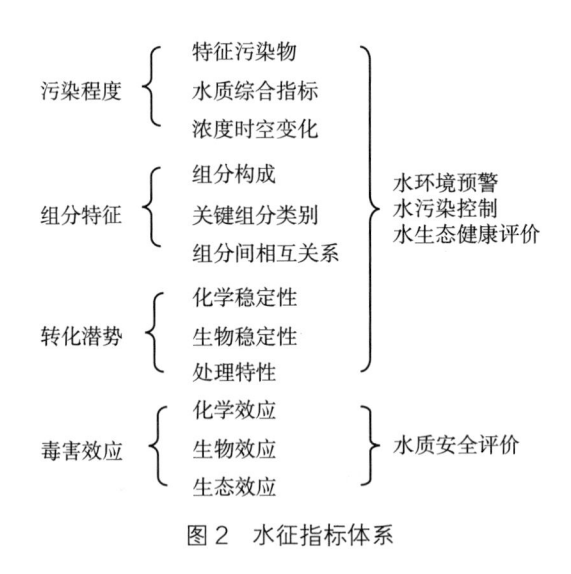

图 2　水征指标体系

（1）污染程度及其研究方法

污染程度即水中污染物浓度，如特征污染物、特定污染物和特定组分的浓度水平及其随时间和空间的变化。污染物浓度的时空变化对水环境和水生态问题的诊断十分重要。污染程度的研究方法包括污染指标的选择、污染评价方法、比较分析、污染指数、生态效应、健康影响研究等几个方面。

（2）组分特征及其研究方法

表征水中污染物组分的全貌，对于识别关键组分，研究不同组分间的相互作用，评价水中污染物的迁移转化性、稳定性和水质安全性等有重要的意义。组分特征分析是指根据不同的物理化学性质，如分子量、酸碱性、亲疏水性、溶解性等将污染物进行分类，测定不同类别污染物的浓度水平。此外，水中有机组分的生物降解性和生物可利用性是预期其迁移转化性和水质生物稳定性的重要指标。图3总结了水中溶解性有机物的表征和研究方法。

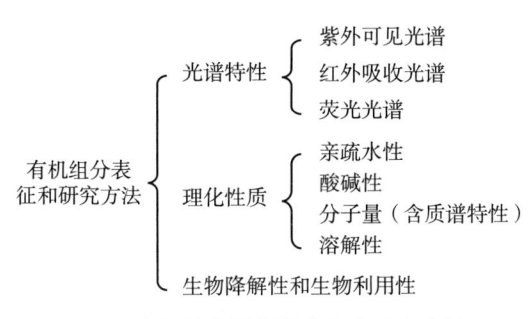

图3 溶解性有机组分表征和研究方法

（3）转化潜势及其研究方法

污染物在排放到水环境中后，其在储存、输配和被利用过程中水质发生变化的难易程度称为水质转化潜势，包括水质稳定性和转化特性两个方面。

水质稳定性通常指污染物在储存、输配和被利用过程中，水质发生自然变化的难易程度，其可分为化学稳定性和生物稳定性。化学稳定的水一般是指既不沉淀结垢又没有溶解性和腐蚀性的水。水的生物稳定性广义上是指水中的营养物质（包括有机物和无机物）所能支持微生物生长的综合能力，包括支持细菌和微藻生长的能力。

水中化学污染物的转化特性是指利用物理、化学和生物方法能够从水中将其去除的潜力，是水质评价的重要内容。不同的污染物去除能力和在水环境中的迁移转化规律不同。建立规范、系统的污染物特性评价方法，是污染物转化潜势研究的重要课题。

（4）毒害效应及其研究方法

毒害效应是指水中污染物对生产、生物和生态造成的不良效应。根据目的不同，采取的水质毒害效应评价方法也不同，如评价地表水的生态安全性可利用生物毒性测试方法等。

毒害效应评价方法包括已知的有毒有害污染物和关键毒性因子浓度分析法、生物毒性检测法等。从广义上讲，氮、磷等植物营养物质在天然水体中会引起水华爆发，从而破坏水生态系统，也是水质毒害效应需要考虑的重要因素。

3. 生物毒性检测理论与方法

生物毒性指化学物质能引起生物机体损害的性质和能力（胡洪营 等，2015）。水的生物毒性检测可以表征单一有毒有害物质对生物的毒性效应，亦可表征水中未知有毒有害污染物对生物的影响。

生物毒性检测的理论基础主要有剂量 – 效应关系、结构 – 效应关系和生物学反应等。通过建立有毒有害污染物和受试生物生理现象之间的剂量 – 效应关系，并获得一组可以保护人类和自然的安全阈值。

然而，面对存量庞大且增长迅速的潜在有毒有害污染物，经典生物毒性分析手段效率低、成本高。另外，受试动物的福利和伦理问题深受全球学界、社会和政府的关注，"3R（优化、减少和替代动物）"原则已成为全球各界共识。与经典毒性测试相比，计算毒理学主要是通过计算机来完成对目标化合物的生物毒性预测，无需具体试验，所以具有成本低、耗时短和可实现高通量分析等优势，是最理想的生物毒性测试方法。

4. 生态风险评价理论与方法

生态风险评价（ecological risk assessment，ERA）是通过收集、整理和分析环境信息，来评估其对非人类生物、种群或生态系统产生不利影响可能性的过程，主要包括风险识别、风险分析和风险表征3个步骤。识别水体中的高风险区域进行重点防控，精准甄别关键致毒物并综合评估其生态风险，是当今水环境学科研究的难点和热点。虽然我国对ERA的研究起步相对较晚，尚未形成系统的生态风险评估体系（李慧珍 等，2019），但各科研单位已经针对不同湖泊、江河流域、海域等水体及再生水的生态风险情况开展相关研究，积累了大量数据和案例经验，这为水生态风险评价体系的建立提供了基础和参考。

风险表征是对暴露于各种压力下的不利生态效应的综合判断和表达，有定性和定量两种表达方式。定量的风险表征不仅对风险的本质进行描述，还要定量说明风险的程度和不确定性，是量化有毒污染物生态危害的主要手段，其最终目的是确定安全阈值，为环境决策提供参考依据。现今在水生态风险评价中常用的定量风险表征方法有商值法、概率法等。

商值法适用于单个污染物的毒理效应评估。该方法利用实测或预测的环境污染物暴露浓度（EC）与预测无效应浓度（PNEC）相比较，从而计算风险商值（risk quotients，RQ）用以表征风险的强弱。如果$RQ > 1$，说明存在风险，且RQ越大，风险也越大；如果$RQ < 1$，则相对安全。由于RQ不是一个具有概率意义的统计值，不足以说明某种污染物暴露对生物群落或整个生态系统水平的危害程度及其风险大小，因而商值法仅仅用于对风险的粗略估计。

概率法把可能发生的风险以概率方式表达，更接近实际情况，包括安全阈值法和概率曲线分布法。安全阈值法通过比较物种敏感度（SSD）曲线和环境暴露浓度累积分布曲线的重合程度可以直观地评估某一污染物影响某一特定百分数水生生物的概率；概率曲线分布法以毒性数据的累积函数和污染物暴露浓度的反累积函数作图确定污染物的联合概率分布曲线，曲线上的某个点表示 $x\%$ 的生物物种受到危害的概率为 $y\%$。概率法对推导污染物水质基准有重要指导作用。

（五）水质风险控制理论与技术

1. 水处理物理化学技术

水污染化学处理技术利用化学反应去除或分离污水中的污染物（Sun et al., 2022），具有反应速度快、应用场景广、操作简单、易于实现自动化等优点（Saleh et al., 2020）。水处理工艺中常用的物理化学处理技术包括化学氧化、混凝沉淀、离子交换和吸附等，其中化学氧化技术主要包括臭氧氧化法、芬顿氧化法、紫外氧化法和超声氧化等。

臭氧氧化法包括臭氧分子氧化和羟基自由基（·OH）氧化（巩合松 等，2022）。酸性条件下，主要表现为臭氧分子氧化，反应具有选择性，且反应速率较低，矿化程度较低；碱性条件下，臭氧氧化主要表现为·OH 氧化，反应速率快，且矿化程度高。近年主要作为生化预处理工艺，用于提高水的可生化性。催化剂主要包括三类：一是金属催化剂，如过渡金属离子、纳米金属、金属氧化物和金属矿物等；二是碳基催化剂，如活性炭、碳纳米管、氧化石墨烯等；三是负载型催化剂，将具有催化活性的金属或金属氧化物负载在载体表面制备而成。

芬顿氧化法具有成本低、反应速度快、操作简便等优点。然而，传统的芬顿氧化工艺需要在强酸性环境下进行，H_2O_2 利用率较低且反应过程中会生成大量铁泥，易造成二次污染。近年，铁泥减量化、类芬顿氧化等受到了广泛关注。

紫外高级氧化法具有反应速度快、降解效率高、操作简便等优点。近年，常用的紫外高级氧化法包括双波长紫外、紫外/臭氧、紫外/过氧化氢、紫外/氯、紫外/过硫酸盐等（马兰 等，2021）。提高·OH 产生效率、电子级超纯水有机物降解等已受到重要关注。

超声氧化法一般分为三个反应区域：空化气泡内部、空化气泡与溶液界面以及溶液中。挥发性疏水污染物可以在空化气泡内部直接分解，而非挥发性亲水污染物会在界面区和溶液中与超声波氧化过程中生成的·OH 作用被降解。然而，超声氧化法存在能耗高、成本高的缺点。近年，超声氧化工艺多用于与其他高级氧化技术联用，强化质量传递与能量传递过程，提高有机污染物的降解速率和矿化程度（徐成建 等，2017）。联用技术包括超声 - 臭氧氧化、超声 - 芬顿氧化、超声 - 光催化氧化、超声 - 电化学氧化等。

离子交换法分为阳离子交换和阴离子交换，具有成本低、占地小、操作简便等优点，近年主要用于去除或回收重金属离子、脱盐、除氟等。

如今，发展化学处理技术用以控制水污染和实现高效水回用已成为国内外研究热点，其中在深度处理工艺中的应用最为广泛。然而，单一化学技术通常不能彻底矿化污染物，面临高成本、高能耗及二次污染等缺陷。此外，单一化学处理技术对污染物的降解机理各不相同，研究开发组合或协同氧化技术，以减少药剂投加、提升降解效率、减少二次污染、降低运行成本等，将是今后重点发展方向。

2. 水处理生物技术

近年来，生物处理技术在好氧反硝化、基于人工智能和机器学习的污水生物处理系统、生物强化生物炭、纳米材料固定化微生物等方面取得了一定进展。未来，合适降解菌株的选择、降解条件的优化、处理效率的提高以及对生物降解产物的安全性评估等方面仍需深入研究。本节总结了近年来水处理中水污染生物学技术和理论的研究进展，旨在为未来的研究提供参考。

对好氧反硝化细菌（ADB）反硝化过程机理的解释包括微环境理论、酶理论、电子传递瓶颈理论和组学研究。此外，近年来分子生物学技术发展迅速，将微生物研究与分子生物学技术（如基因编辑技术）广泛结合，在分子水平上进一步研究 ADB 的反硝化机理，研究反硝化的控制基因成为可能。未来应努力分离出更高效的菌株，以丰富好氧反硝化菌株数据库，应开展更多的 AD 试点或全面研究，并对其效益进行全面的经济评价（Hao et al.，2022）。

在废水生物处理系统中应用最广泛的模型包括人工神经网络（ANN）、模糊逻辑（FL）、遗传算法（GA）、支持向量机（SVM）和自适应神经模糊推理系统（ANFIS）。未来具体的研究方向有：①为了更好地监测和设计污水处理系统，同时降低运行成本和节能，混合模型具有巨大的应用空间；②特定污染和突发冲击的预测控制；③在解决污水生物处理系统的监测和设计问题时，应考虑技术方面、经济因素、社会问题、大气干扰等。

截至 2023 年 12 月，仍缺乏与标准化生物炭生产相关的研究。因此，鉴于生物炭的原料、生产条件和特性范围广泛，迫切需要制定生物炭材料的基准或标准。除了系统的生命周期评估和专门针对生物增强型生物炭的技术经济分析之外，相关分析还必须考虑到碳定量，以正确估计生物炭在能源和环境应用（包括水处理）中的经济和可持续效益。截至 2023 年，对生物炭稳定性和老化的研究较少，更多的研究应该系统地研究生物炭的老化和稳定性，以真正反映不同类型生物炭的固碳潜力（Jayakumar et al.，2021）。

传质限制和底物扩散的位阻是降低固定化细胞降解效率的主要问题。由于具有较大的比表面积和高的表面活性，纳米颗粒（NP）已被用于解决固定细胞的传质限制，纳米颗粒包被（固定化）细菌由于其多种优点而成为治理环境污染的一种有效方法。未来以下方面亟待探索：①共污染物的抑制作用；②既能耐受高浓度污染物，又能在微量环境浓度下发挥降解功能。

水污染生物学理论的发展为人们理解和应对水污染问题提供了重要的理论和方法基础。然而，仍面临着一些挑战，如不同污染物的复杂性、生物指标的标准化以及技术手段的进一步改进。因此，需要加强跨学科合作，推动理论研究与实践应用的紧密结合，并积极探索新的技术手段来提高水质监测的精度和效率，进一步提升水环境管理的水平，保护水资源，实现可持续发展。这需要政府、学术界和产业界的共同努力，共同推动水环境保护和治理工作的发展。

3. 水质化学风险控制理论与技术

水质化学风险是指水中化学污染物导致的健康风险、生态风险和生产风险等。化学污染物，一方面通过生物直接暴露产生风险，另一方面通过支撑有害生物生长产生风险，如病原微生物、微藻等。化学污染物来源广泛，包括天然来源、工业和农业生产排放、城市生活污水排放和水处理副产物等。天然源化学风险污染物包括自然物质（如重金属和放射性物质）和生物释放物质（如藻毒素）；工业和农业生产排放包括泄漏和排放的化学原料、溶剂、农药、化肥等；城市生活污水排放包括氮磷营养盐、有机污染物；水处理过程中的副产物包括消毒副产物等。

本节针对水中检出频繁、风险水平较高、处理难度较大的有机新污染物（图4）、消毒副产物和生物毒性等，重点阐述各类化学污染物的类别、来源、筛选和识别方法，明确化学污染物毒性的主要风险因子及其前体物，如抗生素、雌激素、消毒副产物及前体物等，概述针对各类风险因子的主要控制技术，如膜过滤技术、化学氧化技术、强化生物处理技术及技术组合工艺等。

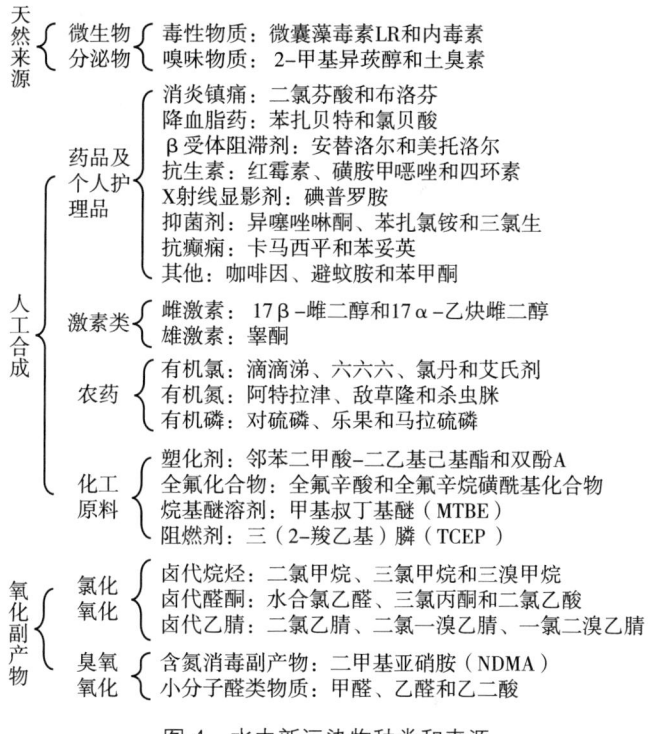

天然来源
- 微生物分泌物
  - 毒性物质：微囊藻毒素LR和内毒素
  - 嗅味物质：2-甲基异莰醇和土臭素

人工合成
- 药品及个人护理品
  - 消炎镇痛：二氯芬酸和布洛芬
  - 降血脂药：苯扎贝特和氯贝酸
  - β受体阻滞剂：安替洛尔和美托洛尔
  - 抗生素：红霉素、磺胺甲噁唑和四环素
  - X射线显影剂：碘普罗胺
  - 抑菌剂：异噻唑啉酮、苯扎氯铵和三氯生
  - 抗癫痫：卡马西平和苯妥英
  - 其他：咖啡因、避蚊胺和苯甲酮
- 激素类
  - 雌激素：17β-雌二醇和17α-乙炔雌二醇
  - 雄激素：睾酮
- 农药
  - 有机氯：滴滴涕、六六六、氯丹和艾氏剂
  - 有机氮：阿特拉津、敌草隆和杀虫脒
  - 有机磷：对硫磷、乐果和马拉硫磷
- 化工原料
  - 塑化剂：邻苯二甲酸-二乙基己基酯和双酚A
  - 全氟化合物：全氟辛酸和全氟辛烷磺酰化合物
  - 烷基醚溶剂：甲基叔丁基醚（MTBE）
  - 阻燃剂：三（2-羧乙基）膦（TCEP）

氧化副产物
- 氯化氧化
  - 卤代烷烃：二氯甲烷、三氯甲烷和三溴甲烷
  - 卤代醛酮：水合氯乙醛、三氯丙酮和二氯乙酸
  - 卤代乙腈：二氯乙腈、二氯一溴乙腈、一氯二溴乙腈
- 臭氧氧化
  - 含氮消毒副产物：二甲基亚硝胺（NDMA）
  - 小分子醛类物质：甲醛、乙醛和乙二酸

图4 水中新污染物种类和来源

（1）新污染物风险与控制

与常规污染物相比，新污染物出现时间较晚，风险较大，但尚未纳入环境管理或难以被现有管理措施控制，具有来源广泛、结构新颖、危害严重、风险隐蔽、环境持久等特点，是水生态环境治理的热点和难点。

关于新污染物的分析方法，色谱法仅能靶向分析已知的新污染物。随着质谱电离技术、高分辨率质谱、计算机数据分析能力和可用质谱库的快速发展，色谱串联高分辨率质谱可同时筛查、定性和定量分析上千种已知或未知的新污染物。新污染对水生动植物生态风险和人体健康风险的阈值数据十分匮乏，尤其是低浓度长期暴露、气象水质差异、食物链生物蓄积等因素影响下的阈值确定方法仍不健全（Albergamo et al.，2019）。

国内和国外逐步制定了关于新污染物监测、控制和限制生产使用的指南、标准和法规等，提出从生产源头、使用过程、末端治理等系统治理的措施。其中，实践应用最广泛的新污染物处理技术包括臭氧氧化、紫外线氧化、活性炭吸附、反渗透膜过滤等（王文龙 等，2021；US EPA，2017）。

（2）消毒副产物风险与控制

化学消毒剂在灭活病原微生物的同时会与饮用水中的天然有机物、人为污染物及卤素离子等前体物质反应，生成具有致癌、致畸、致突变特性的消毒副产物（DBP）。迄今为止，饮用水中被识别的消毒副产物已有700余种，其中约100余种消毒副产物的细胞毒性和遗传毒性得到了毒理学试验研究，数十种苯二甲酸正丁酯被纳入各国饮用水水质标准中（图5）（楚文海 等，2021）。

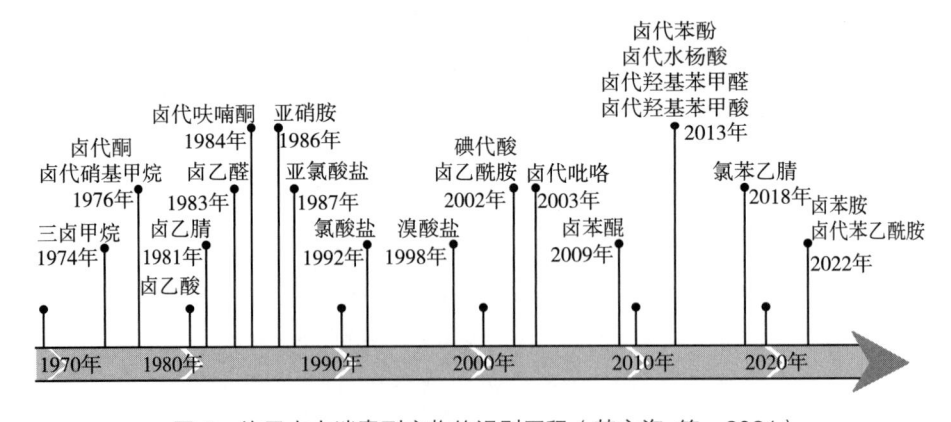

图5 饮用水中消毒副产物的识别历程（楚文海 等，2021）

当下有关饮用水中消毒副产物的研究主要集中在以下方面：①开发及优化消毒副产物的定量检测方法，甄别饮用水中新型高毒性消毒副产物并对其进行定性定量分析；②调研饮用水中消毒副产物的浓度水平和分布特征，基于水质及工艺参数建立和优化消毒副产物浓度预测模型；③识别消毒副产物前体物质并揭示相应的消毒副产物生成机制（肖融 等，

2020）；④探究消毒副产物的毒性特征和健康风险，研究方法包括毒理学试验及流行病学调查；⑤研发消毒副产物的控制技术，包括源头控制、过程控制和末端控制等方式（楚文海 等，2021；Ding et al.，2018）。

（3）生物毒性风险与控制

水环境所面临的水质安全风险是由种类多、浓度低的有毒物质共同产生，难以根据某些特定的有毒物质来判定。相较于化学分析，生物毒性测试可以更直接、全面地评价水质安全。与特定污染物控制不同，由于生物毒性评价的系统性与整体性，当以生物毒性控制为目标时，会发现许多区别于传统认知的新现象并得出新结论。近年来，水质毒性评价越来越受到国内外学者关注，在水处理工艺开发、水污染物排放标准和水环境质量标准制修订过程中，生物毒性评价将扮演越来越重要的角色（Wu et al.，2021）。

化学氧化等深度处理常用来进一步去除二级出水中的污染物。由于污染物的氧化产物众多且转化路径不可控，针对单一污染物不同氧化产物的毒性评价，总是出现部分产物毒性升高、部分产物毒性降低的结果，其毒性评价有一定局限性。氧化过程中有机卤素的生成是导致水质生物毒性升高的主要原因。因而能阻断活性卤素（HOCl、HOBr等）生成的工艺，通常可有效控制生物毒性。例如，过氧化氢可将活性卤素还原为卤素离子，阻断有机卤素生成，臭氧/过氧化氢协同氧化工艺可抑制有机溴，并降低细胞毒性和遗传毒性生成（Du et al.，2023）。

4. 水质生物风险控制理论与技术

水质生物风险是指由水中的生物有害因子导致的健康风险、生态风险和生产风险。水中主要的生物有害因子包括有害细菌、病毒、水华微藻等，以及某些高风险的微生物细胞组分，如抗生素抗性基因、内毒素、毒力基因等。健康风险是指上述生物有害因子对人体健康造成的负面影响，如导致疾病、诱发炎症等；生态风险是指对水生态健康的负面影响，如水质劣化、抗生素抗性基因传播等；生产风险则是指微生物滋生对正常生产过程造成的负面影响，如管网堵塞或腐蚀、水处理系统膜污堵等。

2019年底暴发的新冠疫情席卷全球，是近年来最严重的传染性疾病。世界卫生组织报道，截至2023年3月19日，全球有超过7.6亿个确诊病例和680万死亡案例。污水系统中新冠病毒的检测与控制引发了全球范围的高度关注。

与化学污染物导致的风险相比，生物风险具有致害剂量低、显效时间短、危害程度大等特点，需要高度关注。对生物风险的控制，通常是通过对水中生物有害因子的杀灭或去除来实现。不同的生物有害因子具有不同的生物和化学特性，适宜的控制技术也不尽相同。针对水中主要的风险因子类型，本节主要介绍常规消毒技术与工艺、有害藻类控制技术以及消毒新原理与新技术。

（1）常规消毒技术与工艺

消毒是控制水中有害微生物的重要手段，工程中最常用的消毒技术包括氯消毒、臭氧消毒和紫外线消毒及其组合工艺。在新冠疫情期间，上述常规消毒技术是杀灭污水中的新冠病毒、控制病毒传播的主要手段。近5~10年，对常规消毒技术与工艺的研究主要聚焦在消毒效果预测模型、消毒过程导致的微生物群落结构变化，即消毒残生细菌问题，以及新型消毒设备的开发等方面。

在传统消毒技术与工艺方面，近年的研究逐渐从单一消毒技术发展至组合消毒工艺，并提出了相应的消毒效果预测模型（Cao et al., 2021）。由于微生物的消毒抗性或水质悬浮物（SS）掩蔽等干扰因素的影响，往往难以在可接受的成本范围内完全灭活水中的微生物，消毒处理后仍然存活的细菌，即为消毒残生细菌，包括遗传型消毒抗性菌、表观型消毒抗性菌和无抗性残生菌（Wang et al., 2021）。依据不同消毒技术对细菌细胞的攻击靶点不同，组合消毒工艺可以相对有效地控制消毒抗性细菌。然而，部分细菌对常规消毒技术均具有较强抗性，如假单胞菌、芽孢杆菌等。因此，未来研究应揭示特征消毒抗性细菌的生长、分泌及代谢特性，并开发可高效灭活高抗性细菌的消毒新原理与新技术。

（2）有害藻类控制技术

藻类大量繁殖是造成水源富营养化的主要原因之一。这种现象给饮用水生产带来了不利影响，对人类的饮水健康构成了严重威胁。供水系统内有害藻类控制技术主要包括氧化法、强化混凝法、气浮法、膜分离法等。

传统氧化控藻法是指向水中投加氧化剂，利用氧化剂的氧化能力灭活藻细胞、降解藻类分泌物的方法。然而，高藻原水中通常含有腐殖酸、富里酸等有机物，与氧化剂反应有生成消毒副产物的风险（倪木子 等，2023）。藻类及细胞表面的有机胶体物质会使藻细胞表面带负电荷，藻细胞内存在气囊结构，这使得藻细胞具有稳定性，难以脱稳的特点。强化混凝控藻技术可通过改良常规混凝药剂及优化混凝条件和方式，在混凝过程中增强污染物质和藻类去除效果。臭氧-气浮联合将传统的溶气气浮工艺与臭氧氧化技术相结合，在气浮的基础上通过臭氧加压的方式溶入水体，使臭氧与藻细胞和藻类有机物发生氧化反应，在强化固液分离性能的同时，实现除色除臭、去除有机物的功能。膜技术可通过排阻作用有效地阻拦藻类细胞，从而实现藻水分离并最大限度地避免藻细胞的破裂，同时通过反冲洗参数的优化有效控制了过滤过程的膜污染（黄敬云 等，2020）。

（3）消毒新原理与新技术

新冠疫情使公众对环境中包括病原微生物在内的生物性污染空前重视，潜在的病原微生物传播无处不在并可通过多种方式感染人体。然而常规消毒技术通常适用于集中处理，无法覆盖城市管网，确保各个终端用水安全。因此需开发即时快速、安全智能的小型化消毒处理设备，作为常规消毒技术的有益补充，实现多级屏障确保用户安全。以纳米材料为代表的新型功能材料具有独特的空间尺寸，在特定维度上仅有纳米级别，由此带来不同于宏观材料的新特性已广泛地应用于能源、生物、化学等领域中。近年来国内外研究人员利用纳米材料独特的抑菌或催化特性，成功地开发构建了基于纳米材料的新型消毒技术（图6）。

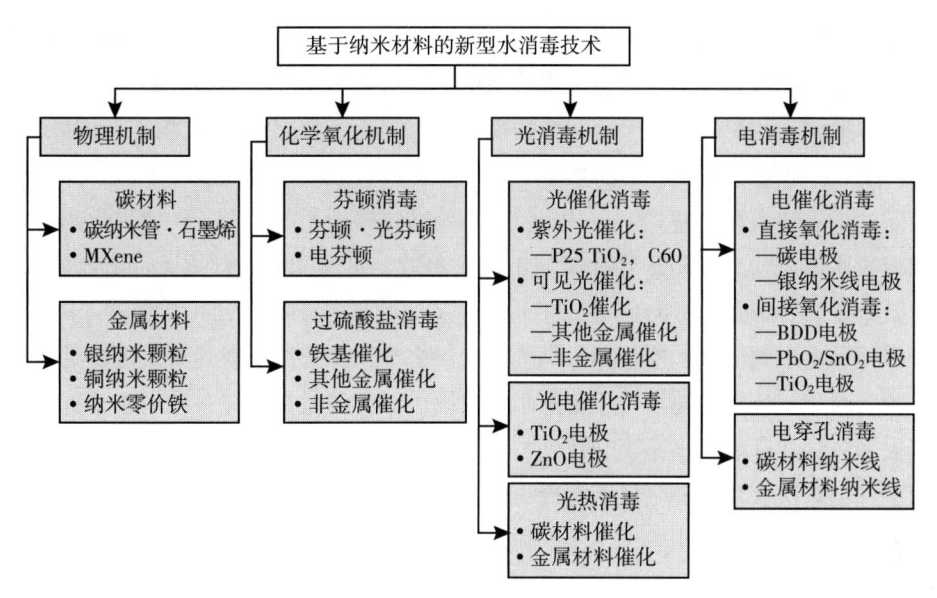

图6 基于纳米材料的新型水消毒技术

在纳米消毒新原理与技术方面，近年的研究逐渐以安全快速、次生风险低为导向，在充分挖掘纳米材料对微生物高效抑制特性的基础上，研发了新型基于物理机制的电穿孔消毒新技术（Wang et al., 2023）。同时在兼顾节能、便携处理需求的基础上，充分考虑反应动力学模型、微观转质特性，构建适用于电穿孔消毒的过滤式反应装置。在综合保障用水安全方面，近年的研究主要关注适用于小型化、家庭化消毒装置的构建（Huo et al., 2020）。

（六）城市水系统与水环境

1. 城市供水系统

城市供水系统包含了从水源到水处理工艺和配水系统最终到饮用水的全过程。城市的发展离不开供水系统的稳定运行。在供水工艺绿色低碳运行的时代背景下，城市供水系统亟须开展系统优化、风险识别与安全保障等工作。智慧水务建设可以实现对水资源的全面监测、控制和管理，为供水系统优化运行提供了数据基础。相较于传统统计学模型，人工智能和机器学习在用水量预测、管网模拟与漏损检测、系统优化与减排降耗等方面具有更好的效果。

构建供水模型可以更好地预测供水需求，可以为供水系统优化和调节提供理论支撑。虽然相关计算模型近些年发展迅速，但模型精度仍有提升空间，而且尚不存在某一模型适用于所有场景，仍需针对不同应用场景进行模型构建。除此之外，软计算的最新研究进展，比如卷积神经网络（CNN），尚未用于人类用水量预测。

供水管网漏损是城市供水系统存在的普遍问题，为减轻漏损带来的资源浪费和社会危害，需要对供水管网漏损精准识别。建立管网模型对管网进行模拟分析可以有效识别管网漏损和预测。与宏观模型相比，微观模型更能反映给水系统结构的真实性，但其需对管网粗糙度等参数进行校核，由于存在数据需求量大、真实数据获取难度高、计算复杂等不足，仍需进一步优化（蒋文杰，2019）。

在碳达峰、碳中和的背景下，城市供水系统减排降耗至关重要。构建优化调度模型以指导城市供水系统优化运行，在保障城市用水水量、水压和水质前提下，降低供水能耗，也是需要重点开展研究的方向之一。

开展区域多水源优化，实现用水结构优化，多种水源合理配置是未来需要重点开展的方向。物联网和云计算等技术用于智慧水务建设，平台的数据存储、处理和分析能力仍需进一步提升。深入开展供水系统韧性评价和风险评价以应对自然灾害、突发环境污染和公共卫生事件会对供水系统安全稳定运行的影响。

城市的发展离不开供水管网系统的稳定运行，针对供水系统安全保障和韧性建设研究也将会是未来研究方向。

2. 城市排水与污水处理系统

城市排水系统包括排水管网、泵站以及附属构筑物，体现收集输送城市污水的功能。为了在满足管网排水能力的条件下使管网造价最低，城市排水系统的优化设计是主要研究主题之一。传统的优化设计方法主要基于水力学方法，要求物理过程的精准描述，计算过程复杂。近年来，逐步发展出基于机器学习、神经网络等方法的排水管网优化模型，显著提高了设计效率。

随着信息技术的发展，城市排水与污水处理系统的实时监测与智慧管控是当前研究热点。深入开展污水处理厂智慧运行研究，包括开展污水处理系统全生命周期碳核算、探究城市污水处理全流程数字化监测与工艺控制逻辑，研发高灵敏多维度水质监测技术与方法，构建智慧化水质监测与运行调控系统。

城市污水收集处理同时面临碳中和的新挑战。建议研究污水收集处理过程能量流、物质流、信息流特征，完善碳排放核算方法，开展协同减污降碳效能评估，研发污水收集处理系统减污降碳新技术，支撑污水收集处理的低碳发展。

近年来，我国城市污水收集处理得到了快速发展，取得了长足进步。面向污水收集处理的高质量发展需求，智慧化与低碳化已成为研究热点与发展方向。未来研究需致力于开发智慧低碳新技术、新工艺和新装备，构建智慧化水质监测与运行调控系统，以支撑污水收集处理系统的可持续发展。

3. 城市景观水体治理

我国大部分城市面临严重的缺水问题，北方和西部地区是国际公认的极度缺水地区。对于缺水城市，景观水体补水水源基本为非常规水源（如再生水、雨水等）。由再生水长期、大量补给的水体，相较于由雨水径流补给的水体，其水质恶化和水体富营养化风险更值得关注。复杂的污染机制对城市水环境治理提出了挑战，对其认识不透彻是部分工程水体返黑、水质反复恶化的主要原因（胡洪营 等，2019）。

海绵城市建设是近年来我国城市水环境治理研究热点之一。但当前，我国海绵城市建设尚面临缺乏因地制宜的技术指南、缺乏专业管理人员和技术人员等问题，亟待进一步解决。

传统景观水体水质净化与维系技术，如人工曝气、植物化感抑藻、人工湿地、水生生物 – 微生物联合净化等，虽然对控制水中氮磷等营养物质和抑制水华藻类有一定效果，但是存在净化效率低、未考虑健康效应等问题。有待进一步开发高效率、易管理、低能耗的景观水体水质净化技术，如开发太阳光驱动型水循环净化系统及材料，其可实现景观水体的高效低耗净化。

城市景观水体治理面临对相关治理技术的定位、功能等认识不足的问题，需高度重视。如河岸带修复技术可防止水土流失，但是截污效果有限，不能承担减污治污任务；原位净化技术并非去除氮磷的有效技术；对黑臭水体等有机污染严重的水体，若存在病原微生物污染，曝气后形成的气溶胶将对周边人群造成潜在健康风险等（刘建福 等，2016）。

景观水体水质净化与水生态保护研究集中在单一技术的最优化，往往难以取得预期效果。急需针对城市景观水体氮磷营养盐、微量有机物、病原微生物等优控污染物和感官指标进行严格控制，形成景观水体水质净化、生态功能强化与水质长效维系技术体系，充分发挥不同技术间的互补优势，为景观水体水质保障提供科学合理的技术支撑。

现阶段，城市景观水体的管理存在水质目标与时间目标不合理、治理对象认识不全面的问题。水质目标方面，我国已有的景观水体相关水质标准（GB 3838—2002、GB 18918—2002 与 GB/T 18921—2019）中，氮磷浓度标准限值的科学依据不明确，多种标准并行且不统一，不利于保障城市景观水体水质。依据污染成因，制定科学合理的水质目标，是城市水环境治理的基础。当下的一些水环境治理工程，机械套用 GB 3838—2002 的指标（化学指标、物理指标），或制订不合理和不切实际的水质治理目标（如达到Ⅲ、Ⅵ水体标准）等，在水质目标确定方面存在较多"误区"，未能重视"水清水活"指标，如感官指标、水体流动性和生态指示指标等。

现有国内外标准和水质评价方法仅给出了 COD、BOD、总氮（TN）和总磷（TP）等污染物综合指标浓度，尚未从感官、生态、健康效应等角度对水质进行全方位系统评价，且未考虑生态禀赋、环境属性和水力学特征的影响。因此，建立快速高效的感官效应、生态效应与健康效应评价方法十分必要。

4. 城市水环境与水系统协同治理

城市水环境与城市水系统协同治理是一种以保护城市水环境和提高城市水系统效能为目标的综合性治理方案，涵盖城市水系统、城市环境、城市规划等多领域，以相互协调和有机结合的方式进行治理，达到整体优化城市水资源的目的，已成为当下有效解决城市水环境问题的可行性方案之一。近年来，国内外在城市水环境和城市水系统协同治理领域的研究已取得一定进展。

为实现城市水资源的全面协调和配制优化，城市水环境与水系统的运行管理已逐步向运行管理维护的一体化发展。其一，综合考虑城市供排水、污水再生处理、生态环境用水等多方面因素，制定综合的水资源管理方案，实现水资源整合管理。其二，采用人工智能、大数据等技术和智能化运营平台，实现水资源的可视化管理及自动化运行维护，让管理者更好地掌握城市水环境和城市水系统的运行状况，实现智能化运营管理。其三，对城市污水处理、点源污染、非点源污染等因素进行全方位的联合治理管控，保障城市水环境的长期健康，通过污染源的协同治理实现水环境保护。其四，在城市水资源管理考虑突发事件和不可预见的情况发生时，也应当综合考虑城市水环境与水系统的各环节制定应急响应和风险控制对策。

城市水环境和城市水系统协同治理领域的发展仍需要继续加强政策引导和技术创新，打造更加智慧和可持续的城市水环境和水系统。结合数字化技术也是城市水环境和城市水系统协同治理的重要发展趋势，先进的数字化技术有助于构建更加智慧和可持续的城市水环境和水系统。此外，城市水环境和城市水系统协同治理的复杂性使研究人员越来越注重多元化治理模式的尝试，公私合作、PPP等模式可以更好地整合各方资源，推动城市水环境和城市水系统协同治理。同时，城市水环境与城市水系统协同治理还需广泛开展社会宣传和教育活动，增强公众对城市水环境和城市水系统的认识和意识，形成全社会参与城市水环境与城市水系统协同治理的良好氛围。

未来，城市水环境和城市水系统协同治理将会继续注重政策体系和创新技术的完善，推动城市水环境和水系统的可持续发展。城市水环境和城市水系统协同治理领域也将更多地应用科技手段，采用多元化治理模式，以更好地保护城市水环境和保障城市供水安全。

5. 区域再生水循环利用系统

城市水系统是一个有机的整体，但是如今的供水、用水、排水、水环境和水安全等领域被人为割裂，同一个领域的不同设施之间也是相互独立的。构建新型"区域再生水循环利用系统"可以解决现有的"流域社会循环系统"存在的对上游依赖强、对下游影响大、对发展支撑能力弱、对灾害抵抗能力弱等突出问题，保障城市水的自主性、独立性和韧性以及社会经济高质量、高水平发展。

区域再生水循环利用应重点关注以下问题：一是防止再生水污染饮用水水源地和地下水。尽量避免使用再生水灌溉具有食用性和密切接触性的乔木、灌木、绿地，避免在集中式饮用水水源区、岩石裂隙及碳酸岩溶发育区、地下水浅埋区等地区进行再生水灌溉。二是对纳入区域再生水循环利用系统的污水处理厂尾水等污水进行水质监测，严控重金属等有毒有害污染物。三是关注无机盐和持久性有机污染物等物质的积累问题。无机盐和持久性有机污染物的积累相对难控制，需建立源头控制、预防为主的机制。四是人工湿地水质净化工程的建设应满足土地审批、防洪评价等项目建设要求，并明确进出水水质要求，开展水质水量监测。

区域再生水循环利用的推进需从以下四方面努力。

一是建立统筹规划、一体化推进机制。统筹城镇供水设施、排水设施和水环境水生态建设规划，推进一体化建设和一体化运营。实施分质供水，将城镇天然水体作为城市"第二水源"，工业和市政杂用的"第一水源"，规划建设多水源分质供水系统。

二是建立全链条、系统化的标准规范体系。构建涵盖污水源头管理、水质目标、水质评价和运营管理等各个环节的标准规范体系。通过标准规范，严格控制工业废水排入城镇污水管网，明确工业废水区域循环利用的负面清单；制定再生水水质分级分类标准、利用效益评价标准和再生水生态环境风险管控指南，确保水循环利用安全。

三是建立全方位、体系化的科技支撑体系。突破区域水循环利用系统规划理论、技术和方法，建立水循环利用系统构建和长效运维技术体系，通过试点示范开展推广应用。开发适合再生水特点的水质指标体系、评价方法和阈值目标确定方法，开展再生水利用生态安全长期跟踪、监测评价研究。

四是建立全覆盖、持续化的管理监督体系。政府部门联动机制和再生水利用约束机制要进一步加强，完善再生水利用定价机制和激励措施；强化区域水循环利用系统评价、评估和监管，通过多渠道经费投入，保障水循环利用系统持续运营（胡洪营，2021）。

（七）工业水系统与水环境

工业和企业用水途径广泛、耗水量大。实施工业节水改造、工业污水处理与循环利用、工业污水生态风险防控、工业园区水系统优化等措施是缓解水资源供需矛盾、实现工业用水集约节约利用的重要举措。

1. 工业用水与供水系统

（1）工业用水分类及水质要求

工业用水是工业生产过程中制造、加工、清洗、稀释、冷却或运输产品使用的水。根据2021年《中国水资源公报》，中国工业用水总量为1049.6亿 m^3，占用水总量的17.7%。高耗水行业包括石化、火电、造纸、钢铁、纺织等。

根据用途不同，工业用水可以分为冷却用水、锅炉用水和工艺用水。冷却用水占工业总用水量的60%~90%，其中石化和钢铁工业的冷却用水量最大，钢铁行业中循环冷却系统用水量占总用水量的70%~80%。工业生产中常使用水作为传热冷却的介质，对钢铁冶金工业的高炉、电炉等炉体，电厂和热电站中的汽轮机回流水，炼油、化肥、化工等生产中的半成品和产品等进行冷却。锅炉通过将水加热转化为水蒸气，作为传热热源或发电动力使用。工艺用水是工业生产过程中与产品的加工制造相关的用水，包括产品用水、洗涤用水、除尘用水、输送用水等。其中，超纯水是电子行业的基础生产材料，广泛应用于半导体芯片和光学光电子冶金面板制备过程。

不同用途工业用水的水质要求差异较大。为避免锅炉、给水系统和其他设备的腐蚀和结垢沉积现象，锅炉用水的水质要求较高。冷却水水质要求保证较低的浑浊度、不易结垢、不易腐蚀金属设备和滋生菌藻（刘静晓 等，2022）。燃煤电厂中，对直流冷却系统，其水质要求较低，通过格栅和筛网去除杂质后即可应用于冷却系统；对循环冷却系统，冷却用水的水质需要根据装置的结构、材质、工况条件等因素综合考虑。电子、制药等行业中常用的超纯水对水质要求较高。电子级超纯水应用于零件清洗、药物配制等，要求电阻率 $\geqslant 18\,M\Omega \cdot cm$（$25\,℃$）、$TOC < 1\,\mu g/L$，对超纯水的制备和水质检测均提出较大的挑战。

（2）工业用水水源及处理

工业用水水源包括常规水源和非常规水源。常规水源通常指地表水和地下水，非常规水源指再生水、海水、雨水、微咸水等。工业用水水源的选择需要考虑用水对象对水质和水量的要求、地理位置和可行性等因素，并进行技术经济性比较。由于水资源短缺，为缓解水资源供需矛盾，非常规水源近年来得到广泛推广。截至 2023 年，工业使用的非常规水源主要为再生水和海水，部分工业企业以雨水作为补充水源。海水常作为直接冷却水系统和间接冷却水系统中的冷却用水，广泛应用于化工、发电、钢铁生产等。再生水水源稳定、供水量大、技术较为成熟，是应用最为广泛的非常规水源。

根据水源水水质的差异和工业生产需要，对水源水可以采用不同的处理技术，以满足工业用水的需求。常规处理技术以物理化学技术为主，包括混凝、沉淀、澄清、过滤等。其技术原理和操作步骤与市政供水处理技术类似。

针对具有特殊水质要求的工业用水，需要使用其他处理工艺。根据可用的给水和用水需求，可以采用膜技术，如超滤、反渗透等。其中，超滤与反渗透结合的双膜法在工业给水处理中得到广泛应用。为满足北京市京东方 8.5 代冶金面板生产线生产环节、空调冷却水系统等用水需求，北京经济技术开发区东区再生水厂采用微滤与反渗透双膜法组合工艺，以污水处理厂尾水为水源水，产水水质稳定达到锅炉用水的高标准要求（GB/T 1576—2018），为开发区内企业供水。

除常规给水处理技术以外，离子交换树脂等深度处理技术可以满足电子等行业对水质要求高的超纯水的需求。面对水资源短缺、水污染严重等问题，节水技术的改造和节水工艺的开发是实现工业用水集约节约利用的重要举措，再生水、海水等非常规水源的利用是替代常规水源、缓解水资源供需矛盾的重要措施。

2. 工业污水处理与近零排放

工业污水排放量大，2019 年工业污水排放总量为 134 亿吨，占当年全国污水排放总量的 16.94%（胡洪营 等，2021）。根据《2021 中国生态环境状况公报》及《第二次全国污染源普查公报》，纺织业、造纸业、食品加工业、化工业、金属行业、汽车行业、石化行业等是工业污水污染物排放的重点行业。

工业污水污染物种类多、类型复杂，分类困难。工业污水类型复杂多样，来自生产过程，设备与产品冷却水，设备、产品与场地清洗等，污水中包含生产原料、产品、中间产物与副产物等，污染物种类繁多（余淦申 等，2012）。污染物类型包括悬浮物，有机污染、无机污染物，此外还有重金属、有毒有害物质等。针对上述复杂的污染物组成特征，工业污水处理工艺流程通常可分为预处理、生物处理和深度处理。此外，近零排放与分盐也是近年来工业污水处理的重要发展趋势。

（1）预处理技术

1）物理处理技术。混凝－絮凝技术主要用于去除水中的悬浮固体、油脂等有机污染物，用于各行业工业污水，以使得色度、浊度等达到标准，其未来发展关注于功能更强、毒性更低的混凝药剂的开发。气浮用于污水的油水分离，应用于食品、印染、皮革等行业，常与其他技术如混凝－絮凝耦合，对含油废水中油性物质分离效果较好（魏婕 等，2020），如今发展重点在于通过调整气泡形态提升溶气释放效率等（Sakr et al.，2022）。汽提与吹脱用于分离污水中的挥发性有机物或者溶解性气体。萃取通常用于钢铁行业焦化工序的含酚废水处理，用以富集其中的酚类，研究关注萃取效率高、水溶性低、可降解的新型复合萃取剂。

2）化学处理技术。臭氧和芬顿等氧化处理技术通过氧化剂自身或者羟基自由基的作用将难降解大分子有机物氧化为小分子物质，且常与混凝－絮凝联用，污水经臭氧和芬顿等氧化预处理后，其混凝－絮凝处理特性也常得到提升，现如今研究关注高效催化体系的开发，以及工艺耦合等。此外，臭氧也常用于工业污水深度处理，用以脱色除臭和去除微量有机污染物（Korpe et al.，2021）。Fe−C 微电解是指利用粉末状铁和活性炭为材料组成微型原电池，通过吸附、氧化还原反应、絮凝等多原理协同的过程应用于制药、电镀、印染等工业污水中有机物的去除和转化，现如今研究关注新型填料的开发与反应器设计（熊富忠 等，2021）。

（2）生物处理技术

1）厌氧生物处理。厌氧生物处理可在能耗较低的情况下将污水中的有机物降解并部分转化为能源，对高浓度废水有良好的处理效果。水解酸化利用厌氧生化过程的水解和酸化阶段，通过微生物的胞外分泌物将大分子有机物等转化为包括小分子酸在内的生化性更强的有机物，广泛用于各类工业污水的预处理。升流式厌氧污泥床及在其基础上衍生出的厌氧膨胀颗粒污泥床、高效折流式厌氧反应器、厌氧内/外循环反应器等工艺是厌氧活性污泥法的代表性工艺，应用于印染、皮革、食品、造纸、畜牧业等行业的污水处理中。厌氧膜生物反应器结合了膜组件的污染物截留作用和微生物的降解作用，相比厌氧活性污泥法有更短的水力停留时间和污泥停留时间以及更好的抗负荷冲击能力，稳定性更强，但其膜污染问题严重，膜污染控制是当下关注的热点（Mojiri et al.，2023）。

2）好氧生物处理。好氧处理技术主要包括活性污泥法和生物膜法。生物膜工艺主要包括好氧膜生物反应器、生物接触氧化法、移动床生物膜反应器、序批式生物膜反应器、曝气生物滤池等，活性污泥法包括传统活性污泥法、序批式活性污泥反应器氧化沟、A/O、A/A/O工艺等。现如今研究主要关注将絮状活性污泥培养为好氧颗粒污泥以强化污水的生物处理过程（Cai et al.，2021）。生物强化策略是近年来生物处理过程关注的热点，包括筛选高效菌株等途径（Raper et al.，2018），已应用于工业污水处理，如钢铁行业杂环类有机污染物的生物强化定向削减。

（3）深度处理与循环利用技术

经过预处理与生化处理后，通过深度处理对工业污水中的难降解有机物和无机杂质进一步高标准去除。深度处理技术包括吸附、高级氧化技术、膜工艺等（黄南 等，2022）。

基于分类收集、分别处理的工业废水处理模式是工业污水处理与循环利用系统建设与优化的方向。传统的混合收集、集中处理模式不利于污水的达标处理与循环利用，基于分类收集、分别处理的处理系统将极大提升污水处理中的资源回收效率，保证工业污水处理品质，可依据用水需要实现工艺内、工厂内以及工厂间的循环利用。

工业污水处理过程中，污染物转化机制复杂，毒性效应等产生机制复杂。除关注常规指标实现工业污水的达标排放或者回用之外，污水处理过程中应注重污水特质（水征）评价，从污染程度、组分特征、毒害效应和转化潜势四个维度上对工业污水进行特征分析、水质安全评价和处理特性预测，并基于此开展处理工艺设计和工艺诊断优化（胡洪营 等，2019）。

此外，应用先进分析手段，基于分子量分布、亲疏水性、酸碱性、溶解性等的污染物组分特征分析表征手段确定关键污染物类别，通过质谱分析、量子化学分析与计算模拟等手段分析难降解污染物的生化反应行为与关键转化路径，结合毒理实验和定量构效关系（QASR）模型预测化合物的毒性效应评估生态风险并确定高毒性效应污染物类别等。基于水征评价发展高效处理工艺，构筑科学有效的风险管理和安全保障体系是工业污水处理的重要问题。

（4）近零排放与分盐技术

工业废水近零排放与分盐主要的处理技术包括膜法深度处理技术、浓缩减量技术和结晶固化技术。虽然一定程度上实现了工业废水的近零排放和循环回用，但是仍然存在工艺复杂冗长、能源消耗高、水中盐分无法资源化利用等问题。因此，为了助力"双碳"目标的实现，推动经济社会可持续发展，后续技术的开发不但要瞄准集成处理单元，提高处理效率，减少废水和固废的排放，而且要实现有价金属离子的资源化利用。

3. 产城融合

产业与城市融合发展是我国城镇化高质量发展的核心理念。2015年，国家发展和改革委员会将产城融合确定为推动城镇化高质量发展的核心理念，组织开展产城融合示范区建设工作。2016年，推出了58个国家产城融合示范区。在水环境学科，产城融合的研究热点包括水循环利用系统构建、工业污水生态风险防控、工业园区系统优化等。

在水循环利用系统构建方面，清华大学环境学院与世界自然基金会合作推出了《工业园区水管理创新实施指南》，遵循系统思考原理，应用生命周期理念，构建了由供（取）水、用水、废水处理、排放、污水再生利用、污泥处理处置及资源化等与水管理相关的关键环节组成的全生命周期园区水管理创新格局（吕一铮 等，2021）。Hu 等（2021）构建了覆盖200余个国家级经济技术开发区的环境基础设施数据库，对园区集中式污水处理厂的发展演变、技术特征、污染物去除效率、温室气体排放，以及基于能源基础设施与环境基础设施之间的能源-水耦合的节能减排潜力进行研究，运用多准则决策模型优化工业园区水管理结构，揭示了从高速模式向高质量模式转变的路线图。

工业利用是区域再生水循环利用形成有效闭环的重要利用途径。工业利用和其他利用途径相比，具有用户明确、水质水量需求稳定、经济效益显著等优点，提升再生水水质、拓展再生水工业用途，是提高水资源循环利用效率的有效方法。在此背景下，城市再生水制备高品质工业纯水的关键技术与工艺成为研究的热点。工业纯水是电子信息、电力、热力等行业的生产必备原料，但我国水资源短缺问题严重，北方城市尤其突出，再生水为上述高精尖行业和支柱行业的重要水源。和传统水源相比，再生水中有机污染物种类多、组分复杂，再生水制备工业纯水面临更突出的工艺稳定运行、产水水质安全保障等难题，亟需在技术、材料、装备和工艺方面形成新的突破（黄南 等，2022）。

在工业污水生态风险防控方面，常规污染物和新污染物共暴露条件下对水生态系统的长期生态效应备受研究者的关注。研究内容包括研发微型水生态系统实验装置，研究达标排放工业污水长期暴露对微型水生态系统中生物生长发育、繁殖、生理免疫、毒性积累及群落变化的影响及其对受纳水体的长期生态效应。

在工业园区系统优化方面，总体发展趋势是强调多目标、全生命周期角度协同优化。全生命周期指工业园区系统优化应包括工业园区的供（取）水、用水、废水处理、排放、污水再生利用、污泥处理处置及资源化等关键环节。多目标是指从社会、经济、环境、资源、能源等多个维度建立核算评价体系，建立多要素协同综合决策模型，实现工业节水、节能、减污、降碳协同增效（Chang et al.，2021）。在水质监测评价和用水管理方面，新一代信息技术的利用是重要的发展方向。在传感器、物联网、机器学习、大数据分析和云计算的帮助下，物理和嵌入式系统的数字化管理和智能化管控在优化工业水系统管理方面有很大潜力。

（八）农业农村水系统与水环境

农村水系统是指分布在广大农村的河流、湖沼、水库、沟渠、池塘等地表水体、土壤水和地下水体的总称。其对区域的雨洪旱涝调节有着重要作用，同时也是保障农业生产发展的基石。近年来，随着农村地区经济的快速增长，农村人口的集中化程度增加，农村生产、生活污水排放量，整体呈现较快的增长态势。相比于城市地区，农村地区基础设施薄弱，污水收集程度和处理率较低，农村居民生产生活过程中产生的污水未经处理或处理不当排入地表水及地下水系统，导致农村水环境污染和水质性缺水问题（张玮 等，2022）。

1. 农业农村水环境污染现状

《2021年中国生态环境统计年报》显示，我国农业源排放化学需氧量高达1676.0万吨，氨氮26.9万吨，总氮168.5万吨，总磷26.5万吨，分别占所有源头排放量的66.2%、31.0%、53.2%、78.5%（生态环境部，2022）。农村水环境污染的主要来源包括农村生活污水、农业面源污染和养殖业污水。

农村生活污水可以分为黑水和灰水两大类，其中黑水主要是指厕所污水，含有较高有机物及病原生物；灰水主要是指洗涤、洗浴污水和厨房等污水，其污染物指标相对较低（邓彩红，2023）。

农业面源污染是指农田灌溉等过程排放的污水。统计调查显示近些年来我国的农药使用量达26万吨，化肥使用量达5191万吨（邓彩红，2023）。

养殖业污水分为畜禽养殖尾水和水产养殖尾水。随着人民生活水平的提升，对肉类蛋白质需求的提升，推动我国养殖业快速发展。基于土地成本和饲料成本优势，因此我国畜禽养殖业主要集中在农村地区。然而，畜禽养殖特别是规模化畜禽养殖，会产生大量畜禽粪污和畜禽养殖尾水，导致农村水体氮磷、化学需氧量等指标超标，加剧农村水环境污染问题。在水产养殖中，投喂的饲料中有10%～20%未被摄食，摄入的饲料中有75%～80%的氮和60%～75%的磷以粪便和代谢物形式排入水体；此外，养殖过程中投加的杀菌剂等化学药品，也会大量排放到水体中。农业生产和生活中产生的大量污染物进入地表水体和地下水，导致自然水体水质恶化和水生态系统破坏等问题，严重影响我国美丽乡村建设进程。因此，需要对农村水环境污染开展针对性、实效性的治理工作。

2. 农业农村水环境污染治理方法

农村地区的生活污水处理技术可以根据排水规模和水质、技术要求和经济条件等因素而有所不同。农村生活污水常见的处理方式包括灌溉农田、水冲式厌氧池、蓄水池系统、人工湿地、活性污泥法、等温厌氧消化。

农业面源污染是指在农业生产作业过程中产生的含有农药、化肥等污染物的废水。常见的处理方式包括人工湿地、植物滞留床、人工湿地、沼气发酵、污水灌溉、水循环利用系统。

农业养殖污水是指在养殖过程中产生的含有动物粪便、饲料残渣和养殖药物等污染物的废水。农业养殖污水常见的处理方式包括人工湿地、厌氧消化、植物滞留床、曝气活性污泥法和膜技术等。

具体的处理技术如下：

1）灌溉农田。这种技术将污水直接用于农田灌溉。在适当管理下，农田可以起到过滤和净化污水的作用，同时提供水分和养分给农作物。然而，这种方法需要注意农作物的适应性和水质的处理（王云龙 等，2022）。

2）水冲式厌氧池。这种技术利用厌氧细菌将有机物质分解为沼气和沉淀物。污水通过下水道进入厌氧池，细菌在无氧环境下分解有机物质，产生沼气并沉淀污泥。厌氧池适用于小型农村社区，成本相对较低。

3）蓄水池系统。这种技术适用于较小规模的农村社区。污水经过简单的初级处理（如固液分离）后，被储存在蓄水池中。经过一定时间的沉淀，水质得到改善，然后可以用于农田灌溉或其他非饮用用途。

4）人工湿地（农村生活污水）。人工湿地是一种自然生态系统模拟的污水处理技术。它利用湿地植物和微生物降解有机物，同时通过湿地的滤过和吸附作用去除悬浮物和营养物。人工湿地可以分为水平流湿地和垂直流湿地两种类型，适用于中小型农村地区（付新喜 等，2017）。

5）活性污泥法。活性污泥法是一种常见的生物处理技术，通过加入含有微生物的活性污泥来分解有机物质。活性污泥容器中的微生物分解有机物质，形成污泥团聚物和水体。然后，通过沉淀、曝气和沉淀等过程，将污泥分离出来，使水体净化。活性污泥法适用于较大规模的农村污水处理厂（胡小波 等，2020）。此外，对处理生活污水过程中产生的活性污泥的利用也会得到高能源附加值的产品，用于农村的第二能源来源。

6）等温厌氧消化。这种技术主要用于处理农村生活污泥。污泥在恒温条件下进入厌氧消化器，通过微生物降解有机物质并产生沼气。等温厌氧消化可以稳定处理污泥并产生能源（水落元之 等，2015）。

7）植物滞留床。植物滞留床是一种利用植物和土壤过滤功能的污水处理技术。生产污水通过植物滞留床时，植物的根系和土壤中的微生物可以吸收和分解污染物，使水体得到净化。

8）人工湿地（农业面污染）。利用建筑材料（如砖块、石块等）构建湿地系统，使水体通过湿地时经过物理、化学和生物过程，达到净化目的。这种技术适用于中小型农业面源污染处理，具有较高的净化效果和处理稳定性。

9）沼气发酵。农业生产过程的有机废弃物可以通过沼气发酵技术处理。这种技术利用厌氧消化过程中产生的沼气，既可以作为能源利用，又可以将废弃物降解成稳定的有机肥料（李娟，2022）。沼气发酵适用于农村农田和养殖废水的处理。

10）水循环利用系统。水循环利用系统将农业农村污水收集、处理和储存，用于农田灌溉或其他农业用水需求。系统中可以包括初级处理、生物处理、沉淀和过滤等工艺，以确保出水水质符合农业用水标准。

11）厌氧消化。厌氧消化是一种将养殖污水中的有机污染物通过微生物分解产生沼气的技术。废水进入厌氧消化器后，微生物在无氧环境中降解有机物质，产生沼气和沉淀物。这种技术可以有效处理养殖污水，并将沼气用作能源。

12）曝气活性污泥法。曝气活性污泥法是一种利用活性污泥降解有机物质的生物处理技术。养殖污水通过曝气活性污泥系统时，活性污泥中的微生物可以分解有机污染物，同时去除悬浮物。这种技术适用于中小型养殖场和养殖污水处理厂。

13）膜技术。膜技术包括微滤、超滤、纳滤和反渗透等方法，可以有效去除养殖污水中的悬浮物、微生物和溶解性有机物质（俞映倞 等，2021）。膜技术具有效率高、占地面积小的优点，适用于养殖污水处理中的深度处理阶段。

在选择适当的农业养殖污水处理技术时，需要考虑养殖规模、污水性质、处理要求和经济条件等因素。同时，定期监测和维护是确保处理系统稳定运行和净化效果的关键。

3. 农业农村污水的资源化利用

农村污水资源化利用技术，将废水经过处理后用于农业生产和养殖与景观水体补给等用途，以实现资源的有效利用和环境的可持续发展。以下是一些常见的农村污水再生利用技术及简单介绍。

1）农业生产。农村污水再生利用最常见的方式就是将处理后的回用水用于农田灌溉。经适当处理，污水中的养分和水分可以为农作物提供营养和灌溉需求，减少对清洁水资源的需求。这种技术需要考虑农作物的适应性和土壤的处理，同时进行适度的监测和管理。

2）农业养殖。经过相关处理后达标的回用水可以用于冲洗禽舍，进而减少对农业养殖中对清洁水的需求，同时也为废水处理回用提供新的途径。但需要注意的是以致病菌为主等的相关指标是否达标。

3）景观补水。养殖中的冲洗废水等经过相关处理可用于景观补水，但需要注意的是，经过处理的回用水需要达到地表Ⅴ类水质标准（马铭阳，2022）。

农村污水的资源化利用应着重关注于不同回用场景下对水质指标的要求，进而选择合适的资源化利用技术。此外，建设成本和运行成本也是重要的影响因素之一。农村水环境污染治理是一个重要的环保议题，涉及农村地区的水质改善、生态保护和农业可持续发展等方面。综上所述，农村水环境污染治理是一个长期而复杂的过程，需要政府、农民和社会各界的共同努力。在政府的引导和支持下，农村地区的水质得到了明显改善，农业生产方式逐渐朝着绿色、可持续的方向发展。然而，仍然面临一些挑战，比如治理资金不足、基础设施薄弱等问题，需要进一步加强合作与创新，全面推进农村水环境污染治理工作和美丽乡村建设，实现可持续发展和生态文明建设的目标。

（九）湖泊污染与治理

湖泊是陆地表层系统最基本的地理单元，也是地表水资源的重要载体。我国虽然湖泊水污染及富营养化问题总体向好，但外源内源污染形势依然严峻，藻类水华风险仍然较大，存在着水质污染与生态退化机理认识不足、水质生态基准标准缺失或滞后、治理修复关键技术及集成体系尚不健全、工程维护管理的技术支撑不到位等问题。

1. 我国湖泊水生态环境状况

湖泊被称为"大地明珠",是陆地表层系统最基本的地理单元,也是地表水资源的重要载体,与人类生产与生活息息相关。2020年最新遥感监测结果显示,我国1 km² 以上天然湖泊有2670个,累计面积为8.07万 km²。按照面积大于0.0036 km² 全部内陆水体面积进行估算,湖泊等内陆水体总面积也只有134158 km²,仅占我国国土陆地面积的1.40%,湖泊率要远远低于全球平均水平(3.0%)。尽管我国湖泊面积及其在陆地中占比都非常有限,但湖泊对区域乃至全球环境变化、生态服务功能维持、生源要素循环、水资源安全保障、防洪抗旱和流域经济社会发展等方面发挥着不可替代的作用。

我国湖泊主要分布在东部平原、云贵高原、青藏高原、蒙新高原和东北平原五大湖区。东部平原以浅水湖泊为主,水源补给充足,河湖关系密切；云贵高原多为断陷深水湖泊,换水周期长,生态系统较为脆弱；青藏高原和蒙新高原以咸水湖和盐湖为主,矿化度高；东北平原湖泊面积较小,大多为浅水湖泊,矿化度较高。自20世纪80年代开始,受经济高速发展和全球气候变化的双重影响,湖泊生态环境严重恶化、水生态系统急剧退化。我国湖泊生态环境问题呈现明显的区域分异,概括起来大致以"胡焕庸线"为界,西北部主要是湖泊水量变化及其引发的水生态问题。"胡焕庸线"以东地区主要存在水质变化及其引发的水生态问题,包括:①尽管湖泊水质持续改善,富营养化和蓝藻水华没有得到根本缓解,湖泊水源地水质安全问题依然存在；②湖泊藻类水华风险依然较高,还可能产生毒素、臭味以及湖泛等次生灾害；③湖泊水生植被退化严重,净化能力减弱,生物多样性下降,自净能力减弱。

近10年来,70%大中型湖泊透明度增加,湖泊整体变清,出现藻华的湖泊数量开始递减,湖泊富营养化得到明显遏制,水质总体状况趋好。面积大于50 km² 以上有水生植被分布的64个湖泊中,前5年(2010—2014年)和后5年(2015—2019年)间分别有43%和40%的湖泊水生植被呈现显著增加趋势。国家重点治理的"三湖"富营养化趋势得到明显遏制：太湖连续10年实现国务院提出的"两个确保"目标；巢湖水质由劣Ⅴ类好转为Ⅳ~Ⅲ类；滇池水质实现"脱劣",水质达到Ⅳ类。重点湖泊治理与保护成效显著。

通过生态保护和修复工程的实施,重要湖泊的生态环境趋于好转,生物多样性稳步提升,生态系统完整性和稳定性提高。2020年调查结果显示,滇池湖滨湿地植物物种达到303种,记录鸟类达139种,湖泊生态系统健康向好发展；大型通江湖泊湿地生物多样性显著提升,鄱阳湖长江江豚种群数量从2012年约450头增加至2021年700余头,湖区越冬水鸟数量增长明显,候鸟总数由2012年的35.7万只上升至2020年的68.9万只,物种数稳定维持在50种以上。

受益于湖泊保护和水质改善,全国湖库型集中式饮用水源地占比近5年由33%增加至40%,服务了全国近50%的人口。太湖已成为上海重要的饮用水源地,南水北调中线丹江口水库、千岛湖配水工程等重大调水工程为北京、天津、郑州、杭州等提供了优质水源。

2. 湖泊污染成因与机制

湖泊水体与自然界其他类型水体一样是一种十分复杂的水溶液，常溶有一定数量的化学离子、溶解性气体、生物营养元素和微量元素。我国湖泊分布广泛，由于各地湖泊在地质、地貌、气候和水文等自然条件上的差异，导致了不同湖泊水体化学性质的多种多样性。

国内外学者对于浅水湖泊的富营养化过程及其发生机理开展了大量深入性研究。研究发现大型湖泊富营养化的过程加剧最为突出，且四季分明的大型浅水型的湖泊中，通常伴随着湖泊蓝藻水华暴发的现象。根据国际区域海洋经济的交流战略合作和世界各国海洋资源的开发与自动化国际合作组织（OCED）的一项长期调查数据分析结果显示，湖泊富营养化大约80%是因为它们受到湖泊水体中磷元素的释放和含量限制，20%是因为受到湖泊中氮素的含量限制和其他多种环境因素的影响。

湖泊沉积物的磷素迁移循环主要指磷素在浅水湖泊水体底层的沉积物、沉积物上覆水和生物体间的迁移和转化。作为富营养湖泊磷循环的重要的关键过程，沉积物–水界面中磷素含量迁移和转化过程及其释放处理过程在研究中备受关注。浅水湖泊沉积物拥有比深水湖泊中单位体积水体更大的湖底水体沉积物的表面积，更容易直接受到风浪侵蚀作用的直接冲击和扰动，导致湖底的沉积物与湖泊上覆水体的相互接触氧化作用发生的机会大幅度地增加，故浅水湖泊的沉积物吸附氧化作用更强，沉积物与湖泊水体环境中磷的相互交换氧化作用更加充分，也更为直接和频繁，这使得浅水湖泊的表层沉积物比其他水体环境沉积物磷相互影响氧化作用的发生机制更为复杂。

截至2023年12月，由于对富营养化湖泊内源磷的生化反应发生机制和外源磷受周围环境影响途径和程度等科学问题的认识不足，仍然还有许多磷的反应机制尚未被充分认识，导致富营养化湖泊生态修复方法和措施因缺乏科学的理论指导而停滞不前。因此长期开展浅水湖泊环境中沉积物与磷的相互生物作用等研究，对于正确认识污染浅水湖泊的内源负荷的特征，以及促进受污染浅水湖泊的生态保护和修复具有重要意义。建议进一步深入研究有机磷的赋存形态、迁移转化规律以及有机磷生物转化利用的有效性等问题，通过以上理论研究为今后污染湖泊生态修复和湖泊水生态环境管理提供支撑。

3. 湖泊污染治理理论与技术

截至2023年12月，湖泊生态修复技术从湖泊生态系统健康评价到沉水植被修复、生物调控，已经出现了许多先进的生态修复方法。虽然生态修复技术种类多样，但这些生态修复方法的构建目的都是达到湖泊生态系统健康恢复。严格来讲，没有最好的湖泊生态修复技术，只有最合适的湖泊生态修复技术。应对不同的湖泊生态情况，应当设计出因地制宜的生态修复方案。

（1）入湖污染源解析技术

入湖污染源解析技术包括点源和非点源污染物负荷解析，可以帮助识别和量化入湖污染物的来源和排放强度，以便采取针对性措施来减少入湖污染。点源污染物负荷解析作为流域外源污染评估的一部分，可对不同流域外源污染负荷进行解析。根据国内外学者针对点源污染物源强解析和非点源污染物源强解析技术的系列研究，单独针对入湖点源污染源强解析技术的研究较少。非点源污染源强解析技术主要研究方向包括经验模型和机理模型研究。

经验模型是基于统计观察及观测研究中获得的经验方法，可较好应用于监测数据不足的地区。机理模型基于大量自然环境、人类活动数据，通过方程计算求解模拟污染物迁移转化过程。针对入湖污染物源强解析方面的研究逐渐深入，我国非热点流域外源污染的评价采用贝叶斯方法等多模型方法、同位素技术等多种污染物来源分析技术识别外源污染，针对持久性有机污染物、内分泌干扰物等新污染物识别以及进一步完善数据监测和收集将是外源污染负荷解析研究方向。

（2）内源污染控制技术

对于湖泊内源污染控制和底质改良，典型淡水湖泊底泥的典型污染物以氮磷营养盐、有机质和重金属为主，研究成熟的内源污染指标包括污染物不同赋存形态及含量、孔隙水污染物含量及泥－水界面迁移转化水平以及污染物扩散通量等，评价方法包括标准指数法、元质量指数法、浓度／元质量综合指数法、地累积指数法和内梅罗指数法。

环保疏浚在我国发展较早，能快速有效地去除内源污染，其关键在于确定科学的疏浚参数，并与水生态系统恢复相结合。其中，原位修复技术的突出优点是不需要清除底泥即可改善底泥性质，减少底泥污染物向水体的释放量，甚至吸收水中污染物。但原位治理技术在国内典型湖泊的底泥治理中实践较少，建议针对滇池底泥污染问题，进一步开展原位处理技术试验研究，探索其与生态修复结合的可行性。

（3）湖泊生态补水技术

湖泊生态补水技术涉及湖泊生态水位及需水量计算方法、多水源补水水质保障技术及统筹调控模式构建、导流与水力调控技术、生态补水方案评价等方面的内容。生态流量的计算多是基于保护或恢复湖泊生态健康和功能，保障湖泊生态目标所需的流量状态。国内外研究的计算方法主要包括资料分析法和模型计算法，这些方法没有优劣之分，每种方法都可适用于特定的情形。实际工作可根据计算的精确度、计算情形的适用性、经济成本等因素选用。国内研究在理论研究的基础上，更重实践，耦合模型成为进行生态流量计算的重要工具，而模型的开发和使用也成为研究的重点。湖泊生态补水常见的水源包括域外调水、再生水、雨水等，构建多水源补水的调控方案，需要考虑多种不同调控目标下、多种调控情形，一般需要根据实际情况作具体分析，可通过构建水质－水动力－水生态综合模型进行模拟，根据不同限制、改善条件，模拟调控情形提出最佳调控方案。

（4）湖滨带与缓冲带生态修复技术

近年来，湖泊湖滨带与缓冲带生态修复技术得到快速发展，取得了新的研究成果。湖泊湖滨带与缓冲带生态修复技术主要包括缓冲带绿篱构建、缓冲带生态透水地面、缓冲带乔灌草复合系统修复、缓冲带河口低污染水净化、消落带植被构建、消落带生态护坡护岸、消落带湿地修复、湖滨带基底修复措施、湖滨带生态修复工艺、建筑物拆除区生态恢复工艺、废弃鱼塘生态重建工艺、湖滨带湿地工艺、陡岸生态修复工艺等。

（5）湖泊生态修复技术

生态修复具备成本效益与环境兼容性，有助于湖泊生物群落重建与多样性恢复。截至 2023 年，主要围绕湖体生态系统健康状况评价方法、沉水植被恢复技术和湖体生物调控技术开展了深度研究。为避免湖体发生富营养化水华现象，关于湖体藻类水华防控技术的研究也一直受到广泛关注。主要研究内容包括藻类水华监测预警技术、预防性控制藻类生长技术、藻类水华应急处置技术、水华蓝藻资源化技术和湖泛等次生灾害控制技术等。

（十）河流污染与治理

我国地域面积广，河流数量众多，为我国居民生活和经济发展提供了强有力的水源保障。随着人类活动程度加剧（建坝、排放污染物），我国河流水环境逐步恶化，使得原先的自然生态系统遭到破坏；鱼虾等水生动物逐渐减少，甚至发生珍稀水生动物的灭绝现象；水中的重金属、致病微生物等有毒有害物质还会导致大规模疾病暴发，影响人们的生活和健康；此外，河流污染还会造成农业、渔业和工业的巨大经济损失。因此，河流污染成因解析与综合治理成为当前重要而迫切的任务。

1. 我国河流水生态环境状况

2021 年，我国长江、黄河、珠江、松花江、淮河、海河、辽河七大流域和其他主要江河监测的 3117 个国考断面中，Ⅰ～Ⅲ类水质断面占 87.0%，劣Ⅴ类占 0.9%，主要污染指标为化学需氧量、高锰酸盐指数和总磷（生态环境部，2022）。

2. 河流污染成因与机制

有害物质入河并超过河流的自净能力是河流污染发生的必要条件（《环境科学大辞典》编委会，2008）。相应地，污染物的大量排放和河道自净能力的降低成为引发河流污染的主要原因。

（1）污染物的大量排放

污染物通过点源污染和非点源污染两条主要途径进入河流。点源污染主要包括城市污水、工业废水（Wu et al., 2013）、污水 - 雨水混合溢流、资源开采、土地处理（Xu et al., 2019）等（表 1）。

表 1　河流污染的主要点源污染

点源污染		污染物类型
工业废水	来自造纸厂、化学品制造业、钢铁和金属产品制造业、纺织工业、食品加工厂等的工业废水	金属、染料、新污染物等
城市污水	污水处理厂	金属、新污染物、营养物质等
污水-雨水混合溢流	污水管网与雨水排水管网连接，导致未经处理的有毒有害物质直接排入河流；暴雨事件或管道材料等问题造成漏水，导致河流污染	病原微生物、金属、多环芳烃类物质（PAH）等
资源开采	采矿、石油钻探等	金属、PAH
土地处理	来自化粪池、垃圾填埋场、工业蓄水池和危险废物场地的渗滤液或排放物	病原微生物、硝酸盐、危险化学品

研究表明，工业活动产生的废水中约有80%被排入水环境中（Dutta et al., 2021），成为部分河流的主要点源污染（Hu et al., 2013）。由于工业活动的多样性，工业废水中往往含有包括重金属、持久性有机污染物在内的各种有毒有害物质，为河流生态系统带来了巨大的压力。例如，重金属主要来自油漆和染料制造、纺织业、造纸业等；难降解污染物如石油碳氢化合物、硫化物、苯胺、环烷酸、硝基苯等是石化废水的主要组成成分（Liu et al., 2014）；此外，具有较大潜在健康风险的新污染物如全氟辛烷磺酸（PFOS）、全氟辛酸（PFOA）等也是工业生产的主要产物。

与点源污染相比，非点源污染的发生范围广，污染物主要通过地表径流、土壤侵蚀、农田排水、大气沉降等方式进入河流（表2）。其中，来自农业的非点源污染被认为是导致河流水质恶化的主要原因。研究表明，增大无机肥、有机肥和杀虫剂的使用量是中国农业为实现作物高产使用的主要手段，使中国成为合成氮肥的最大使用国（Sun et al., 2012）。农业面源污染使污染物（过量的氮和磷、农药和重金属）进入河流，严重影响了河流生态系统的健康，例如，导致河流的富营养化、重金属污染和农药的残留。

表 2　河流污染的主要非点源污染

非点源污染		污染物类型
农业	作物生产、畜牧业等	病原微生物、金属、新污染物、营养物质、土壤泥沙颗粒等
雨水管道/城市径流	来自不透水地表的径流，包括街道、停车场、建筑物、屋顶等	病原微生物、金属、新污染物、营养物质、土壤泥沙颗粒等
林业	植树造林、作物收获和虫害管理、伐木等	土壤泥沙颗粒、农药等
大气沉降	工业烟囱和城市焚烧炉的排放物、喷洒农药等	金属、持久性有机物
建筑业	土地开发、道路建设	营养物质、土壤或沉积物的泥沙颗粒物等

河流主要污染类型及其形成机制包括：

1）有机物污染。有机物可以通过直接排放，如污水的直接排放、大气的干湿沉降、陆地径流等方式直接输入河流（Li et al., 2017），也可以通过生长在水体中的生物产生以及水体底泥的释放等方式入河。有机污染物一旦进入河流，会发生溶解、沉淀、分配、吸附、沉积、挥发、水解、光解、生物降解和生物富集等一列物理生物化学反应进行迁移转化，在河流环境中长期存在，导致污染现象发生，威胁水生生态系统。

2）重金属污染。河流环境中的重金属主要来自工业污染、交通污染和生活垃圾污染。其中，工业污染大多通过废渣、废水、废气排入环境，汽车尾气的排放是交通污染的排放方式。重金属进入河流后，会发生溶解和沉淀、氧化还原、配合作用和吸附作用。其中，配合作用是重金属污染物进入水体的主要环境行为，大部分重金属污染物以配合物形态存在于水体，影响其迁移、转化及毒性。

3）氮磷污染。非点源污染是导致河流环境中氮磷营养盐输入的主要原因（Kakade et al., 2021），研究表明，氮磷污染主要来自集水区、无机肥料和大气沉积（Fink et al., 2018）。进入河流环境的营养盐会发生溶解、分配、沉淀、生物富集和生物转化等环境行为。

（2）河流自净能力的降低

河流的自净能力主要由河流的水动力条件（如流量、流速）和河流生态系统的稳定性决定的。因此，建筑开发（土地功能的改变、道路开发等）、生境改变（清除河岸的植被、重新修建河岸等）、水文条件改变（疏浚、建坝等）等活动会通过改变河流的自净能力间接导致河流污染的产生，例如，河道的淤积会导致河流流速减缓，河道不通畅，自净能力降低。

3. 河流污染治理理论与技术

当前国际上治理河流水质污染问题所采用的方式主要分为三大类别：一是物理方法，具体包括人工复氧、引水冲污、疏浚河道等；二是化学方法，具体包括化学除藻、重金属固定等；三是生态方法，具体包括微生物强化、植物强化、生物膜等（孙珊，2021）。

（1）物理技术

1）曝气复氧技术。油污染或营养物质污染等会导致水体内部氧气不足，水生物多样性减少及死亡等情况，而曝气复氧技术能够有效增加水体中的氧气含量（潘嘉立，2019）。

2）截污分流技术。截污分流是城市河流污染治理的重要方式之一，其主要通过建设雨水、污水管网，将城市内部废水集中起来进行统一处理。一般会为此建立污水处理厂，将工业、农业、城市生活废水通过管道集中到污水处理厂中，处理后再进行排放。这种方式能够有效减少城市河流中污染物的数量，控制城市河流污染问题。

3）冲水引流技术。冲水引流技术是使用干净的水资源与城市河流中的水资源进行替换，新引进的水会稀释河道中的污染物，整体降低城市河流的污染程度，通过水的替换，提升河流的自清洁能力。但冲水引流技术无法从源头上解决城市河流污染问题，只能被动地替换污水，因此在使用前，相关人员需要结合城市河流污染的实际情况选择这项技术。

4) 河道清淤技术。河道清淤就是疏挖河道底部的淤泥，减少河道淤泥中的污染物与有机物含量，从而达到减少城市河流污染的目的。

(2) 化学技术

1) 化学除藻法。主要通过将化学药剂投放到水体中，通过药物中的特定成分作用于藻细胞，使藻细胞失去活性而死亡。常用的杀藻药物有硫酸铜、络合铜、漂白粉、二氧化氯、红霉素等，使用这些化学药剂能够快速清除水中的藻类，让水体变得清澈，但同时这些化学药剂也会将部分有益藻全部清除，减少水中有益藻的数量。

2) 重金属化学固定法。主要是通过化学的方式将水中的有毒重金属固定起来，将其活跃的形态转化成不活泼的形态，避免其在水中进一步扩散，以此降低城市河流污染程度。重金属化学固定法主要有两种：一是通过物理、化学的吸附作用使得重金属不易浸出，二是使重金属与材料发生键合反应形成复合物，或者因为二者大小相似而出现置换现象，最终导致重金属固化。

(3) 生态技术

1) 微生物修复法。该方法不需要置换河道中的淤泥及河水，只需要将微生物投放到河流中，通过微生物的降解作用达到净化河流的目的。微生物修复法具有成本较低，操作简单等优点，其对河流水质的影响立竿见影，但投放过多微生物易使得微生物大量繁殖，也会对水资源造成一定影响。

2) 植物修复法。植物修复法主要以种植水生植物、沉水植物和陆生植物为主，利用这部分植物吸收水体中的营养物质和重金属。植物修复法使用成本低，不会对河流周围的土壤以及河道造成破坏，同时还可以发挥景观作用，使河流及周边更加美观，因此被广泛使用。

3) 生物膜法。新型的"膜法脱氨"技术，由疏水多孔膜提供传质界面，再使调碱后的氨氮废水和吸收剂如稀酸等分别流经膜两侧，污水中的氨就会被稀酸吸收，从而使废水中的氨氮值降低，达到排放标准。

我国对河流污染的治理一直都在进行着，一开始主要目的是维持河流畅通，主要手段包括除涝泄洪、水土保持、河道疏浚和护岸建设等，这样的措施对河流污染治理效果极其有限。后来逐渐开展节水截流、清淤、底泥处理、两岸绿化、生态修复等一系列整治措施，但由于这些措施主要仿照园林建设的方式开展，前后系统衔接差，相关工作出现简单化、雷同化等不利倾向。国外很多国家摒弃了以往对城市河流采用混凝土施工、衬砌河床的治理方法，开始重视建设生态河堤。我国对城市河流治理起步较晚，但也逐渐尝试相关研究和应用。一般污染河流采用物理化学技术处理，以恢复航道功能和基本自然景观、生态系统为主要目标。对于东南沿海经济较为发达城市，其气候适宜，河流风浪小，基本不受水动力影响，有利于植被的生长和恢复，可以考虑采用生态治理的方案。

河流污染治理要遵循一定的原则，因为城市污染河流治理是城市生态建设的一部分，应将两者紧密结合，要以生态学为导向，实现河流的生态环境良性循环。河流污染治理也要借鉴国内外的成功案例，如借鉴莱茵河污染治理制定相关法律法规的经验、泰晤士河污染治理由政府投资建设污水处理厂，积极学习和引进国外先进治污技术。在实事求是因地制宜的原则下，全面调查、掌握城市河流水污染问题出现的原因，采取针对性的治理策略，才能彻底改善城市水体生态环境（袁颖，2020）。

（十一）地下水污染与治理

作为我国重要的饮用水源和战略资源，地下水环境总体不容乐观，地下水污染治理工作总体起步较晚，因此地下水污染防治工作须持续重视。现对我国主要流域地下水污染状况进行统计总结，对地下水污染成因与机制进行研究梳理，并对地下水污染治理评价与技术进行概括，以期为国家地下水污染防治与管理提供理论支持。

1. 我国地下水污染状况

《2021年中国生态环境状况公报》显示2021年监测的1900个国家地下水环境质量考核点位中，Ⅰ～Ⅳ类水质点位占79.4%，Ⅴ类占20.6%，主要超标污染物为硫酸盐、氯化物和钠。2021年10月，《地下水管理条例》发布，从调查与规划、节约与保护、超采治理、污染防治、监督管理等方面作出规定，进一步细化地下水污染防治工作要求。《"十四五"土壤、地下水和农村生态环境保护规划》提出建立健全地下水污染防治管理体系，加强污染源头预防、风险管控与修复，强化地下水型饮用水水源保护等重点工作任务。因此对于地下水污染治理，要追根溯源进行针对性防治。

2. 地下水污染成因与机制

（1）工业污染源

工业污染是地下水污染的一大来源。各种工业活动都会对地下水资源造成不同程度的污染。一些工业废水中含有大量的有机物和重金属离子等污染物质，一旦排放到地下，就会对地下水造成严重威胁。例如，电镀、化工等行业的废水，含有大量的氰化物、氟化物、硫酸盐等，这些化学物质毒性强且难以降解，很容易渗入地下水中，危害地下水的生态系统。

（2）农业污染源

农业活动也是地下水污染的一大源头，其不仅对农户本身的生产和生活产生了影响，同时也对生态环境及人类健康产生了负面的影响。除了施用农药、化肥等会对地下水资源带来危害，畜禽养殖污染和农业灌溉用水污染都是农业的污染源之一（陈启超，2022）。化肥与农药的合理施用能够增加农作物产量，也可以降低生物灾害对农作物产生的影响，进而逐步促进农业持续发展。但过量施肥，会降低土壤活性，使其对污染物的自净能力下降，进而引发农业面源污染，从而导致对地下水的污染。部分农药在土壤中具有较强的移动性，使用后易淋溶渗入地下水，且不容易降解，具有持久性和不可逆性。

由于水资源的短缺，在我国许多农村地区废污水被用于农田灌溉。废污水中的污染物以及难降解的物质由于灌溉会聚集在土壤中，随着地下水的补给而进入地下水环境，进而污染地下水。

畜禽养殖业产生的污染物对地下水的影响主要是通过渗透途径，污染物渗入地下污染地下水，会引起地下水溶解氧含量减少，含氮量增加，水质中有毒成分增多。

（3）生活污染源

生活污染也是造成地下水环境污染的重要原因之一。在现代社会中，人们的日常生活产生了较多的生活垃圾和生活污水，从而引起了一系列的环境污染。

截至2023年12月，我国虽然已经建立了生活污水集中处理系统，但是由于部分生活污水管道建设的时间较长，存在管道泄漏或运行不达标的问题，导致地下水环境污染问题依旧存在。同时在实际生活中部分居民由于环保意识不强，还存在着乱丢生活垃圾的情况，也会引起地下水环境的污染。从环境治理角度看，生活垃圾未分类导致处理不合格对于地下水环境影响最为严重，尤其是不正规的生活垃圾填埋场产生各种高渗性污染物，会对周围环境造成较大影响。

（4）自然因素污染源

自然因素污染源包括高锰酸钾、氟化物等自然元素的污染。其中，氟化物是地下水中较为常见的污染物质之一，其主要源于自然环境。在自然界中，地下水中的氟化物来源主要包括含氟矿物和含氟岩石的风化、地下水运动中对含氟岩石的溶解作用等（储小东，2022）。此外，降雨量的变化以及人类的土地利用变化等自然因素，也会影响地下水质量。

3. 地下水污染监测与治理

国内对地下水应用的重视程度逐渐提高，但对地下水环境污染方面重视程度较低，导致水资源的不合理使用，严重影响了社会生态文明发展。因此，必须分析地下水环境问题，并加大环境保护防治力度，以保证地下水资源稳定，促进社会发展。

当前，地下水微生物学、环境同位素、数值模拟与信息化等已成为地下水科学研究和应用的热点，这些前沿领域可为地下水污染治理提供新的理论基础。地下水污染的综合治理应该从环境风险评价、污染监测和污染修复三个方面逐次展开，从而达到标本兼治的目的（刘琴 等，2016）。

（1）地下水环境风险评价方法

地下水环境风险评价是开展地下水污染治理的前提和基础。截至2023年，国外较为先进的环境风险评价方法主要有迭置指数法、过程模拟法和多元统计法等。我国在地下水环境风险评价方面非常注重对新方法的引进和应用，开展了针对地下水污染风险、地下水健康风险的评价方法和不确定性的研究：如刘婧怡等（2023）引入博弈论集结模型来计算指标综合权重的评价方法，构建了针对场地内条件差异性的渣场地下水环境污染风险评价模型，并将其应用于云南某场地地下水环境污染风险评价。

（2）地下水水质评价

地下水水质分析评价是地下水环境风险评价最为重要的工作之一。主要的评价方法有单因子评价法、基于灰色系统理论的水环境评价法、基于模糊理论的水环境评价法等（李扬 等，2015）。随着地下水水质评价的深入研究和计算机技术的不断发展，以上方法的相互结合成为了水质评价有效的工具。地下水监测技术可以监测地下水中有害物质的类别、浓度和变化趋势，可提供实时的监测资料。

（3）地球物理监测技术

地球物理监测技术通过分析污染物的分布状态和变化规律，推断出污染物的分布特征，以达到监测目的，可用于污水和垃圾污染物监测、有机污染物监测、石油泄漏探测、地下水中氡浓度测量及海水入侵的物理调查等。

（4）同位素示踪

同位素技术广泛应用于农业、水利、环境和生态等领域，在环境污染物监测方面比传统常规技术更有优势。同位素技术可以反映地下水污染的来源、地球化学反应和微生物过程等信息。稳定同位素示踪技术主要用于有机污染物、无机污染物和水中有机氮磷循环的追踪等。

（5）地下水异位修复技术

异位修复技术是通过收集系统或抽提系统将污染物转移到地面上，然后再进一步处理的技术。异位修复技术主要包括抽出处理和被动收集。其中，抽出处理技术是根据受污染的地下水分布情况，在污染场地布置一定数量的抽水井，用水泵抽提受污染的地下水，再利用地上的处理设备进行水污染治理的一门技术；被动收集技术是指在地下水流的下游挖一条足够深的沟道，将收集系统布置在沟道内，对地下水水面漂浮的污染物质（如油类污染物等）进行收集处理。

（6）地下水原位修复技术

典型的地下水原位修复技术包括原位曝气技术（AS）、渗透反应墙技术（PRB）、原位化学修复技术、原位生物修复技术等。其中，曝气技术与土壤抽气技术一般是联合使用，是去除地下水和土壤中挥发性有机污染物的最有效方法之一（Benner et al.，2002）；渗透反应墙技术无需外加动力，节省地面空间，比抽取技术更为经济、便捷。原位化学修复技术主要用来清除一些有机污染物和重金属离子，具有高效、节能、无二次污染的优势。原位生物修复技术包括微生物修复和植物修复，国内的原位生物修复技术刚刚起步，大部分处于试验阶段。

我国主要流域地下水污染状况有所改善，但个别区域仍需针对性的治理，我国水文地质条件多种多样，导致地下水环境污染治理具有复杂性和难恢复性，加大了治理难度。需要通过分析污染成因和机制，围绕地下水污染治理现有法规政策，并结合防治工作基础开发专业化、可复制化和可视化协同监管的治理技术，实现绿色可持续的地下水污染治理模式。

（十二）流域区域水环境协同治理

水生态环境安全是我国实现 2035 年"生态环境质量根本好转和生态文明建设"国家目标的重要保障，也是长江大保护、黄河流域生态保护、京津冀协同发展等国家战略的重大需求。流域区域水环境协同治理是实现水生态环境安全的关键举措。

1. 我国重要流域区域水生态环境状况

我国水生态环境总体形势有以下几个特点：①七大流域水质常规指标提升明显；②湖库富营养化形势依然严峻；③河口、近岸海域水质总体稳中向好，缺氧、赤潮问题严重；④流域水资源过度开发，部分流域生态用水短缺严重。基于上述形势，当前我国水生态环境安全保障面临的问题包括以下几个方面。

（1）流域关键水环境指标未纳入污染物总量控制

当前，流域水生态环境监管的约束性指标为化学需氧量和氨氮，总氮、总磷等关键水生态环境指标未纳入约束性指标。流域关键水环境指标中氮磷总量控制指标、分区营养物标准体系的缺失，无法从根本上控制不同类型水体的氮磷污染负荷，不能有效指导流域从源头、过程和末端削减氮磷量和入水体量，导致湖泊、水库、河口和近岸海域设定的富营养化控制目标不科学，未能有效控制水体富营养化（霍守亮 等，2022）。

（2）现行地表水质量标准难以适应新时期水生态安全保障

当前，《地表水环境质量标准》已实施 20 年，对于新时代水生态环保提出的新目标要求，已设定的污染物指标数量和标准限值与现实需要存在诸多不适应的问题，如标准限值的水质基准研究支撑不足、各功能水体与水质要求对应性不强、功能指标重污染防治而轻生态保护、部分污染物项目和限值缺失或陈旧、标准值未体现空间差异性等。此外，《地表水环境质量标准》缺乏对河流中总氮的标准限值，缺乏对河湖之间总磷标准值的有效衔接（刘昌明 等，2020；夏军 等，2021）。

（3）流域水生态系统健康评价方法不健全

水生态环境安全保障是集技术、法律、行政、经济等于一体的系统工程。我国现行的水生态环境管理体系是以污染排放控制和水环境质量为核心，尚未形成"水生态健康 – 水环境质量 – 污染排放控制 – 流域水土综合调控"相衔接的技术体系。当前，水生态环境安全管理的环境目标多为重污染控制、轻水生态健康保护。我国现行水环境质量评估的重点是关注水化学指标，水生态系统健康评价方法尚未得到应用，在水风险、生态流量、水生态方面管理相对薄弱（夏军 等，2021）。

（4）水生态环境安全保障科技支撑仍需加强

当前，保障水生态环境安全的科技支撑尚需加强，需要系统开展理念创新，统筹"山水林田湖草沙"自然生态的各个要素，按照生态系统的整体性、系统性及其内在规律，统筹考虑自然生态各要素、山上山下、地上地下、陆地海洋以及流域上下游，进行整体性保护、系统性修复、综合性治理，增强生态系统的循环能力，维护生态平衡（霍守亮 等，2022）。统筹开展治水与治山、治水与治林、治水与治田，统筹流域和行政区域的关系，统筹上下游、干支流，统筹城市和乡村，统筹水域和陆地系统，推进河湖治理与保护，形成"预防–改善–修复–保护–水生态文明"的全过程区域的水环境科技系统化解决方案。

2. 长江流域水环境水生态治理

长江流域在水环境水生态前期研究，通过联合攻关和驻点跟踪研究建立了联合研究科研服务机制，推动长江保护修复的专家资源–信息知识–治理主体–治理目标与措施–考核评估"五大体系"系统联动，实现了数据资源–智慧知识–责任任务–考核评估–方法质控–联防联控"六个方面"有序协同，助力国家和地方落实科学精准治污取得实效，最大限度地发挥了科技人才智库的整体效能，推动了长江生态环境协同治理能力提升（李海生 等，2021）。

未来主要研究方向如下。

（1）深化长江生态环境协同治理相关理论研究与实践探索

研究内容包括：如何以政府为主导，强化监管、支持和引导，调动多元主体的积极性和内聚力，确保协同治理主体参与和作为的有效性；如何消减跨区域合作的障碍，统筹部门间合作的优势，提升协同治理目标的一致性；如何加强信息资源共享，破除信息共享壁垒，协同各方信息沟通的对称性；如何发挥协同治理案例的示范和引领作用，激励各参与主体的积极性，形成连片带动效应，增强协同治理的整体绩效等，营造协同治理创先争优社会氛围（马乐宽 等，2020；李海生 等，2021）。

（2）开展编制流域水生态保护与修复专项规划研究

通过生态需水保障措施规划，保障敏感生态需水和湖泊湿地水位；通过水质维护与改善规划，有效控制污染物入河（湖）量，保护及净化水质；通过河流连通性恢复措施规划，恢复江湖连通性和水生生物洄游通道；通过河流再自然化规划，修复河道和沿河生态廊道；通过水生态监测体系规划，实时监测水生态状况，评价水生态保护与修复效果。

（3）加强水生态保护科学理论研究

加强水生态保护科学理论研究，包括研究水生生态系统结构和功能，探索气候变化和人类活动背景下，河湖生态系统的演变规律；研究水利水电工程生态影响机理和机制、梯级开发累积影响机理等，为研究和采取针对性减缓措施提供理论支撑；加强珍稀濒危特有水生动物的生物学、生态学、行为学等基础研究，为开展物种保护提供科学指导；开展生态补偿的资金来源、补偿渠道、补偿方式和保障体系研究（李海生 等，2021）。

综合报告

（4）开展水生态保护与修复标准规范研究

完善水生态系统保护与修复相关标准规范体系，一是借鉴转化国际上新型水生态监测评价手段，完善现有水生态监测与评价方法体系；二是修编现有的水利技术标准和规程规范，增加水生态环境保护的内容；三是对水生态保护与修复工作中出现的新问题和新技术，及时提出新的规程规范和技术标准，用于规范和指导相关工作（张万顺 等，2023）。

（5）研发水生态修复关键技术，并开展技术集成与示范

针对长江流域水生态问题及影响因素，一是开展流域洄游通道恢复技术研究，二是开展河流再自然化技术研究与示范，三是继续开展重要水生物种增殖放流，四是开展水库联合生态调度研究与实践（张万顺 等，2023；胡向阳，2023）。

3. 黄河流域水环境水生态治理

黄河流域水生态治理应围绕四个方面开展，即开展"四水"科学统筹管理研究、开展黄河流域水污染控制关键技术研究、建立黄河流域再生水安全利用模式与保障技术，以及开展生态修复、恢复生态功能研究。具体如下。

（1）开展"四水"科学统筹管理研究

开展水环境、水资源、水生态、水风险"四水"统筹的管理体系研究，以黄河流域水生态环境全面整体性保护为目标，构建水生态环境保护空间格局。目标上，建立体现黄河特色的"四水"目标指标体系和评价方法，做到可监测、可评价、可考核。措施上，应系统全面分析面临的突出水生态环境问题及成因，考虑黄河上中下游"四水"特征，制定针对适用性措施，全面支撑"四水"目标指标（路瑞 等，2023）。

（2）开展黄河流域水污染控制关键技术研究

编制实施黄河流域水环境质量改善行动，明确黄河流域水环境治理目标、任务、重点领域和实施机制。开展农业面源等重点问题、中下游等重点区域和煤化工等重点行业环境污染治理集中技术攻坚。开展汾河、涑水河、窟野河、都思兔河、马莲河等重点污染严重水体污染整治研究，建立污染控制关键技术。开展城镇污水、农田退水治理，推进湟水、宁蒙、汾渭等大中型灌区农田退水污染特征分析与综合治理研究（高欣 等，2021；刘哲 等，2022）。

（3）建立黄河流域再生水安全利用模式与保障技术

科学制定再生水利用输配定额（牛玉国 等，2021；路瑞 等，2023）。建立黄河流域上游、中游、下游再生水安全利用模式及途径，明确再生水回用风险类型，识别风险因子，建立水回用风险水质清单，健全风险防控措施与安全保障技术（郜国明 等，2020）。

（4）开展生态修复、恢复生态功能研究

从水生态系统整体性出发，开展黄河流域生态环境保护修复研究，系统开展河源区生态保护与修复。开展黄河宁蒙、中下游河段及大通河、渭河、无定河、伊洛河等重点支流天然湿地生态修复研究。开展乌梁素海、红碱淖等重要湖泊水生态系统生态修复研究。开展黄河干流及大通河、洮河、伊洛河等重要支流珍稀濒危和土著鱼类栖息地的生态保护和修复研究（夏军 等，2021）。

4. 京津冀水环境水生态治理

京津冀水环境水生态治理研究应基于水资源、水环境、水生态三个方面推进相关研究。具体如下。

（1）水资源集成技术研究

开展不同类型河流廊道生态水量确定研究，研发多水源背景下流域水资源优化配置技术、跨界水质 – 水量联合生态补偿标准制定技术。把握京津冀区域居民收入与水价规律，制定水价改革方案。开展面向生态水量与维持良好生境功能的生态流量组分和阈值研究，研发区域水环境生态流量优化调控技术。开展统筹当地径流、再生水、外调水等多种水源的流域水量统一优化配置技术体系研究，提出以保障生态用水为目标的流域水资源配置技术，形成多水源背景下流域水资源优化配置技术。研发适于京津冀区域水资源量紧缺流域的跨界水质 – 水量联合生态补偿标准制定技术。

（2）水环境集成技术研究

开展京津冀地区水生态环境质量调查和生态分区与功能定位研究，研发涵盖水质管控、水生态管理、空间管控和生物物种等多目标的水生态功能分区管理制定技术。结合水环境调查数据、污染源数据和源解析等方法，建立京津冀区域高时空分辨率水环境污染源清单（陈浩 等，2021；彭文启，2019）。

（3）水生态集成技术研究

开展适于京津冀地区主要河流廊道水生态系统健康评估技术研究；构建河流生态廊道自然流动水文模型；研发耦合陆地生态系统模型和流域水文模型的生态系统服务评估技术。针对京津冀地区流域尺度、规模特征即生态需求，建立多级生态廊道构建技术体系，形成河流生态廊道空间格局构建技术。开展强化水源涵养功能的京津冀协同发展区生态空间格局优化及管控方案研究（徐敏 等，2021）。

（十三）水生态环境监测预警与信息化

1. 水环境监测预警

水环境广义上是指自然界中水的形成、分布和转化所处空间的环境；从狭义上理解，水环境是指围绕人群空间的可直接或间接影响人类生活和发展的水体。在环境科学研究中，水环境含义较广泛，包括地球上各种水体及其密切相连的诸环境要素，如河床、海岸、植被、土壤等。在环境水利研究中，水环境通常指河、湖、海、地下水等自然环境，以及水库、运河、渠系等人工环境（孙金华 等，2006）。

（1）我国水环境监测点位设置状况

我国有着系统的水环境监测体系，各政府机构按其职能对其负责的领域开展水环境监测,其中有部分监测内容重叠,各部委布设的监测站点位置也不同(表3)。截至2021年,生态环境部在全国重点流域和地级及以上城市设置3646个国家地表水环境质量监测断面,开展自动为主、手工为辅的融合监测,支撑全国水环境质量评价、排名与考核;国家地下水环境质量考核监测网络共设置1912个监测点位,覆盖地级及以上城市、重点风险源和饮用水水源地,国家统一组织监测、质控和评价;设置1359个海水水质监测点位和552个沉积物质量监测点位,覆盖全国—海区—海湾等不同层次,全面掌握我国管辖海域海洋环境质量状况及变化趋势(生态环境部,2022)。我国水文站从新中国成立之初的353处发展到12.1万处,其中国家基本水文站3155处,地表水水质站14286处,地下水监测站26550处(自动监测站1万多处),水文站网总体密度达到了中等发达国家水平。

表3 政府机构涉及水环境监测预警的职能配置

生态环境部	(1)监测站点设置 (2)组织实施生态环境质量监测、污染源监督性监测、温室气体减排监测、应急监测 (3)组织对生态环境质量状况进行调查评价、预警预测
水利部	(1)水文水资源监测、国家水文站网建设和管理 (2)对江河湖库和地下水实施监测 (3)发布水文水资源信息、情报预报和国家水资源公报 (4)按规定组织开展水资源、水能资源调查评价和水资源承载能力监测预警工作
自然资源部	(1)负责自然资源调查监测评价 (2)制定自然资源调查监测评价的指标体系和统计标准 (3)实施自然资源基础调查、专项调查和监测
中国气象局	(1)对国务院其他部门设有的气象工作机构实施行业管理,统一规划全国陆地、江河湖泊及海上气象观测、气象台站网、气象基础设施和大型气象技术装备的发展和布局 (2)管理全国陆地、江河湖泊及海上气象情报预报警报、短期气候预测、空间天气灾害监测预报预警、城市环境气象预报、火险气象等级预报和气候影响评价的发布

(2)我国各政府机构水环境监测预警工作现状

截至2023年12月,我国水环境监测与评价指标主要以水质理化监测指标为主。从法规标准上,生态环境部发布了一系列纲要和监测技术规范指导水环境监测工作,如《地表水环境质量监测技术规范》(HJ 91.2—2022)、《地下水环境监测技术规范》(HJ 164—2020)等。其他机构也颁布了针对其职能配置的监测技术规范,如水利部发布的《河湖健康评估技术导则》(SL/T 793—2020)和自然资源部发布的《矿区地下水监测规范》(DZ/T 0388—2021)等。

水生态环境的核心在于水生态系统中的生物。因此,自20世纪80年代,欧美发达国家的水环境管理政策开始从传统水质理化指标转向以水生生物为核心的河流水生态监测与评价。我国水生态环境监测起步较晚,因此指示水生态变化的水生生物指标在法规标准中比重较低，不能满足"十四五"水生态环境管理由以水污染防治为主向水环境、水生态、水资源"三水"统筹转变的总体要求（金小伟 等，2017）。因此，我国生态环境部制定了"十四五"期间水环境监测将从现状监测向预警监测跨越，水质监测也要向水生态监测跨越。计划到"十四五"末期，初步构建水生态监测技术体系，探索由常规理化指标评价向水生态环境综合评估的转变；引入无人船无人机进行采样作业、全自动分析仪进行实验室分析，使监测更高效；引入环境 DNA 技术、水声技术，使监测更全面。

（3）我国水环境监测预警体系建设运行

针对不同地区存在的水生态环境问题，我国研究者和政府部门开展了相应的水环境监测预警体系。我国 9 万余座水库年供水能力占水资源总量的 28.7%。研究者以三峡水库为主要研究区，重点解决水库水环境安全评估预警的对象、手段、作用的"三个在哪里"问题，形成"水库型流域水环境安全智能化管理平台"成果。实现动态监控 119 条干支流水质水华问题，在线模拟预警时长由 5 天缩短为 2 小时，支撑重庆市现场巡河、研判调度 2300 余次。

近些年来，我国研究学者和政府部门围绕流域水环境与水生态监测技术研发及其在长江流域的应用开展了长期攻关，取得了一系列的创新成果，例如：①研发了多项水文、水质和底泥监测技术，参编了水环境水生态监测技术规范，大幅提高了水环境与水生态监测的自动化、集成化和精细化水平；②完善了长江流域水环境 – 水生态监测体系，实现了复杂水网区水环境与水生态要素的精细化模拟；③基于多尺度多要素的综合监测与过程研究，揭示了长江典型水域水环境与水生态的演变规律，提出重点湖库保护与富营养化治理策略。

自 2004 年以来，研究者立足于水库水质和饮用水安全问题，以千岛湖作为大型水库生态学研究的重要基地，研发了水库关键水质参数及水华监测技术，创建了国内首个业务化运行的水库水质水华预测预警系统，提出了保障水质安全的流域与库体管理方案与策略。

近几年，国家以及部分省市先后安排资金和组织力量开展了一些监测平台的能力建设、技术预研和跟踪研究。但依然存在水环境信息"孤岛化"现象严重（王佳怡 等，2016）。亟需更加系统深入整合生态环境、水利、国土资源、农业、中科院等各级水生态监测网络，使得数据公开、共享，形成健全统一的水生态监测技术体系和质控体系，实现数据的可比性（Lin et al.，2023；金小伟 等，2023）。流域水生态监测网络亟需完善，如水生态监测评价能力有待加强，我国东南沿海地区和东北等相对有技术积累的地区能力较强，中西部能力普遍较弱，建设尤其是软件能力建设方面差距明显。

2. 水环境数字孪生系统

数字孪生（digital twin）作为依托工业信息化和工业智能化诞生的新锐技术，在动态过程模拟方面拥有着巨大潜力，近年来在各行各业的应用场景不断拓展，成为智能制造、智能运行和智能维护领域的新兴热点（刘大同 等，2018）。"十四五"以来，我国相继发布《"十四五"国家信息化规划》《"十四五"数字经济规划》等重要文件，均提出要加强数字孪生技术战略研究布局和技术融通创新。

数字孪生技术在水环境监测预警方面应用相对较新，但随着水环境信息基础设施普及率的提高和智慧水务的深入推广，数字孪生技术有望在水环境监测及治理领域发挥巨大作用（饶小康 等，2022）。在流域管理方面，水利部在 2021 年发布《关于大力推进智慧水利建设的指导意见》，明确提出"构建以数字孪生流域为核心，具有预报、预警、预演、预案功能的智慧水利体系"。当下主流的水环境数字孪生系统主要包含基础支撑、数据、网络传输和应用四个层级，基本架构如图 7 所示（李文正，2022）。

图 7 水环境数字孪生系统基本架构

水生态环境保护与治理是一项复杂的系统工程。数字孪生技术的引入，可以助力水环境诸多环节要素实现技术升级。具体而言，数字孪生技术在水环境中常用于以下五个方面：①供水系统管理，数字孪生可以帮助供水企业实现对供水系统的实时监测和管理，包括水压、流量、水质等指标的监测和预测，从而提高供水质量，降低管网运行成本。②污水处理系统管理，数字孪生可以帮助污水处理企业实现对污水处理系统的实时监测和管理，包括污水处理效果、处理设备的运行状态等指标的监测和预测，使得污水处理设备更加健康运行。③水环境监测与保护，可以帮助水环境监测和保护部门实现对流域和水环境的实时监测和管理，包括水质、水温、水声，乃至生物生态等指标的监测和预测，从而提高水环境的保护和治理效能。④水资源管理，帮助水资源管理部门实现对水资源的实时监测和管理，包括水位、流量、水质等指标的监测和预测，从而提高水资源的利用效益。⑤水务信息化，帮助水务信息化部门实现对水务系统的数字化和信息化管理，包括数据采集、处理、存储、分析和管理，从而提高水务信息化的效率和精度。

数字孪生系统在流域管理及黑臭河道治理中已有实践。山东省临沂市以黑臭河道治理问题为切入点，结合气候水文、地形地貌、水利、城市建设、人口等方面的数据，依托厂－网－河联合调度模型和智能识别模型，构建水环境数字孪生管控可视化平台（Xu et al.，2021；王艳君 等，2022）。随着水环境保护与治理中更多环节要素的逐步数字孪生转型，数字孪生将赋能水环境监测预警的各个方面。如今水环境数字孪生系统正处于发展初期。为了实现水环境数字孪生的更广泛应用，应当进一步提高信息化基础设施的覆盖率，同时积极推进水务管理部门和水务企业等主体的数字孪生转型。水环境数字孪生系统转型的路径如图 8 所示。

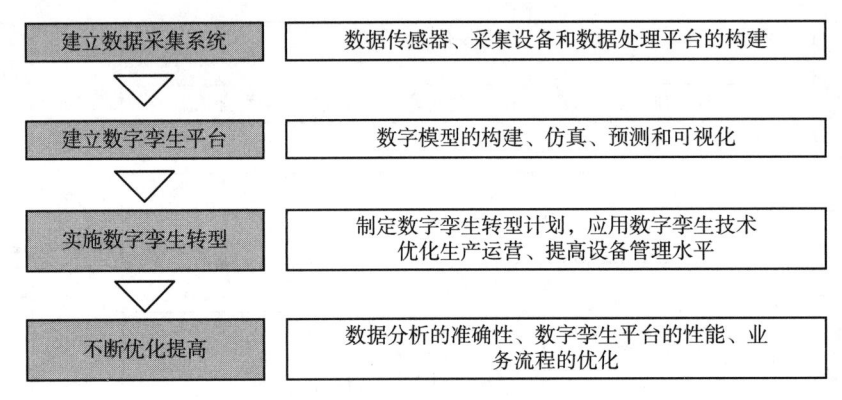

图 8 水环境数字孪生系统转型的路径

数字孪生在水环境中的应用具有非常重要的意义，可以在提高供水质量和效率、提高污水处理效率和质量、提高水环境监测和保护能力、提高水资源管理效率和效益、促进智慧城市建设等方面发挥重要作用。

三、水环境学科研究进展总结

本节阐述和比较了水环境学科国内外研究进展，以期为我国水环境方面的研究提供科学支持。

（一）水环境基准标准与水生态环境质量评价

1. 水环境基准推导理论与方法

美国是最早系统研究水环境基准的国家，其经验对各国水环境基准体系的形成有较深刻的影响。截至 2023 年 12 月，美国已经形成了以保护水生生物和人体健康的水质基准为主，以营养物、沉积物、细菌、生物学、野生生物和物理等基准为辅的较为完善的水环境基准体系（陈艳卿 等，2011；Chen et al.，2020；Yan et al.，2023）。参考和借鉴美国水环境基准的研究成果，澳大利亚、新西兰、荷兰、欧盟及世界卫生组织（WHO）等国家或组织也相继开展了特定区域不同污染物水环境基准方法学的研究。

水环境基准在保护特定水体功能或环境受体时都限定在一定环境条件内，并由多种基准类型组成。因此，各国水环境基准研究都是建立在各自的区域环境基础上，包括水体的理化性质（温度、溶解度、pH值、硬度和有机质等）（Cui et al., 2023; Liang et al., 2023）、水生生物群落结构（王晓南 等，2016b）、主要污染物、水体污染程度以及污染物的环境地球化学特性等。污染物在不同地区的环境行为和毒理学效应可能不同，即使是同一污染物，针对不同保护对象的基准值可能存在差异。为制定适应本地水化学和生物区系特点的区域性水环境基准，美国国家环境保护局（USEPA，以下简称美国环保局）推荐了3种修正方法（陈艳卿 等，2011）：①重新计算法（recalculation procedure），主要关注的是物种差异，获得保护本地物种的基准；②水效应比值法（water-effect ratio procedure，WER），用WER量化因水质差异导致的污染物毒性终点值变化，区域基准等于国家基准与WER的乘积（王晓南 等，2016a）；③本地物种法（resident species procedure），利用本地原水与本地物种进行毒性试验得出基准值，该法同时关注物种差异和水质差异（覃璐玫 等，2014；武江越 等，2023）。

截至2023年，国际上主流的水环境基准推导方法主要有评估因子法（assessment factor，AF）和物种敏感度分布法（species sensitivity distributions，SSD）。AF法是最早用于制定水环境基准的方法，该方法用敏感生物的毒性终点值乘以相应的外推系数确定污染物在任何情况都不得超过的浓度阈值。法国、德国、西班牙、英国等国家主要使用AF法推导水质基准，但所采用的毒性终点值及评价因子的取值有所不同（金小伟 等，2014）。

相对于传统AF法，SSD法具有较高的统计外推置信度，认为不同生物对同一污染物的敏感性存在差异，而这些敏感性差异遵循一定的概率分布模型（Wang et al., 2015；林颖 等，2023）。SSD法可分为两大体系：一种是美国的毒性百分数排序法（toxicity percentage rank，TPR）；另一种是欧盟、澳大利亚、新西兰、荷兰、经济合作与发展组织（OECD）等国家或组织采用的SSD方法。各国对所需毒性数据的数量和质量要求有所不同，例如美国要求至少有"三门八科"的本地物种的毒性数据和一种水生植物的毒性数据；欧盟地区的SSD法一般要求10个以上的物种毒性数据，并依据"可靠性"或"相关性"的原则来评价数据的质量。无论应用何种方法推导水环境基准，污染物类型、毒性终点判断、数据筛选、模型选择及区域差异性等要素都起着非常关键的作用，直接影响结果的科学性和准确性。我国从20世纪80年代开始对水质基准进行初步探索性研究，截至2023年已经基本建立了基于SSD的水环境基准制定技术（Yan et al., 2023）。

根据水环境基准方法学研究的历史，美国水环境基准的建立经历了单值基准和双值基准两个阶段。最早制定的水环境基准是基于AF法得到的单值基准，并且规定在任何情况下均不允许超过该基准值。这种单值基准主要作为一种环境保护手段，但可能会造成对环境的"过保护"。1985年，美国环保局发布《推导保护水生生物及其用途的国家数值型水质基准指南》，提出应用TPR法为污染物分别制定基准最大浓度（CMC）和基准连续浓度（CCC）2个基准值，即双值基准，它们分别根据一系列水生生物的急/慢性毒性试验结果推导而得，分别对应短期急性/长期慢性效应（李婧 等，2013），同时可用于预测环境潜在风险（Luo et al., 2023）。我国水环境标准以单值为主，只是针对水体功能进行不同分类。考虑到环境标准的制定通常是参考环境基准，因此在制定水质标准时，也可以分别制定短期和长期的标准，以满足环境保护领域的应急和长效管理。

2. 水环境质量标准制定理论与方法

截至2023年，美国已经建立了全球最完善且科学性最强的水质基准和标准。美国的水环境质量标准主要涵盖了水生态和人体健康两个方面。这些标准通常每隔2~3年进行修订，并由美国环保局发布，作为各州制定水环境质量标准的科学依据。此外，还可以根据不同州和区域的水环境特征制定特定的标准，以提高其在特定生态环境区域的可操作性。为了全面考虑水体中污染物浓度的波动、水生态系统的耐受和恢复能力，以及某些难以量化为具体阈值的污染物效应，美国环保局的水环境质量标准不仅包括阈值，还考虑了频率和周期这两个因素，从而大大提升了标准在水质评价和日常管理中的实际操作性。

在我国的水环境管理中，现行的GB 3838—2002《地表水环境质量标准》（以下简称"标准"）扮演着至关重要的角色。然而，自从该标准于2002年修订颁布以来，至2023年12月为止，未再进行修订。随着我国地表水环境质量的改善、国家目标的变化以及新时代生态文明建设形势的变化，现行标准难以满足未来生态环境保护的要求，因此对于修订水环境质量标准的需求和呼声日益增加。

3. 水污染物排放标准制定理论与方法

欧美国家早在19世纪末就开始了水污染控制的研究和实践，比如1899年美国颁布的以管理为主要目标的行政法案《河流与港口法案》。到20世纪70年代，以美国《清洁水法》（Clear Water Act, CWA）的颁布为标志，形成基于水质的量化控制标准（Kapp，2023）。从1973年我国首部污染物排放标准《工业"三废"排放试行标准》（GBJ 4—73）颁布以来，截至2019年共颁布64项水污染物排放标准，分国家和地方两级，主要类型有综合型、行业型、流域型及通用型（Li et al., 2023）。

我国水污染物排放标准一般包括内容有：适用的排放控制对象、排放方式、排放去向等情形；排放控制项目、指标、限值和监测位置等要求，以及必要的技术和管理措施要求；适用的监测技术规范、监测分析方法、核算方法及其记录要求；标准实施与管理等。

行业型水污染物排放标准适用于特定行业或者产品污染源的排放控制；综合型水污染物排放标准适用于行业型污染物排放标准适用范围以外的其他行业污染源的排放控制；通用型污染物排放标准适用于跨行业通用生产工艺、设备、操作过程或者特定污染物、特定排放方式的排放控制；流域（海域）或者区域型污染物排放标准适用于特定流域（海域）

或者区域范围内的污染源排放控制（生态环境部，2020）。水污染物排放标准的发展过程，也是我国环境管理工作从粗放到精细化逐步转变的过程。

4. 水生态系统健康评价理论与方法

欧美国家从20世纪70年代就逐渐建立了水生态健康的评价体系。英国首先开发了河流无脊椎动物预测及分类系统（River Invertebrate Prediction and Classification System，RIVPACS），此后又建立了河流保护评价系统（System for Evaluating Rivers for Conservation，SERCON），开展了河流栖息地调查（River Habitat Survey，RHS）；美国科学家Karr等（1981）开发了基于生物完整性指数（Index of Biotic Integrity，IBI）的评价方法，并进而发展为快速生物评价规程（Rapid Bioassessment Protocols，RBPs），开展了国家监测与评价项目（Environmental Monitoring & Assessment Program，EMAP）；欧盟发布了《水框架指令》（Water Framework Directive，WFD），启动了河流分类标准化项目（STAR）和利用大型底栖动物开发和测试欧洲溪流生态质量评估系统的项目（AQEM）；澳大利亚在RIVPACS的基础上针对澳大利亚的实际情况进行了改进，开发了基于大型无脊椎动物预测及分类的河流评估系统（Australia River Assessment System，AusRivAS）（Smith et al.，1999），提出溪流状况指数（Index of Stream Condition，ISC）（Ladson et al.，1999）和流域健康诊断指标（Smith et al.，1999）。

我国《水污染防治行动计划》提出"到2030年全国水环境质量总体改善，水生态系统功能初步恢复，到21世纪中叶生态环境质量全面改善，生态系统实现良性循环"的目标，实施了重要河湖生物完整性等水生态健康评价，标志着我国河湖水体管理目标逐渐由"水环境质量评价"向"水生态系统健康评价"转变。近年来，多个省市颁布了水生态健康相关的标准规范（曹家乐 等，2022）。如2017年，辽宁省质量技术监督局颁布《辽宁省河湖（库）健康评价导则》（DB21/T 2724—2017），山东省质量技术监督局颁布《山东省生态河道评价标准》（DB37/T 3081—2017）；2019年，江苏省市场监督管理局颁布《生态河湖状况评价规范》（DB32/T 3674—2019）；2020年，水利部制定《河湖健康评估技术导则》（SL/T 793—2020），北京市市场监督管理局颁布《水生生物调查技术规范》（DB11/T 1721—2020）和《水生态健康评价技术规范》（DB11/T 1722—2020）；2021年，江西省市场监管部局颁布《河湖（水库）健康评价导则》（DB36/T 1404—2021），天津市市场监督管理委员会颁布《河湖健康评估技术导则》（DB12/T 1058—2021），苏州市市场监督管理局颁布《河湖健康评价规范》（DB3205/T 1016—2021）。

（二）水质分析与风险评价

进入21世纪以来，随着计算能力的提升，计算毒理分析方法中涉及的分子模拟、结构-效应关系模型（QSAR）、分子对接模型等技术手段取得了长足进展，计算毒性检测亦逐步成为生物毒性检测的重要方法之一（Wang et al.，2019；Singh et al.，2022）。欧洲颁布的化学品管理法规——REACH法案率先在法规中正式接受计算毒理学数据。随后，美国环保局修订的《有毒物质控制法案》将计算毒理学纳入毒性评价中。2020年，我国生态环境部也修订并正式发布了《新化学物质环境管理登记办法》，办法批准新化学物质申报登记时，可使用计算毒理学模型预测部分毒理学参数，是我国首次在法律上将计算毒理评价数据纳入毒性检测中。

美国国家研究咨询委员会（NRC）曾发布了一份具有里程碑意义的报告《21世纪毒性测试：愿景与策略》，该报告全面审视了经典毒性测试方法和策略，提出了基于毒性作用通路的新毒性测试策略。基于毒性通路的生物毒性测试方法主要基于生物学反应理论，即生物毒性是暴露与生物功能相互作用的结果。化学物质暴露会对细胞信号传导、遗传路线及细胞应答体系产生干扰，最终可能导致疾病的发生，生物毒性取决于干扰强度。随着细胞培养技术的发展，一系列基于细胞培养的体外毒性测试方法被开发和使用，例如高通量细胞毒性测试、体外三维重建组织测试、类器官芯片以及干细胞毒性测试等。相较于经典生物毒性测试方法，体外生物毒性测试方法避免了原本所固有的伦理问题，可进行高通量筛选和快速评估多种物质毒性，相对于整体动物试验具有一定的成本优势，并且允许研究人员深入了解毒性物质的作用机理。

随着大数据和人工智能技术的发展，生物毒性检测方法将会发生更深远的变革（江桂斌 等，2022），例如高通量毒性检测技术和多组学分析技术的发展为生物毒性检测带来大量的数据，基于大数据分析和挖掘，有助于更加深入揭示生物毒性作用机制。将机器学习应用于生物毒性预测模型中，基于大数据进行模型训练和优化，依靠原有的毒性检测数据即可更加准确可靠地获得目标化合物的生物毒性等。

尽管尚未确立一个国际公认的生态风险评价（ERA）框架，但大多数国家和地区在进行水生态系统风险评估时通常遵循一个程序性框架，该框架包括提出问题、分析污染物暴露的风险和生态效应，以及风险表征和风险管理。近30年来，各国生态环境保护机构和学者纷纷致力于研究ERA框架，并对其评价范围、评价内容和评价方法等方面进行了扩展研究。如美国环保局提出的ERA过程的核心包括暴露表征和生态效应表征，这两个要素串联了其风险评估的三个阶段：问题确定、分析和风险表征（图9）。美国环保局的研究人员通过对小赛欧托河的鱼类和无脊椎动物的调查发现，该河流存在生物受损问题，可能面临生境变迁、多环芳烃污染、重金属污染、低溶解氧、氨毒性和富营养化等生态风险。进一步收集河流现场数据及关联信息、建立指标并表征分析。应用证据强度法，最终确定是小赛欧托河下游约2 km处，多环芳烃污染的沉积物导致了鱼类和大型无脊椎动物的受损。

加拿大环境部长理事会（CCME）2020年更新《生态风险评估指南》中的ERA简化框架与美国环保局的大同小异，但明确了其核心概念在于大多数ERA需要多种证据或数据来提供支持，即采用证据权重法。并且针对不同地区或生态环境的差异，加拿大联邦政府会和地区一起建立独特的ERA体系。例如，为解决五大湖长期存在的沉积物污染问题，

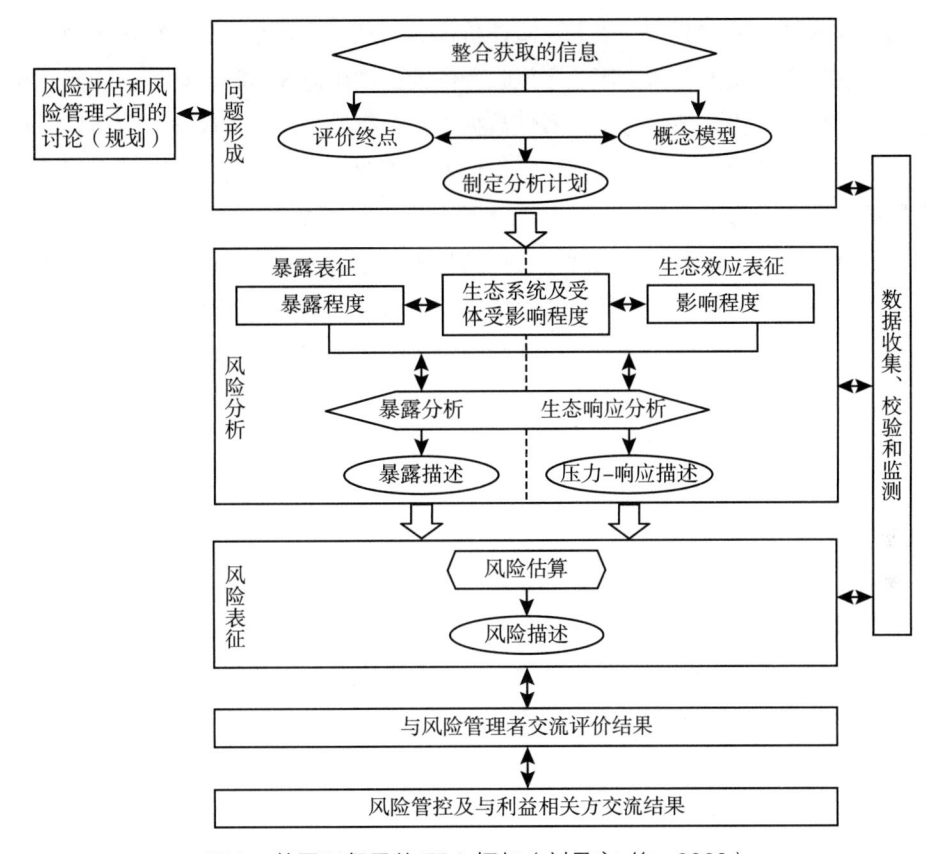

图9 美国环保局的ERA框架（刘晨宇 等，2020）

加拿大联邦政府和安大略省政府共同建立了五大湖沉积物污染评估框架（Canada-Ontario Decision-Making Framework for Assessment of Great Lakes Contaminated Sediments，COA）。Meaghan 等（Quanz et al., 2020）使用 COA-ERA 框架，对加拿大安大略省南贝茅斯港口（SB）的水生生态风险进行了迭代分析。通过反复验证数据和指标分析，确定南贝茅斯港口水生生态系统不存在具有潜在风险的污染物，同时也证实了 COA 在 ERA 方面的优势，但也指出了该方法不能解释水中污染物的来源和生态风险之间的联系。

至 2023 年，国内对 ERA 的研究大多集中在对国外 ERA 理论与方法的综述，以及对我国 ERA 基础理论和技术方法的探讨。针对我国不同领域和区域的生态风险问题，部分学者开始尝试建立相关评价指标、体系和模型方法。郭先华等（郭先华 等，2009）针对水源地污染问题，构建了城市水源地 ERA 框架和基本方法。通过对风险源、暴露和危害进行分析，采用基于因子权重的评价方法，完成了对贵阳红枫湖的 ERA，给出了不同区域的生态风险值。Dong 等（Dong et al., 2022）首次建立了用于局部淡水生态系统 ERA 的生物指标阈值推导方法，将生物指标监测的应用扩展到长期生态风险监测，有助于我国水环境安全和危险化学品管理。

经过几十年的发展，我国水生态风险评价内容已从单一重金属、有机污染物等风险源的研究逐步转向更复杂的多风险源、多风险受体的区域生态风险评价阶段。然而，在这个过程中，我们的研究更多地参考国外毒性数据库和分析模型，由于风险受体与暴露水平的差异，直接使用这些数据可能导致评价结果偏差。因此，应结合我国实际情况加强本土生态毒性数据的积累和数据库建设。

另外，我国生态环境风险相关理论、评价技术方法规范和管理政策等方面仍然有所欠缺。风险评价标准的本身不确定性，风险评价模型对不同复杂和不确定性问题的简单处理容易导致评价结果的差异性。因此，应结合流域、区域生态环境风险评价，尽快研究出台相关技术方法和规范，构建动态生态环境风险管理数据库和长效管理机制，以研究建立全过程、多层级的生态环境风险防范体系。

（三）水污染控制化学与生物学

在水污染控制化学方面，发展化学处理技术用以控制水污染和实现高效水回用已成为国内外的研究热点。其中，化学处理技术在深度处理工艺中的应用最为广泛。然而，单一的化学处理技术通常不能彻底矿化污染物，面临着成本高、能耗高或二次污染等缺陷。此外，单一化学处理技术对污染物的降解机理各不相同，研究开发组合或协同氧化技术，以实现对污染物的高效降解、减少氧化剂投加量、提升降解效率、减少二次污染、降低操作成本，将是今后的重点发展方向。

在水污染控制生物学方面，由于水中不同污染物的复杂性、生物指标的标准化及技术手段的进一步改进，因此需要加强跨学科合作，推动理论研究与实践应用的紧密结合，并积极探索新的技术手段来提高水质监测的精度和效率，进一步提升水环境管理的水平，保护水资源，实现可持续发展。这需要政府、学术界和产业界的共同努力，共同推动水环境保护和治理工作的发展。

在生物毒理学方面，由于毒害机理分析涉及大量的数据，如化学结构数据、毒性数据、组学分析数据等，大数据和人工智能让生物毒理学的研究为更为深入、全面和精确。随着大数据和人工智能等的快速发展，在未来，利用大数据技术帮助整合和挖掘生物毒理学数据，发现隐藏的模式和关联；通过人工智能技术大规模分析毒性数据库和化学物质信息，开发预测模型和筛选方法；整合分析环境有毒有害物质的化学结构和生物数据，开发计算机模型、体外试验系统和组织工程技术等将会成为生物毒理学主要研究手段。

（四）水质风险控制理论与技术

1. 水质化学风险控制理论与技术

（1）新污染物风险与控制

新污染物风险与控制领域的重要发展趋势包括以下四个方面。

1)新污染物高通量筛查与指纹图谱。利用高分辨率对多种新污染物进行快速筛查、变化趋势分析,绘制水中新污染物"指纹图谱",有助于新污染物的环境行为分析、风险演变规律、处理技术研发和综合治理系统构建。

2)新污染物生态环境风险和健康风险效应。发展复杂条件下的新污染物风险阈值确定方法和建立新污染物风险阈值数据库,有助于新污染物的优先控制物质确定、指南和标准研制及新型处理技术研发等。

3)新污染物及风险同步控制新型技术工艺。水中新污染物去除时,会转移至吸附材料或浓水中,或转化为氧化副产物,仍存在较高风险,甚至部分氧化副产物的生物风险高于原物质。

4)新污染物控制指示指标与调控方法。转变污染物浓度控制的传统思路,基于单一技术操作条件与新污染物去除率的关系,制定新污染物去除能力标准;基于处理技术对新污染物去除率和水质参数去除率的关联关系,建立新污染物处理效率的快速指示指标和指示方法。

(2)消毒副产物风险与控制

消毒副产物风险与控制领域的重要发展趋势包括以下三个方面。

1)消毒副产物分析识别。未来还需要依据我国国情,识别与我国水源水质特征和水处理工艺特点相符的、具有我国特性的高风险消毒副产物,将分析检测技术、浓度调研结果、生成转化机制以及健康风险效应几部分相耦合,提出一系列需优先控制的消毒副产物以纳入国家及地方饮用水水质标准之中,从而对其进行有效的监管和控制。

2)消毒副产物前体物来源。随着全球水体污染问题日益突出,大量污染物进入水环境,并在后续水厂消毒环节与消毒剂反应生成消毒副产物,鉴于此,未来需开展城市水系统(排水系统-水环境/水源-供水系统)视角下的消毒副产物前体物识别与解析,研究其迁移转化规律及生成消毒副产物的反应机理机制。

3)消毒副产物控制。水厂需优化技术工艺以协同去除原水中各类污染物及消毒副产物前体物,发展绿色高效水处理技术以降低化学药剂及工程材料的使用,例如开发高性能、抗污染、低能耗的物理分离技术,研发具备广谱性、低副产物和持续消毒能力的安全消毒技术,攻关基于新能源、新材料、新理念的饮用水清洁净化技术等,以期达到有效削减消毒副产物的目的。

(3)生物毒性风险与控制

生物毒性风险与控制领域的重要发展趋势包括以下三个方面。

1)开发客观反映水质生物毒性的技术方法体系。生物毒性评价通常需要采取预处理浓缩富集污水中的污染物及副产物。常见的预处理方法包括固相萃取和液液萃取等。但无论固相萃取还是液液萃取,均难以保留水中的挥发性物质,可能导致对毒性的低估。

2)认识并科学管控复杂水质中的关键致毒组分。水中污染物种类繁多,尤其当氧化或消毒后，由于副产物的生成导致水质更加复杂。而现行的水质标准管控对象可能并非关键致毒组分。

3）形成毒性评价为先导的水处理工艺开发策略。由于水中污染物组成的多样性及副产物生成的复杂性，在水处理工艺开发过程中应树立系统思维，不仅着眼于单一污染物去除，而应保障水质生物毒性控制。仅关注某一种或某一类污染物的控制，对水质安全保障的效果可能适得其反。

2. 水质生物风险控制理论与技术

（1）常规消毒技术与工艺

未来常规消毒技术与工艺的发展方向主要集中在以下三个方面。

1）消毒抗性细菌的特性与控制。消毒抗性细菌是近年来备受关注的研究对象，当前研究主要聚焦在其群落结构特征、抗生素抗性以及消毒抗性机制等方面。但是，对消毒抗性细菌最基础的生长代谢特性的研究相对薄弱，同时，亟需开发针对性的高效灭活技术。

2）消毒效果的快速检测与在线控制。部分研究者提出了利用荧光特征等便于快速检测的光谱信息等作为消毒效果替代性指标的技术方案。随着新型微生物在线或离线快速检测设备的开发及应用，有望实现对消毒过程的实时在线控制。

3）生物风险的全过程系统控制。为实现生物风险的高效控制，除消毒单元外，还应贯彻"单元互顾、系统最优"的指导思想，系统考虑其他处理单元对消毒环节的影响。在饮用水或再生水供水系统中，还应考虑消毒对后续的输配、利用环节的影响。

（2）消毒新原理与新技术

今后应针对现有纳米消毒技术应用现状加强以下三个方面的研究工作。

1）研发新型纳米消毒抑菌机制，发挥纳米材料对微生物高效消杀特性，提升消毒效率。

2）研发适应于特定纳米消毒机制的反应装置，并充分考虑反应动力学模型、微观转质特性，构建高效消毒技术与工艺。

3）构建纳米消毒技术综合控制生物性污染物，实现基于纳米消毒技术的高品质直饮水处理，为安全、健康、高品质直接饮用奠定理论基础与技术支持。

（3）有害藻类控制技术

供水系统中有害藻类的控制技术种类很多，各有优劣。未来各技术的发展趋势将是在克服自身缺陷的条件下开发各类组合工艺来应对实际运行过程中的藻类问题。

以膜过滤技术和强化混凝技术为例：膜分离应用于除藻技术的主要指微滤和超滤低压膜滤，但膜污染问题难以控制，分离出来的藻渣需要二次处理等。因此在实际应用中，膜分离法通常与前处理、组合工艺搭配运行，达到提高去除效率，缓解有机膜污染。常用的联合工艺有电氧化－超滤除藻工艺、气浮－超滤膜工艺、粉末活性炭－膜分离技术等。

强化混凝技术具有对工艺改造方式简单、成本低、可操作性强、效果明显等特点，成为水处理中最常见的控藻技术。强化混凝技术的焦点主要在絮凝剂、助凝剂的改性，尤其是壳聚糖改性。壳聚糖是天然阳离子聚电解质，本身具有高效促进混凝沉淀的能力，对人体无毒害作用，不会对环境产生二次污染。

（五）城市水系统与水环境

发达国家尤为重视合流制溢流问题，重点研究关注溢流预测预警及溢流防控工程措施，形成了溢流管理策略。国内逐渐开始关注溢流控制，关注溢流的控制标准和溢流污染快速净化（李俊奇 等，2021）。中国城镇供水排水协会将污水处理厂智慧化分为四个阶段：智能感知、智能控制、智能管理和智慧决策（许雪乔 等，2022）。现有研究主要关注水质在线监测技术和智慧决策系统开发。在水质在线监测方面，研究者开发了基于电化学分析、光谱分析、荧光分析、生物传感器等技术的水质监测方法（Elfrida et al.，2016；Hui et al.，2022），国内在多维度水质监测技术与方法方面的研发较为滞后。在智慧决策系统方面，研究主要关注基于深度学习、数字孪生、活性污泥数学模型等手段的运行调控系统构建，（Shen et al.，2023；Seo et al.，2021）。在"双碳"愿景下，城市污水处理厂温室气体排放受到格外关注，污水处理低碳化成为国内外的研究热点。

欧盟委员会倡导各国政府建立了城市水资源信息平台和知识库，强化数据共享和可持续城市规划，提高城市水资源的长效管理能力。在我国，北京、上海等城市相继开展了"智慧水务"试点建设。"智慧水务"通过信息技术与水务技术的深度融合实现水务业务系统的控制智能化、数据资源化、管理精确化、决策智慧化，使水务业务运营更高效、管理更科学、服务更优质。

我国对于城市水环境治理的研究主要侧重于工程实践，如海绵城市建设、黑臭水体治理等，与我国政策有极高关联性。如今海绵城市建设已由试点阶段进入进一步的推广阶段；我国地级及以上城市建成区已实现黑臭水体基本消除，黑臭水体整治的范围将扩大到县级城市。

国外以城市水环境为主题的研究中，相较于我国，欧洲学者更倾向于从气候变化、城市化等宏观角度对城市水环境进行研究，并关心其与包括食物、能量与疾病在内的生态、社会、经济因素的相互作用（Gondhalekar et al.，2021）。在联合国的指导下（United Nations，2023；UN-Water，2018），欧洲学者非常关注"基于自然的解决方案"（nature-based solutions，NbS），即受自然启发或支持的解决方案，包括生态系统的保护和恢复，以及在城市等人造生态系统中创造或加强自然过程等（Pachova et al.，2022）。城市景观水体是复杂的生态系统，水环境治理是一个复杂的系统工程。随着对水质变化过程和污染机制认识的深入，城市景观水体治理呈现出科学性不断提升、对长效性的重视程度不断提升的趋势。应制定合理治理目标，科学选择治理技术组合，重视"综合解决方案"的制定和实施，建立水污染防治长效机制，实现科学治水、理性治水、长效治水。

国际社会开始加强城市水环境和城市水系统协同治理的建设。联合国大会第七十届会议上通过的《改变我们的世界：2030年可持续发展议程》、2023年联合国水大会发布的《水行动议程》均提到城市水环境和城市水系统协同治理的重要价值。部分发达国家已经开始实施关于城市水环境和城市水系统协同治理的项目。

与此同时，城市水环境与城市水系统协同治理也受到我国政府和专家高度关注。政府相继出台一系列推进城市水环境和城市水系统协同治理的政策，其中生态环境部印发的《重点流域水生态环境保护规划》提出的"三水统筹"政策尤为关键。规划指出，我国应当由污染防治为主向水环境、水资源、水生态"三水统筹"转变，从水环境、水资源、水生态三个方面协同治理、统筹推进。水资源方面，把生态用水保障放在更加突出的位置。水生态方面，聚焦流域的重要生态空间、河湖的生态缓冲带、流域的水源涵养区，明确重要空间的生态环境功能需要。水环境方面，一方面要深化污染减排，治理环境破坏，另一方面要有针对性地改善水环境，力争在人水和谐方面实现突破。此外，生态环境部联合发改委、住建部、水利部等部门印发的《区域再生水循环利用试点实施方案》也值得关注。环保工作的高级阶段是循环利用，区域再生水循环利用可以促进减污降碳协同增效，从根本上实现保护与发展双赢。

（六）工业水系统与水环境

日益紧张的水资源成为工业发展的重要刚性约束。为缓解水资源的供需矛盾，工业用水节水成为工业用水发展的主要趋势。各国政府和相关机构出台了更加严格的工业用水管理政策和法规，鼓励工业企业采取节水措施、推广环保技术，并提供经济激励和支持措施，同时，加强对工业用水的监督和评估，推动工业用水和供水系统的可持续发展。2022年，工信部等六部门联合印发《工业水效提升行动计划》，推动工业用水方式从粗放低效向集约节约利用转变。

节水工艺技术的开发是各行业研究发展的重点。2021年，工信部和水利部印发《国家鼓励的工业节水工艺、技术和装备目录（2021年）》，大力推广钢铁、石油化工、纺织印染等行业的节水工艺、技术和装备的发展。

工业用水的重复利用是实现工业节水的重要举措。近年来，我国工业用水总量趋于下降，用水效率极大提高。由于企业内部不同工艺对水质要求差异较大，可以按照不同用水工艺对水质的要求分质供水，实现工业用水的顺序重复利用，提高工业用水的重复利用率。污水资源化利用也是降低工业用水量的重要措施。自动化和智能化近年来成为工业用水节水改造的一大发展方向。通过利用传感器、远程监控和数据分析等手段，实现对水资源的管理和检测，提高用水效率，实现用水精细化管控。

由于传统水源的限制，工业用水越来越倾向于利用非常规水源，如再生水利用和海水淡化等，减轻对传统水源的依赖。因此，包括再生水在内的非常规水源的利用和开发是未来工业用水的重要发展方向。再生水可以直接作为工业用水，或作为水源水，在经过处理后进行工业利用。北京某热电厂中再生水直接利用的用途包括冷却用水和锅炉用水。再生水进水可以满足工业冷却用水的水质要求，因此无需进行深度处理，可以直接作为冷却用水应用。再生水深度处理系统包括超滤、两级反渗透、电除盐等。一级反渗透出水可以满足热网补水的水质要求，电除盐出水可以满足锅炉用水补水水质要求。

工业废水近零排放与循环利用技术主要有以下两个发展趋势：

1）优化整合处理流程，降低各个环节的处理能耗。根据废水水质，合理集成预处理技术、生化处理技术、深度处理技术、浓缩减量技术和结晶分盐技术等，强调处理单元之间的协调性，以实现工业废水高效低耗短流程处理。

2）开发废水中有价离子的分盐结晶资源化利用技术，未来可探索结晶杂盐资源化利用。例如，通过核晶造粒技术将高价离子预先去除，随后采用膜法（纳滤）、热法（硝盐联产）、冷冻法（卤水脱硝）等工艺，实现分盐目的。同时要处理好分盐投资与产出效益的平衡关系，实现水和盐资源化利用的最优解。

（七）湖泊污染与治理

湖泊对全球环境变化、区域气候和流域人类活动响应敏感，尤其是受人类活动强度增加的影响。污水废水处理不当、土壤侵蚀和农业活动加剧造成的养分输入，导致内陆水体自净能力下降，进而产生了富营养化、藻类水华等全球性的重大水环境问题。为了保护湖泊生态系统的结构和功能、维持其有益用途，需要对湖泊进行长期的、系统的、有目的的管理，以保持湖泊的健康和活力，尽管这在短时间内不足以改变湖泊的状况（Madsen，2020）。

制定湖泊治理方案时，需要针对不同湖泊长期演变特点，开展成因分析和问题诊断，科学施策、因湖施策、一湖一策。立足不同管理需求，亟需相关先进技术的创新与发展。

我国湖泊科学发展起步较晚，湖泊治理始于20世纪90年代末，主要是以生态恢复的思想为指导，通过建设围隔促进沉水植被恢复等，然而在外源污染没有得到有效控制、内源污染又十分严重的情况下，在湖泊治理初期许多方案收效甚微。后来，随着我国湖泊科学认识的不断发展，"先控源截污、后生态恢复"逐步成为我国湖泊环境治理的主要思路。近10年，我国湖泊水质和水生态明显改善，然而，富营养化情势依旧严峻，藻类水华仍具有较大风险，需要进一步加强湖泊流域系统基础科学研究。

在流域层面控制并改善营养负荷，即控制外源污染，是采取湖内恢复行动的必要前提。为控制外源污染，我国在产业结构调整、优化产业布局，协调社会经济发展与环境保护方面做出了诸多努力。2007年太湖蓝藻水危机事件后，江苏关闭了环太湖地区数千家"小化工"企业；2016年，推进"两件六治三提升"专项行动，对相关企业响应采取关停、转移、升级、重组等措施，并对太湖流域内企业进行技术升级改造、清洁生产改造、绿色原料替代、绿色工艺与节能升级等。需要进一步调整、优化产业结构，精准制定污染防控措施，协调湖泊–流域保护和社会经济发展关系。

科学调度水资源对于维持湖泊水量的动态平衡、改善水质、保障水源安全供给，以及维持水生动植物的生物量和生物多样性同样至关重要。通过闸坝建设实现生态水位的科学调控，确保水文近自然波动，对于促进沉水植被恢复、维持生物多样性亦具有一定积极意义。然而，闸坝的建设破坏了湖泊–流域系统水文过程的自然节律，导致河湖换水周期延长，下游径流量减少，对湖泊–流域水环境和生态系统产生重要影响。例如，我国三峡工程的建设运行，改变了鄱阳湖、洞庭湖等通江湖泊与长江的连通关系，进而引发了鄱阳湖湿地高滩地中水生植被退化、水陆过渡带水生植被优势度降低等问题，增加了湖泊管理难度与复杂度（谭志强 等，2021）。因此，通过实施湖泊生态缓冲带建设工程、水系整治与连通工程，综合湖泊管理不同目标，科学配置水资源，优化湖泊水资源时空分布格局，推动湖泊健康发展至关重要。

湖泊生态修复工程是维持湖泊生态系统长期健康和可持续发展的重要路径，主要的思路为推动湖泊生态系统结构的改变，即通过生物操纵和水生植被恢复达到湖泊长效治理的目的。与水资源科学调配一样，湖泊生态修复工程的实施需要建立在外源污染被截断、内源污染得到控制的条件下，否则重建的湖泊生态系统极易崩溃，并回到污染严重状态。在实施湖泊生态修复过程中，水质指标始终是湖泊管理关注的首要对象，同时也是鱼类和水生植被恢复的先决条件，因此需要再次强调流域河湖的系统治理的重要性。

而鱼类和水生植被的恢复，通常需要对流域渔业资源、植被种类与分布、水生生境等进行清查，从而指导生境恢复，并对鱼类和水生植被群落进行调控（Madsen，2020）。一方面，无论是开展生物操纵，还是进行水生植被恢复，在一定时间内均依赖定期的调查、调控与管护，需要耗费可观的人力物力财力，这是多数案例失败的原因；另一方面，大型水体中规模化开展生态修复亦是当前湖泊管理的难点，需要通过重点修复、优先保护、系统治理逐步推动湖泊–流域生境改善和生态结构功能稳定（高光 等，2021）。此外，还应在湖泊管理中关注湖泊–流域系统中野生动物（如栖息水鸟、江豚）和外来入侵物种等。外来入侵物种可能对湖泊生态修复产生威胁，需要对此进行识别和定期监测，并采取必要的干预措施。

因此，建议持续推动实施湖泊自然保护与生态修复工程、湖泊保护的能力建设和科技支撑工程等，全面提升湖泊保护和治理水平。继续加大污染物管控力度，在稳步改善湖泊水质的基础上，实施生态修复工程，坚持长期投入、定期调控与管护，将湖泊逐步恢复至良性生态系统；对水质较好湖泊强调优先保护，探索全生命周期过程治理范式，积极推动湖体和湖荡、上游流域水源涵养区、重要入湖通道、主要过水湖泊、重要疏水通道、河湖岸带等重要生态系统，即流域河湖系统的联动保护和修复治理。

基于湖泊–流域系统的管理方法虽然能够实现湖泊的长效治理，然而这些措施通常需要花费数年乃至数十年才能完成，而在此过程中湖泊藻类水华的局部暴发无法避免，为避免因藻类水华暴发所产生的一系列环境问题，如水体缺氧、鱼虾窒息、散发恶臭、发生湖泛，以及释放藻毒素、威胁饮用水安全等，在湖泊管理中对藻类水华进行监测预报预警，必要时采取一些应急防控措施是必要的（Yang et al., 2018）。我国基于多元遥感数据对太湖、巢湖等典型富营养化湖泊的藻类水华开展了物候研究，并在藻类水华监测预警与模拟分析方面取得了一些成绩，湖库蓝藻水华长尺度演变规律及情势预测精度达到国际先进水平，为指导藻类水华防控提供了重要科学依据（邱银国 等，2022）。但在利用遥感技术对湖泊在藻类水华进行研究时，还应关注泥沙信号干扰、大气层辐射及水路边界影响、有效观测频次、叶绿素浓度精确反演等问题（冯炼，2021）。

未来，还应进一步加强"空-天-地"一体化监测网络建设，集成卫星遥感、无人机遥感和人工巡测，提高预测精度，并依据长期监测数据确定藻类水华防控重点关注区域，根据预测预警结果适时实施防控措施；除此之外，水质、水生态的预测模型在动态调整湖泊管理计划中同样具有重要意义。

应急防控应仅作为藻类水华防控的补充手段，在必要时采用，并不宜过度采用。例如，絮凝沉降可能是高浓度藻类水华处理处置唯一有效的方法，然而大量藻类沉降至泥水界面后可能会引发水体黑臭（杨瑾晟 等，2023）。因此，在实施应急防控前，应充分评估不同方法产生的环境效应和对后续湖泊修复策略的影响，确保湖泊系统的供水安全、生态完整性和可持续发展。此外，在现实的防控需求下，对湖泊进行重复的应急管理措施是不可避免的，然而重复干预是否会引发湖泊系统水环境以及水生态系统结构和功能的改变，仍需要进一步的评估。

（八）水生态环境监测预警与信息化

国外对水环境承载力的单独研究较少，更多的是基于生态学、可持续发展等角度开展研究。如美国 URS 公司和美国环保局分别对佛罗里达州流域及巴里（Barry）和卡拉马祖县（Kalamazoo）的 4 个湖泊，从承载力概念、研究方法和模型量化技术等方面开展环境承载力研究，最终提出了一系列保护和改善湖泊水生态环境的建议。Bartholomew 等（刘馨越，2012）学者通过河口流体动力学、水质和承载力等指标，建立了河口水质预测模型，帮助洪都拉斯南部河口分析捕虾量。有研究者将承载力作为衡量城市水资源评价和管理体系的标准，对城市水资源进行安全性评估。

我国水环境承载力的研究始于 20 世纪 80 年代，由新疆水资源软科学课题研究组首次提出。研究范围广，对具体河流/湖泊/水库、流域、城市及地区等不同范围的水环境承载力都进行了研究。研究内容全面，围绕水环境承载力概念/内涵/定义、评估体系（理论、方法、指标等）等方面进行研究。

自 Bailey 等（Bailey, 1976）利用气候、地理、植被、土壤等要素绘制美国生态大区之后，真正意义上的生态区划方法才慢慢走近大众视野。淡水生态系统不同于陆地生态系统，虽然在大尺度上气候、地形地貌、植被、土壤等地理和环境要素同样是影响水生态系统空间格局的重要因素，但是由于淡水生态系统受到流域边界的隔绝作用和水环境的限制，其对地理环境要素的响应仍然与陆地生态系统存在差异。2008年，世界自然基金会（WWF）组织200多名学者联合绘制了世界淡水生态区，使全球性淡水生态分区进入新的阶段。随着对生态分区研究的不断深入，更加强调生态系统和生态过程完整性的生态功能区划逐渐受到广大研究者的青睐。

我国水环境管理工作长期围绕水质目标开展，但随着对水生态系统结构和功能的认识不断深入，水环境管理逐渐从水质管理向生态管理演变。2006年我国《国家中长期科技发展规划纲要（2006—2020年）》明确提出了开展流域水生态功能区划的研究任务，此背景下，辽河流域率先开展了水生态功能分区试点工作。"十二五"时期，重大专项下又设置"流域水生态保护目标制定技术研究"的课题，针对流域水生态功能区的划分以及分区管理问题，研究了全国水生态功能二级分区、河流型及湖泊型流域水生态功能四级分区、流域水生态功能区水生态保护目标制定、水生态功能管理决策等技术。特别是在重点河流型流域（和克俭 等，2019）和重点湖泊型流域（高俊峰，2017），大批学者开展了系统的水生态功能分区研究，提出了较为完善的分区指标体系，为流域水生态的科学管理提供了重要理论支撑。

经过多年的发展，国外水生态监测与评价主要分为四个阶段。第一阶段为20世纪初，将溶解氧作为评判生物群落和有机污染水平的阶段；第二阶段为20世纪中叶开始，将生物多样性指数作为评判物种丰富性和均匀性的阶段；第三阶段，结合以上两种评价方法，以生物指数（如Trent指数、Chandler计分系统和IBI指数等）作为重要水环境监测和评价指标的阶段；第四个阶段为完整性指数法阶段，主要用表征生物群落组成、结构、功能和个体健康的多个参数来综合反映水生态健康程度。以上方法的侧重点在于将生物群落属性与流域水质污染和土地利用变化等联系起来，并以生物为核心要素。

美国1972年颁布了《清洁水法》，法令明确规定了立法的目的是"恢复和维持美国水体的化学、物理和生物完整性"。其中第305（b）条规定各州环保部门负责每两天对本州河流、湖泊、海湾、湿地等水体进行水质和功能评价，并向国会提交辖区水质状况报告。从法规标准上，美国环保局推出了系列针对河流生物完整性评价的技术手册，用于指导水生态监测工作。其后，美国相继在国家层面开展了系列研究项目，如美国国家监测和评价项目（EMAP）、美国国家水资源调查项目（National Aquatic Resource Surveys，NARS）和美国国家水质评价计划（National Water Quality Assessment，NAWQA）等。

欧盟于2000年颁布了《水框架指令》，该指令认为某河段内的决策不能是孤立的，一个河流集水区上游采取的行动会影响到下游，因此必须编制流域管理规划并设计监测评价体系来保障流域的整体健康。同时必须进行相应的行政授权，使流域主管机构可以跨越国家等行政边界进行流域管理。该指令强调了流域尺度的综合管理，是欧洲迄今为止实施的水生态环境方面最综合、要求最高的法律和规范。欧盟按照不同的水体类型（河流、湖泊、过渡带水体、海岸带水体）开展监测，内容包括生物指标、支撑生物指标的水文地貌指标和物理化学指标。流域管理以6年为一个周期，每隔6年评估一次。《水框架指令》主要采用参考条件方法，将结果表示为监测条件与参考条件的比率（ecological quality ration，EQR）。

从"十四五"开始，我国地表水环境质量监测向纵深方向发展。首先，监测范围将不断扩展，由水环境监测向水资源、水环境和水生态"三水"统筹监测方向发展；其次，监测手段将不断更新，由传统手工地面监测向人工智能化和天地一体化方向发展；最后，监测深度也将不断延伸，由断面水质现状监测向污染溯源监测和监控预警监测方向发展。

我国水环境监测和预警通常涵盖监测站点网络、实时监测技术、信息系统建设、数据分析与评估、预警与应急响应及政策法规和监管措施几个内容（嵇晓燕 等，2022）。涵盖的监测预警技术包括数据库建设、网络平台、地理信息系统（GIS）、水质水生态模型等技术手段。目标是建立集监测、模拟、预警、展示、分析、信息公开为一体的流域水环境预警管理系统，全方位地实现流域水环境质量监测与预警，为流域管理机构和政府部门水环境管理和宏观决策提供有力的技术支撑，并使公众能及时得到水环境信息资讯（图10）。

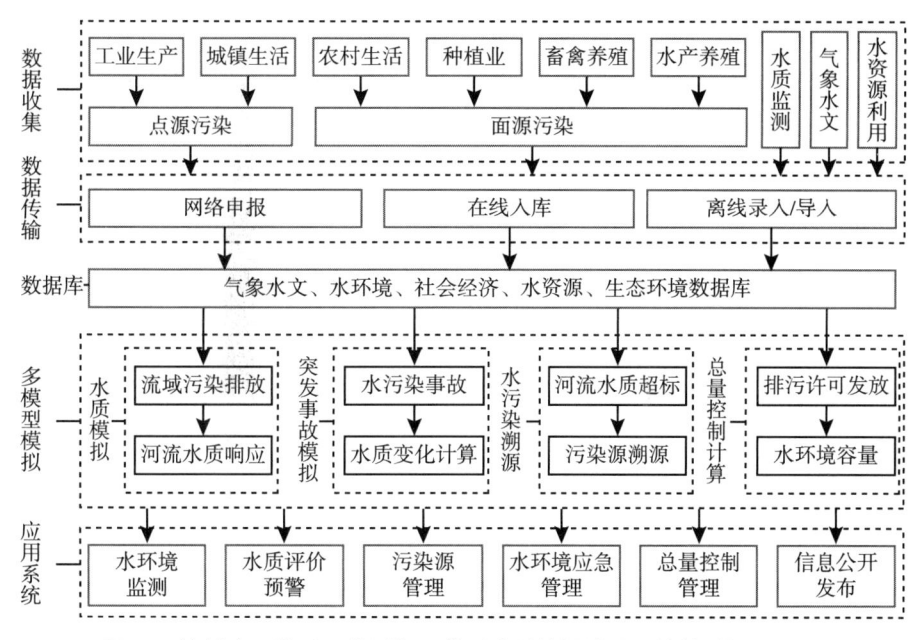

图10 流域水环境质量监测与预警系统总体设计（王佳怡 等，2016）

四、水环境学科发展趋势及展望

（一）水环境学科的发展趋势

我国水环境污染问题依然严峻，成为生态文明建设的突出短板。治理水污染、保护水环境，关系人民福祉和国家未来。以习近平同志为核心的党中央把水生态环境保护摆在生态文明建设的重要位置，把解决突出水生态环境问题作为民生优先领域，把打好碧水保卫战列为污染防治攻坚战的三大保卫战之一。"十四五"时期，我国水生态环境保护事业进入新阶段，水生态环境保护由污染治理为主向水资源、水生态、水环境协同治理、统筹推进转变。

我国水环境问题的特殊性、复杂性和解决水环境问题的紧迫性，成为水环境学科快速发展的强大动力。水环境学科在我国推进生态文明、建设美丽中国进程中的地位愈发凸显，已逐渐成为支撑水生态环境高水平保护、推动高质量发展、创造高品质生活不可或缺的战略性关键学科。

近年来，水环境学科取得了长足的发展，在控制对象、控制目标、控制手段、研究方法和学科理论等方面呈现以下发展趋势。

1）控制对象更加关注高风险新污染物识别控制和复合污染物的协同控制。水环境污染物种类不断增加，新污染物不断涌现，复合型污染特征日益凸显。关注常规单一污染物在水环境中的污染形成机制与控制原理，已不能满足日益复杂的水环境污染治理需求。因此，高风险新污染物识别、微观转化机制与控制原理、水质标准制定基础理论、复合污染物协同控制理论与技术等成为水环境学科的主要发展方向。

2）控制目标更加关注水生态保护修复和水生态健康保障。我国水环境治理的目标已经从常规污染物排放量削减，向水环境质量改善、水生态保护修复和水生态健康保障发展。因此，水生态修复与安全保障理论和技术体系、水生态健康评价理论、方法和技术已成为新的发展需求。

3）控制手段更加关注减污降碳和资源循环利用新理论和新技术。低效高耗的水环境污染物末端治理模式，已不符合我国社会经济高质量发展的新需求。水污染物全流程防控、减污降碳协同增效理论与技术、水生态循环利用以及资源能源高效回收利用理论与技术的突破越来越受到重视，实现资源循环利用、全流程控制与精细化管理是水环境学科未来发展的必然要求。

4）研究方法向微观解析和宏观模拟发展。水污染物迁移转化研究方法向电子转移跟踪、超微结构解析、微纳米界面观测发展，水污染物生态效应研究方法向分子、细胞、微生物群落方向发展，水环境系统模拟方法向区域模拟、流域模拟和全球尺度模拟发展，大数据信息化手段的应用将会更加广泛和深入。

5）理论创新更加关注与新兴学科的深入交叉与深度融合。水环境学科基础理论与前沿技术的发展与现代生物技术、信息技术、生物技术、新能源技术、新材料和先进制造技术等的交叉融合越来越深入和紧密。多元化的学科交叉和大数据、人工智能等新兴技术的引入，为水环境学科基础理论的原始创新、颠覆性技术的突破和多尺度、跨流域、跨区域水生态环境问题综合解决方案的制定提供了强劲动力。

（二）水环境学科的未来发展建议

1. 未来研究方向

鉴于我国水环境学科发展现状，应在以下领域开展针对性研究，促进我国水环境学科更好发展。

1）水环境机理、水质模型与水环境评价、预测研究。包括：水污染机理及水质迁移规律研究，水环境多介质模型，复杂水域的三维水质迁移转化模型，考虑人类活动的水环境变化预测模型，水质模型与分布式水文模型的耦合，面源污染预测模型，基于不确定性理论的水环境评价方法，水环境影响评价方法，突发水污染的预警预报和应急管理等。

2）水资源保护和河湖健康保障体系建设关键技术研究。包括：水资源保护理论方法与实施技术，河湖健康理论方法与实施技术，河湖健康评估方法，河湖健康保障体系，污染源识别，水环境风险管理理论方法，工程措施和非工程措施的实施效果与水生态环境影响评估，水资源保护规划、工程建设技术等。

3）水生态保护与修复理论方法及应用研究。包括：水生态调查、监测与分析，水生态功能评价，水生态健康评价，生态水文模型，水生态承载能力，生态环境需水理论方法，水生态调度模型，生态对水文变化的响应机制，水生态保护技术，水土保持规划，水土保持工程建设，水土保持监测、评估与控制技术，水生态保护监测预警和监督管理，水生态补偿机制等。

4）水污染总量控制理论方法及应用研究。包括：水功能区划定，水体动态纳污能力计算方法，水环境容量分配方法，水利工程防污联合调度理论方法，水污染物总量控制和谐分配方法，流域初始排污权分配理论方法，排污权市场交易理论方法等。

5）水污染防治及水循环利用研究。包括：减污降碳协同增效技术，新污染物风险防控技术，水循环利用安全保障技术等。

6）支撑水生态文明建设的水环境综合治理研究。包括：水环境综合治理体系构建，水工程建设中的生态保护规划与建设技术，水生态文明建设保障体系，水生态文明建设水平评估监控与快速判别和决策系统研发等。

2. 未来发展建议

未来，水环境学科将聚焦国家生态文明建设重大战略需求和国际学术前沿，针对我国城镇化进程和社会发展中显现的水环境问题，贯彻绿色低碳和可持续发展理念，推动前瞻性、原创性、颠覆性理论创新和技术突破，不断丰富和完善水环境学科基础理论、方法体系和技术体系，形成创新思想丰富、创新人才集聚、原始创新成果辈出、复杂水环境问题解决能力提升的学科发展新局面。"十四五"乃至更长一段时期，水环境学科的发展应注重长远布局、合理规划和重点突破。为促进我国水环境学科的未来发展，提出如下建议。

1）加强学科理论和基础研究。①基础性研究。水环境学科的研究方法、水环境标准制定方法、水环境测定标准物质、基本概念、术语定义和基础数据等，在水环境领域具有基础性地位，对学科发展具有重要奠基作用和推动作用，但我国在这方面的研究和积累仍然不够，对学科发展的基础性贡献有待提高。②系统性研究。截至2023年，我国的水环境学科研究，大多聚焦在水污染控制技术原理方面，"技术孤岛"现象突出，对水污染控制技术集成理论、组合工艺设计与控制理论、饮用水全流程安全保障理论、城乡一体化供排水系统建设理论、重点流域水环境治理系统整体优化理论、区域再生水循环利用系统建设理论等方面的研究仍然不足，水环境学科研究的系统性亟待提高。③发现型研究。发现新的水环境问题和新的污染产生机制，对保障水环境安全、促进学科发展具有突破性或颠覆性意义，我国在解决已有水环境问题方面具有较为明显的优势，但是发现的国际上公认的新问题、新现象和新机制还十分有限，面向国际学术前沿以及我国重大需求，亟需提出和实施解决水环境问题的中国思路，引领未来发展。

2）加强政产学研全面合作。水环境学科旨在解决实际水生态环境问题，具有显著的问题导向性。水环境学科在我国全面推进的碧水保卫战以及美丽中国、健康中国和生态文明建设等国家重大战略中，发挥着不可替代的基础性支撑作用。面向水环境领域共性问题以及未来核心技术的关键科学问题，亟须开展多层次协作，加强政产学研全面合作，调动多元投入。面向水污染治理、管网设施建设、区域水环境质量提升过程中的"卡脖子"问题，注重研发颠覆性技术与装备，推动学科成果的转化，形成"基础－技术－应用－管理"的闭合式创新驱动链条，推进水环境领域科技成果服务于国民经济主战场。

3）加强学科交叉融合发展。水环境问题的复杂性决定了水环境学科的综合交叉性。通过融合化学、生物、物理、数学、地理、土木、生态、健康、经济、管理、法学和社会科学等多学科的基础理论与方法，以解决复杂的实际水环境问题为导向，已形成独立、完整的水环境学科基础理论、方法体系和技术体系。同时，水环境学科的基本理念和基础理论为其他学科的发展赋予了新的时代特征和新的生长点，带动了城乡规划、绿色材料、清洁能源、低碳建筑、生态水利、系统工程、信息大数据、智能制造等新兴学科方向的发展。面向国家在水环境领域的科技发展需求，水环境学科未来亟需在研究思路、对象及方法等方面不断丰富和拓展，突破学科壁垒、拓展学科内涵，通过"交叉融合、协同攻关"，推动新思想、新观念和新技术的融合发展，实现水环境治理过程的功能化、智能化与生态化协同发展（杨静，2022）。

4）加强国际合作与交流。水环境问题是事关人类命运共同体的全球性问题，面对各国水生态环境的共性问题，亟需积极探索绿色可持续发展的国际化合作模式。通过广泛开展实质性的国际合作与交流，吸引国外专家学者来华交流和工作，吸收、消化和应用发达国家在水环境领域的先进成果，提升我国在水环境学科领域研究与应用水平。与此同时，随着"一带一路"倡议的持续推进，我国水环境学科发展需放眼全球，为"一带一路"沿线国家和地区的水生态环境保护和绿色低碳可持续发展提供中国方案、贡献中国智慧。

参考文献

《环境科学大辞典》编委会，2008．环境科学大辞典［M］．北京：中国环境科学出版社．

曹家乐，张亚辉，张瑾，等，2022．国内外水生态健康评价研究进展［J］．环境工程技术学报，12（5）：1402-1410．

陈浩，彭桥，2021．京津冀水资源使用效率评估：基于投入产出表的影子价格法［J］．技术经济与管理研究，（6）：114-117．

陈启超，2022．浅谈地下水污染对农业的影响［J］．新农业，2：67．

陈艳卿，孟伟，武雪芳，等，2011．美国水环境质量基准体系［J］．环境科学研究，24（4）：467-474．

程荣，石磊，郑祥，2018．2017年水环境科学热点回眸［J］．科技导报，36（1）：176-188．

程树军，王慧，等，2021．预测毒理学与替代方法［M］．北京：科学出版社．

储小东，2022．环鄱阳湖城市群区域地下水环境演化与分区防控研究［D］．南昌：南昌大学．

楚文海，肖融，丁顺克，等，2021．饮用水中的消毒副产物及其控制策略［J］．环境科学，42（11）：5059-5074．

邓彩红，2023．农村水环境污染现状及对策［J］．资源节约与环保，（1）：88-91．

冯炼，2021．卫星遥感解译湖泊蓝藻水华的几个关键问题探讨［J］．湖泊科学，33（3）：647-652．

付新喜，吴晓芙，奚成业，等，2017．农户型组合人工湿地系统生活污水处理效果分析［J］．给水排水，53（7）：25-30．

高光，张运林，邵克强，2021．浅水湖泊生态修复与草型生态系统重构实践——以太湖蠡湖为例［J］．科学，73（3）：9-12，4．

高俊峰，2017．巢湖流域水生态功能分区研究［M］．北京：科学出版社．

高欣，丁森，尚光霞，等，2021．黄河流域水生态环境问题诊断与保护方略［J］．环境保护，49（13）：9-12．

郜国明，田世民，曹永涛，等，2020．黄河流域生态保护问题与对策探讨［J］．人民黄河，42（9）：112-116．

巩合松，胡昊，潘顺龙，2022．催化臭氧氧化用于降解水中抗生素污染物研究进展［J］．净水技术，41（11）：22-32．

郭先华，崔胜辉，赵千钧，2009．城市水源地生态风险评价［J］．环境科学研究，22（6）：688-694．

和克俭，黄晓霞，丁佼，等，2019．基于GWR模型的东江水质空间分异与水生态功能分区验证［J］．生态学报，39：5483-5493．

胡洪营，2021．中国城镇污水处理与再生利用发展报告（1978—2020）［M］．北京：中国建筑工业出版社．

胡洪营，黄晶晶，孙艳，等，2015．水质研究方法［M］．北京：科学出版社．

胡洪营，吴乾元，吴光学，等，2019．污水特质（水征）评价及其在污水再生处理工艺研究中的应用［J］．环境科学研究，32（5）：725-733．

胡林林，周羽化，陈艳卿，2010．我国水环境质量标准问题探讨及修订建议［C］．中国环境科学学会环境标准与基准专业委员会学术研讨会. 中国环境科学学会.

胡向阳, 2023. 长江流域水工程联合调度实践与思考 [J]. 人民长江, 54 (1): 75–79.

胡小波, 骆辉, 荆肇乾, 等, 2020. 农村生活污水处理技术的研究进展 [J]. 应用化工, 49 (11): 2871–2876.

黄敬云, 2020. 基于混合死端/错流正渗透系统的藻水分离研究 [D]. 天津: 天津工业大学.

黄南, 王文龙, 吴乾元, 等, 2022. 城市污水再生处理反渗透产水的水质特征与超高标准处理技术 [J]. 中国环境科学, 42 (5): 2088–2094.

黄润秋, 2023. 统筹水资源、水环境、水生态治理 大力推进美丽河湖保护与建设 [N]. 中国环境报, 2023-05-31 (1).

霍守亮, 张含笑, 金小伟, 等, 2022. 我国水生态环境安全保障对策研究 [J]. 中国工程科学, 24 (5): 1–7.

嵇晓燕, 王姗姗, 杨凯, 等, 2022. 长江水环境质量监测网络运行体系初步构建 [J]. 环境监测管理与技术, 34: 1–5.

江桂斌, 郑明辉, 冯玉杰, 等, 2022.《环境化学前沿（第三辑）》[M]. 北京: 科学出版社.

姜明岑, 王业耀, 姚志鹏, 等, 2016. 地表水环境质量综合评价方法研究与应用进展 [J]. 中国环境监测, 32: 1–6.

蒋文杰, 2019. 供水管网水力模型与优化调度应用研究 [D]. 杭州: 浙江大学.

金小伟, 王业耀, 王子健, 2014. 淡水水生态基准方法学研究: 数据筛选与模型计算 [J]. 生态毒理学报, 9 (1): 1–13.

金小伟, 王业耀, 王备新, 等, 2017. 我国流域水生态完整性评价方法构建 [J]. 中国环境监测, 33: 75–81.

金小伟, 赵先富, 梁晓东, 等, 2023. 我国流域水生态监测与评价体系研究进展及发展对策 [J]. 湖泊科学, 35 (3): 755–765.

李海生, 王丽婧, 张泽乾, 等, 2021. 长江生态环境协同治理的理论思考与实践 [J]. 环境工程技术学报, 11 (3): 409–417.

李慧珍, 裴媛媛, 游静, 2019. 流域水环境复合污染生态风险评估的研究进展 [J]. 科学通报, 64: 3412–3428.

李婧, 叶景甲, 杨天雄, 等, 2013. 农药淡水水生生物水质基准研究进展 [J]. 农药学学报, 15 (5): 479–489.

李娟, 2022. 厌氧发酵与焚烧耦合的多元固体废物协同发电系统 [D]. 北京: 华北电力大学.

李俊奇, 周金成, 杨正, 等, 2021. 合流制溢流控制指标与标准制定研究 [J]. 水资源保护, 37 (1): 124–131.

李文正, 2022. 数字孪生流域系统架构及关键技术研究 [J]. 中国水利, (9): 25–29.

李扬, 窦炳臣, 陈振, 等, 2015. 地下水水质评价与预测方法综述 [J]. 山东国土资源, 31: 33–36.

林颖, 高俊敏, 郭劲松, 等, 2023. 基于物种敏感度分布的典型抗生素的长期水质基准推导及其在生态风险评估中的应用 [J]. 环境科学学报, 43 (3): 503–515.

刘昌明, 刘小莽, 田巍, 等, 2020. 黄河流域生态保护和高质量发展亟待解决缺水问题 [J]. 人民黄河, 42 (9): 6–9.

刘大同, 郭凯, 王本宽, 等, 2018. 数字孪生技术综述与展望 [J]. 仪器仪表学报, 39: 1–10.

刘建福, 陈敬雄, 辜时有, 2016. 城市黑臭水体空气微生物污染及健康风险 [J]. 环境科学, 37 (4): 1264–1271.

刘婧怡, 王炎, 汤家道, 等, 2023. 基于博弈论综合权重法的场地地下水环境污染风险评价 [J]. 安全与环境工程, 30 (1): 221–230.

刘静晓, 代学民, 牛勇, 等, 2022. 工业给水排水工程 [M]. 北京: 中国建筑工业出版社.

刘玲花, 吴雷祥, 吴佳鹏, 等, 2016. 国外地表水水质指数评价法综述 [J]. 水资源保护, 32: 86–96.

刘琴, 刘文芳, 2016. 我国地下水污染治理技术研究综述 [J]. 中国矿业, 25 (S2): 158–162.

刘伟, 翟媛, 杨丽英, 2018. 七大流域水文特性分析 [J]. 水文, 38 (5): 79–84.

刘馨越，2012．浅淡水资源、环境承载力发展现状及意义［J］．内江科技，（6）：52．

刘哲，张宁，彭定华，等，2022．水生态监测方法研究进展及在黄河流域的应用实践［J］．中国环境监测，38（1）：58-71．

卢应涛，2019．生态环境工程相关专业学生就业与创业能力培养——评《水环境科学》［J］．人民黄河，41（2）：163．

路瑞，韦大明，马乐宽，等，2023．黄河流域水生态环境保护促进高质量发展的战略研究［J］．环境保护科学，49（1）：1-7．

吕一铮，田金平，陈吕军，2021．基于人地关系的中国工业园区绿色发展思考［J］．中国环境管理，13（2）：55-62．

马兰，刘建广，2021．紫外耦合高级氧化工艺处理有机废水回用水的机理和研究进展［J］．净水技术，40（12）：12-19，96．

马乐宽，谢阳村，文字立，等，2020．重点流域水生态环境保护"十四五"规划编制思路与重点［J］．中国环境管理，12（4）：40-44．

马铭阳，2022．SBR+人工湿地组合工艺处理农村生活污水优化研究［D］．徐州：中国矿业大学．

倪木子，2023．贯泾港优质水厂在兼顾不同水源条件下的工艺设计［J］．给水排水，59（3）：8-14．

牛玉国，王煜，李永强，等，2021．黄河流域生态保护和高质量发展水安全保障布局和措施研究［J］．人民黄河，43（8）：1-6．

潘嘉立，2019．对城市河流水污染综合治理方法的分析［J］．环境与展，31（5）：42，44．

彭文启，2019．新时期水生态系统保护与修复的新思路［J］．中国水利，（17）：25-30．

邱银国，段洪涛，万能胜，等，2022．巢湖蓝藻水华监测预警与模拟分析平台设计与实践［J］．湖泊科学，34（1）：38-48．

饶小康，马瑞，张力，等，2022．数字孪生驱动的智慧流域平台研究与设计［J］．水利水电快报，43：117-123．

任海腾，2019．北方城市河流生态健康评价与水质提升研究［D］．北京：清华大学．

生态环境部，2020．关于发布《第二次全国污染源普查公报》的公告［EB/OL］．http://www.gov.cn/xinwen/ 2020-06/10/content_551839 1.htm．

生态环境部，2022．2021年中国生态环境统计年报［EB/OL］．https://www.mee.gov.cn/hjzl/sthjzk/sthjtjnb/202301/t20230118_1013682.shtml．

水落元之，久山哲雄，小柳秀明，等，2015．日本生活污水污泥处理处置的现状及特征分析［J］．给水排水，51（11）：13-16．

孙金华，倪深海，颜志俊，2006．人类活动对太湖地区水环境演变的影响研究［J］．水资源与水工程学报，（1）：7-10．

孙珊，2021．曝气复氧技术在广东地区河流水质污染治理中的应用研究［J］．中国水能及电气化，（7）：32-37．

覃璐玫，张亚辉，曹莹，等，2014．本土淡水软体动物水质基准受试生物筛选［J］．农业环境科学学报，33（9）：1791-1801．

谭志强，李云良，张奇，等，2021．湖泊湿地水文过程研究进展［J］．湖泊科学，34（1）：18-37．

王佳怡，李红华，鱼京善，等，2016．流域水环境质量监测与预警系统建设研究［C］．中国环境科学学会2016年学术年会，中国海南海口，409-414．

王金南，秦昌波，万军，等，2021．国家生态环境保护规划发展历程及展望［J］．中国环境管理，13（5）：20-28．

王文龙，吴乾元，杜烨，等，2021．城市污水中新兴微量有机污染物控制目标与再生处理技术［J］．环境科学研究，34（7）：1672-1678．

王晓南，闫振广，刘征涛，等，2016a．生物效应比（BER）技术预测我国水生生物基准探讨［J］．中国环境科学，36（1）：276-285．

王晓南，闫振广，余若祯，等，2016b. 中美水生生物基准受试物种敏感性差异研究［J］. 环境科学，37（8）：3216-3223.

王艳君，王鹏，董晓非，2022. 水环境数字孪生管控平台构建——以临沂市黑臭水体治理项目为例［J］. 中国建设信息化，（17）：60-63.

王云龙，李欣，苏瑶，等，2022. 农村生活污水厌氧消化液在农田利用中对土壤环境及作物的影响［J］. 浙江农业科学，63（11）：2471-2477.

魏婕，王若男，蒋毓婷，等，2020. 微纳气浮法用于油墨废水处理实验［J］. 环境工程，38（12）：13-18.

武江越，郭晓敏，崔鬼，等，2023. 中国本土水生生物荧蒽水质基准研究［J］. 环境化学，42（3）：855-862.

夏军，刘柏君，程朋东，等，2021. 黄河水安全与流域高质量发展思路探讨［J］. 人民黄河，43（10）：11-16.

肖融，楚文海，2020. 从"源头到龙头"的前体物全过程来源分析消毒副产物的源头控制［J］. 给水排水，56（9）：137-145.

熊富忠，温东辉，等，2021. 难降解工业废水高效处理技术与理论的新进展［J］. 环境工程，39（11）：1-15，40.

徐成建，贺文智，李光明，等，2017. 超声-高级氧化联用技术在废水处理中的应用研究进展［J］. 环境工程，35（10）：1-4，70.

徐敏，秦顺兴，马乐宽，等，2021. 水生态环境保护回顾与展望：从污染防治到三水统筹［J］. 中国环境管理，13（5）：69-78.

许雪乔，刘杰，林甲，等，2022. 再生水厂运营数字化转型的赋智方案及工程实践［J］. 给水排水，58（1）：137-143.

杨瑾晟，姜磊，芦津，等，2023. 絮凝控制高浓度藻华对水质和植被恢复的影响［J］. 中国环境科学，43（2）：561-567.

杨静，2022. 国家自然科学基金环境工程学科发展探讨［J］. 环境工程学报，16（4）：1055-1062.

余淦申，郭茂新，黄进勇，等，2012. 工业废水处理及再生利用［M］. 北京：化学工业出版社.

俞映倞，王梦凡，杨根，等，2021. 氮肥减投条件下膜材料使用对稻田氨挥发排放的影响［J］. 环境科学，42（1）：477-484.

袁颖，2020. 浅析城市河流水污染治理技术［J］. 清洗世界，36（10）：59-60.

张铃松，刘方，李俊龙，等，2014. 完善我国水环境质量标准的探讨与建议［C］//第二届全国流域生态保护与水污染控制研讨会论文集. 银川.

张万顺，王浩，周奉，2023. 长江流域三水协同调控关键技术应用展望［J］. 人民长江，54（1）：8-13，23.

张玮，刘玮，熊峰，等，2022. 我国农村污水治理技术与发展模式展望［J］. 应用化工，51（5）：1396-1402.

张远，王海燕，吴丰昌，等，2020. 中国地表水环境质量标准研究［J］. 环境科学研究，（11）：33.

郑丙辉，刘琰，2014. 地表水环境质量标准修订的必要性及其框架设想［J］. 环境保护，（20）：3.

周羽化，2019. 我国水污染物排放标准现状与发展［C］. 2019年中国水污染治理技术与装备研讨会. 广东肇庆，2019：7. DOI：10.26914/c.cnkihy.2019.050060.

ALBERGAMO V, SCHOLLEE J E, SCHYMANSKI E L, et al, 2019. Nontarget screening reveals time trends of polar micropollutants in a riverbank filtration system［J］. Environmental Science & Technology, 53（13）：7584-7594.

BAILEY R G, 1976. Ecoregions of the United States（map）［J］. Ogden, UT：US Department of Agriculture, US Forest Service, Intermountain Region.

BANG J, KAMALA-KANNAN S, LEE K J, et al, 2015. Phytoremediation of heavy metals in contaminated water and soil using Miscanthus sp. Goedae-Uksae 1［J］. International Journal of Phytoremediation, 17（6）：515-520.

BENNER M L, MOHTAR R H, LEE L S, 2002. Factors affecting air sparging remediation systems using field data and numerical simulations［J］. Journal of Hazardous Materials, 95（3）：305-329.

CAI F, LEI L, LI Y, et al, 2021. A review of aerobic granular sludge（AGS）treating recalcitrant wastewater：

Refractory organics removal mechanism, application and prospect [J]. Science of The Total Environment, 782: 146852.

CAO K F, CHEN Z, SHI Q, et al, 2021. An insight to sequential ozone-chlorine process for synergistic disinfection on reclaimed water: experimental and modelling studies [J]. Science of The Total Environment, 793: 148563.

CHANG N B, HOSSAIN U, VALENCIA A, et al, 2021. Integrative technology hubs for urban food-energy-water nexuses and cost-benefit-risk tradeoffs (I): Global trends and technology metrics [J]. Critical Reviews in Environmental Science and Technology, 51 (13): 1397-1442.

CHEN J, FAN B, LI J, et al, 2020. Development of human health ambient water quality criteria of 12 polycyclic aromatic hydrocarbons (PAH) and risk assessment in China [J]. Chemosphere, 252.

COSTA C, LEITE I R, ALMEIDA A K, et al, 2021. Choosing an appropriate water quality model—a review [J]. Environmental Monitoring and Assessment, 193 (1): 38.1-38.15.

CUI L, WANG Y, ZHANG H, et al, 2023. Use of non-linear multiple regression models for setting water quality criteria for copper: Consider the effects of salinity and dissolved organic carbon [J]. Journal of Hazardous Materials, 450.

DING S, WANG F, CHU W, et al, 2018. Rapid degradation of brominated and iodinated haloacetamides with sulfite in drinking water: Degradation kinetics and mechanisms [J]. Water Research, 143: 325-333.

DONG L, ZHANG L, PENG Z, et al, 2022. Monitoring and ecological risk assessment of contaminants in freshwater bodies by bioindicators in China: a proposed framework [J]. Environ Sci Pollut Res Int, 29: 82098-82109.

DU Y, WANG W, WANG Z, et al, 2023. Overlooked Cytotoxicity and Genotoxicity to Mammalian Cells Caused by the Oxidant Peroxymonosulfate during Wastewater Treatment Compared with the Sulfate Radical-Based Ultraviolet/Peroxymonosulfate Process [C]. Environmental Science & Technology, 57 (8): 3311-3312.

DUODU G O, GOONETILLEKE A, AYOKO G A, 2016. Comparison of pollution indices for the assessment of heavy metal in Brisbane River sediment [J]. Environmental Pollution, 219: 1077-1091.

DUTTA D, ARYA S, KUMAR S, 2021. Industrial wastewater treatment: Current trends, bottlenecks, and best practices [J]. Chemosphere, 285: 131245.

ELFRIDA M C, JOHN B, ANDY B, et al, 2016. Fluorescence spectroscopy for wastewater monitoring: A review [J]. Water Research, 95.

FINK G, ALCAMO J, FLORKE M, et al, 2018. Phosphorus Loadings to the World's Largest Lakes: Sources and Trends [J]. Global Biogeochemical Cycles, 32 (4): 617-634.

GONDHALEKAR D, HU H Y, CHEN Z, et al, 2021. The Emerging Environmental Economic Implications of the Urban Water-Energy-Food (WEF) Nexus: Water Reclamation with Resource Recovery in China, India, and Europe [M]. Oxford University Press.

HAO Z L, ALI A, REN Y, et al, 2022. A mechanistic review on aerobic denitrification for nitrogen removal in water treatment [J]. Science of the Total Environment, 847: 157452.

HESTER E T, LIN A Y C, TSAI C W, et al, 2020. Effect of floodplain restoration on photolytic removal of pharmaceuticals [J]. Environmental Science & Technology, 54 (6): 3278-3287.

HU W, TIAN J, CHEN L, 2021. An industrial structure adjusetmt model to facilitate high-quality development of an eco-industrial park [J]. Science of The Total Enviroment, 766: 142502.

HU W Q, GUO Y, TIAN J P, et al, 2019. Eco-efficiency of centralized wastewater treatment plants in industrial parks: a slackbased data envelopment analysis [J]. Resources, Conservation and Recycling, 141: 176-186.

HU Y, CHENG H, 2013. Water pollution during China's industrial transition [J]. Environmental Development, 8: 57-73.

HUI Y, HUANG Z L, ALAHI M, et al, 2022. Mukhopadhyay Subhas Chandra. Recent Advancements in Electrochemical Biosensors for Monitoring the Water Quality [J]. Biosensors, 2022, 12 (7).

HUO Z Y, DU Y, CHEN Z, et al, 2020. Evaluation and prospects of nanomaterial-enabled innovative processes and devices for water disinfection: A state-of-the-art review [J]. Water Research, 173: 115581.

JAYAKUMAR A, WURZER C, SOLDATOU S, et al, 2021. New directions and challenges in engineering biologically enhanced biochar for biological water treatment [J]. Science of the total Environment, 796: 148977.

KAKADE A, SALAMA E S, HAN H, et al, 2021. World eutrophic pollution of lake and river: Biotreatment potential and future perspectives [J]. Environmental Technology & Innovation, 23: 101604.

KAPP R W, 2023. Clean Water Act (CWA), US [C/OL]. Reference Module in Biomedical Sciences. Elsevier, https://doi.org/10.1016/B978-0-12-824315-2.00291-8.

KORPE S, RAO P V, 2021. Application of advanced oxidation processes and cavitation techniques for treatment of tannery wastewater—A review [J]. Journal of Environmental Chemical Engineering, 9 (3).

LADSON A R, WHITE L J, DOOLAN J A, et al, 1999. Development and testing of an Index of Stream Condition for waterway management in Australia [J]. Freshwater Biology, 41: 453-468.

LI J, JIANG Q, CAI K, et al, 2023. Uncovering the spatially uneven synergistic effects of China's enterprise-level industrial water pollutants reduction [J]. Resources, Conservation and Recycling, 190: 106811.

LI J, LI F, LIU Q, 2017. PAHs behavior in surface water and groundwater of the Yellow River estuary: Evidence from isotopes and hydrochemistry [J]. Chemosphere, 178: 143-153.

LIANG W, WANG X, ZHANG X, et al, 2023. Water quality criteria and ecological risk assessment of lead (Pb) in China considering the total hardness of surface water: A national-scale study [J]. Science of the Total Environment, 858: 159554.

LIN J Y, BRYAN B A, ZHOU X D, et al, 2023. Making China's water data accessible, usable and shareable [J]. Nature Water, 1: 328-335.

LIU S, MA Q, WANG B, et al, 2014. Advanced treatment of refractory organic pollutants in petrochemical industrial wastewater by bioactive enhanced ponds and wetland system [J]. Ecotoxicology, 23 (4): 689-698.

LIU Y, ALI A, SU J F, et al, 2023. Microbial-induced calcium carbonate precipitation: Influencing factors, nucleation pathways, and application in waste water remediation [J]. Science of the Total Environment, 860: 160439.

LUO H W, LIN M, BAI X X, et al, 2023. Water quality criteria derivation and tiered ecological risk evaluation of antifouling biocides in marine environment [J]. Marine Pollution Bulletin, 187: 114500.

MOJIRI A, ZHOU J L L, KARIMIDERMANI B, et al, 2023. Anaerobic Membrane Bioreactor (AnMBR) for the Removal of Dyes from Water and Wastewater: Progress, Challenges, and Future Perspectives [J]. Processes, 11 (3).

PACHOVAN N, VELASCO P, TORRENS A, et al, 2022. Nature-Based Solutions for Urban Water Management: Challenges and Opportunities in the Context of Asia, Regional Perspectives of Nature-based Solutions for Water: Benefits and Challenges [C]. Applied Environmental Science and Engineering for a Sustainable Future, 1-10.

PENG S, WANG Z, YU P, et al, 2023. Aggregation and construction mechanisms of microbial extracellular polymeric substances with the presence of different multivalent cations: Molecular dynamic simulation and experimental verification [J]. Water Research, 232: 119675.

POLDERS C, VAN D A, DERDEN A, et al, 2012. Methodology for determining emission levels associated with the best available techniques for industrial waste water [J]. Journal of Cleaner Production, 29-30: 113-121.

QI Y, XIE Q, WANG J J, et al, 2022. Volmer DA. Deciphering dissolved organic matter by Fourier transform ion cyclotron resonance mass spectrometry (FT-ICR MS): from bulk to fractions and individuals [J]. Carbon Research, 1 (1): 1-22.

QUANZ M, WILLIS R, BURR D, et al, 2020. Aquatic ecological risk assessment frameworks in Canada: a case study using a single framework in South Baymouth, Ontario, Canada [J]. Environ Monit Assess, 192: 530.

RAPER E, STEPHENSON T, ANDERSON D R, et al, 2018. Industrial wastewater treatment through bioaugmentation [J]. Process Safety and Environmental Protection, 118: 178-187.

SAKR M A, MOHAMED M M A, MARAQA M A, et al, 2022. A critical review of the recent developments in micro-nano bubbles applications for domestic and industrial wastewater treatment [J]. Alexandria Engineering Journal, 61(8): 6591-6612.

SALEH I A, ZOUARI N, Al-GHOUTI M A, et al, 2020. Removal of pesticides from water and wastewater: Chemical, physical and biological treatment approaches [J]. Environmental Technology & Innovation, 19: 101026.

SEIDEL M, JURZIK L, BRETTAR I, et al, 2016. Microbial and viral pathogens in freshwater: current research aspects studied in Germany [J]. Environmental Earth Sciences, 75: 1-20.

SEO G, YOON S W, KIM M S, et al, 2021. Deep Reinforcement Learning-Based Smart Joint Control Scheme for On/Off Pumping Systems in Wastewater Treatment Plants [J]. IEEE ACCESS: 95360-95371.

SHEN Y, LI H M, ZHANG B, et al, 2023. An artificial neural network-based data filling approach for smart operation of digital wastewater treatment plants [J]. Environmental research, 224: 115549.

SHI W, ZHUANG WE, HUR J, et al, 2021. Monitoring dissolved organic matter in wastewater and drinking water treatments using spectroscopic analysis and ultra-high resolution mass spectrometry [J]. Water Research, 188: 116406.

SINGH N K, YADAV M, SINGH V, et al, 2022. Artificial intelligence and machine learning-based monitoring and design of biological wastewater treatment systems [J]. Bioresource Technology, 369: 128486.

SMITH M J, KAY W R, EDWARD D H D, et al, 1999. Aus Riv AS: using macroinvertebrates to assess ecological condition of rivers in Western Australia [J]. Freshwater Biology, 41(2): 269-282.

SUN B, ZHANG L, YANG L, et al, 2012 Agricultural Non-Point Source Pollution in China: Causes and Mitigation Measures [J]. AMBIO, 41(4): 370-379.

SUN X, JIN L, ZHOU F, et al, 2022. Patent analysis of chemical treatment technology for wastewater: Status and future trends [J]. Chemosphere, 307: 135802.

TANG Y, LIU Y, CHEN Y, et al, 2021. A review: Research progress on microplastic pollutants in aquatic environments [J]. Science of the Total Environment, 766: 142572.

TONG X, MOHAPATRA S, ZHANG J, et al, 2022. Source, fate, transport and modelling of selected emerging contaminants in the aquatic environment: Current status and future perspectives [J]. Water Research, 217: 118418.

United Nations, 2023. International Decade for Action, "Water for Sustainable Development", 2018-2028 [Z/OL]. https://digitallibrary.un.org/record/859143/files/A_RES_71_222-EN.pdf.

UN-Water, 2018. Nature-based solutions for water 2018: The United Nations World Water Development Report 2018 [R/OL]. https://wedocs.unep.org/20.500.11822/32857.

US EPA Potable, 2017. Reuse Compendium [M]. U.S. Environmental Protection Agency, Washington D.C.

VAN L M, VONK W J, HIGBEEK R, et al, 2023. Circularity indicators and their relation with nutrient use efficiency in agriculture and food systems [J]. Agricultural Systems, 207: 103610.

WAI K P, CHIA M Y, KOO C H, et al, 2022. Applications of deep learning in water quality management: A state-of-the-art review [J]. Journal of Hydrology, 613: 128332.

WANG H B, WU Y H, LUO L W, et al, 2021. Risks, characteristics, and control strategies of disinfection-residual-bacteria (DRB) from the perspective of microbial community structure [J]. Water Research, 204: 117606.

WANG J, OLSSON S, WEHMEYER C, et al, 2019. Machine learning of coarse-grained molecular dynamics force fields [J]. ACS Central Science, 2019, 5: 755-767.

WANG T, XIE X, 2023. Nanosecond bacteria inactivation realized by locally enhanced electric field treatment [J].

Nature Water, 1: 104-112.

WANG Y, ZHANG L, MENG F, et al, 2015. Improvement on species sensitivity distribution methods for deriving site-specific water quality criteria [J]. Environmental Science and Pollution Research, 22 (7): 5271-5282.

WU Q, YANG L, DU Y, et al, 2021. Toxicity of ozonated wastewater to hepg2 cells: taking full account of nonvolatile, volatile, and inorganic byproducts [J]. Environmental Science & Technology, 2021, 55: 10597-10607.

WU Y, CHEN J, 2013. Investigating the effects of point source and nonpoint source pollution on the water quality of the East River (Dongjiang) in South China [J]. Ecological Indicators, 32: 294-304.

XU Z H, DAI C G, WANG J, et al, 2021. Construction and application of recognition model for black-odorous water bodies based on artificial neural network [J]. Advances in Civil Engineering, 2021: 3918524.

XU Z, XU J, Yin H, et al, 2019. Urban River pollution control in developing countries [J]. Nature Sustainability, 2 (3): 158-160.

YAN T, SHEN S L, ZHOU A N, 2022. Indices and models of surface water quality assessment: Review and perspectives [J]. Environmental Pollution, 308: 119611.

YAN Z G, ZHENG X, ZHANG Y Z, et al, 2023. Chinese technical guideline for deriving water quality criteria for protection of freshwater organisms [J]. Toxics, 11 (2).

YANG Z, BULEY R P, FERNANDEZ F E G, et al, 2018. Hydrogen peroxide treatment promotes chlorophytes over toxic cyanobacteria in a hyper-eutrophic aquaculture pond [J]. Environmental Pollution, 240: 590-598.

ZHOU Z, ZHANG C, XI M, et al, 2023. Multi-scale modeling of natural organic matter-heavy metal cations interactions: Aggregation and stabilization mechanisms [J]. Water Research, 238: 120007.

撰稿人：胡洪营　魏东斌　陆　韻　吴乾元　刘广立　周丹丹　陈志强
　　　　巫寅虎　陶　益　种云霄　陈　卓　刁国华　王文龙　黄　南
　　　　李彦澄　唐英才　闫　晗　高桦楠　张倬玮　廖安然　徐　傲
　　　　贾文杰　陆慧闽　郝姝然　褚　旭　杨春丽　丁　仁　廖梓童
　　　　徐红卫　刘　涵　陈晓雯　肖卓远　王　琦　王浩彬　曹可凡
　　　　徐雨晴　梁思懿　尹诗琪　郭洪发　沈谟禹　吴　蕾　张中华

专题报告

水质水生态评价与环境基准标准

一、引言

水环境质量恶化加剧水资源紧缺，严重制约着我国社会经济的可持续发展。近年来，我国一直高度重视水环境保护工作。根据生态环境部公布的最新数据，2022年上半年，长江、黄河、西北诸河等十大流域水质优良断面比例达到87.3%，水质优良湖库占比超过76.0%，地表水环境质量得到进一步改善。但松花江、海河、巢湖、太湖、滇池等流域的水体仍受到轻度污染，洱海、丹江口水库和白洋淀都处于中营养化状态。总体而言，我国水环境问题依然严峻，并呈现新的复杂特征，水环境保护工作向全局系统化、区域差异化转变。

《重点流域水生态环境保护规划》创新性地提出了以水资源、水环境、水生态"三水"统筹的水生态环境保护框架思路。以"三水"统筹协调推进水环境质量评价和治理，关乎区域水环境安全和永续发展。面向美丽中国建设的新时代水生态环境保护，要从维持水域生态系统的完整性出发，以"三水"统筹为框架构建水质水生态评价指标体系、分析污染问题和设计保护措施、制定切实可行的区域差异化环境基准和标准，实现对水生态环境的系统评价、综合管理和整体保护。

水环境问题具有长期性、累积性等特点，"三水"统筹下水环境评价指标体系的构建和水质基准标准的制定至关重要。传统的水质指标以保护水资源为主要目标，突出污水排放侧的要求和限制，而在保护和增强水生态系统健康方面存在不足。通过对水资源、水环境、水生态的统筹考虑，将社会经济发展与水生态系统结构完整性、系统连通性、生物多样性及生态系统服务联系起来，水质水生态评价指标体系逐渐成为水环境管理的重要支撑。水质基准标准是环境管理的科学依据和主要抓手，为了更好地提高管理效率，降低生态健康风险评价的不确定性，水质基准标准应根据区域水环境特征制定，更加准确地反映污染特点、有效保护水体功能。

本专题主要介绍了我国水环境水质水生态评价与环境基准标准制定理论最新成果和发展趋势，综述了水质水征指标体系、水环境基准及标准制定、水生态健康评价方法进展，展望了新时期"三水"统筹格局下的学科重要领域研究方向。

二、国内外最新研究进展

（一）水质水生态评价指标体系

1. 我国水环境标准及所涉指标

治理水污染、保护水环境，是生态文明建设的必然要求。我国生态环境部、住建部、水利部、国家发展改革委等部委根据自身职责发布了一系列涉及水环境的标准，包括《污染物排放标准》《地表水环境质量标准》《地下水质量标准》《再生水回用标准》《再生水水质标准》和《生活饮用水卫生标准》等。除上述标准外，各部委还发布了相关技术指南、导则和规范，例如《河湖生态保护与修复规划导则》（SL 709—2015）、《江河流域规划环境影响评价规范》（SL 45—2006）和《城镇污水再生利用技术指南》等。所涉标准按照其制定原则可以分为3类，包括：①水环境评价标准，如《地表水环境质量标准》和《地下水质量标准》等；②污染物排放标准，如《城镇污水处理厂污染物排放标准》和《电子工业水污染物排放标准》等；③人类用水标准，如《城市污水再生利用 景观环境用水水质》和《生活饮用水卫生标准》等（图1）。

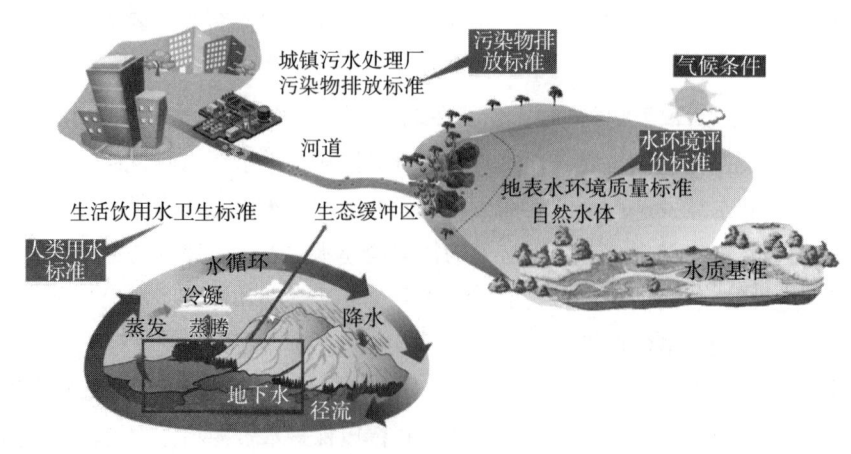

图 1 我国水环境质量标准的类型

水的用途或功能不同，水质标准的制定原则和水质指标参数及其限值也相应有所不同，这在一定程度上导致水质评价指标体系在不同标准之间的取值存在差异。这种差异未必都是有意义的，需要因时因地酌情而定。例如，硝酸盐氮（NO_3^--N）的地下水标准一般是 20 mg/L，但此浓度水平在湖泊中就会引起水体富营养化，因此在湖泊水质标准中氮的浓度标准更严格（<10 mg/L）（胡洪营 等，2015）；然而，符合当前再生水景观环境利用水质标准的再生水直接排入景观环境后，仍可能导致受纳水体的水华爆发（罗丽 等，2023）。为满足水环境长效治理与保护的现实需求，标准制修订过程往往伴随着水质评价指标体系的变化。

表1展示了近40年来我国水环境质量标准的制修订情况。1983年，原环境保护总局首次发布了《地表水环境质量标准》（GB 3838—1983），该标准涵盖总氮、总磷和COD等20项指标，将地表水分为"水质良好""水质较好"以及"水质尚可"三个等级；1988年第一次修订后，指标增至30项，首次将地表水按水域功能划分为Ⅰ~Ⅴ类；1999年第二次修订将指标分为基本项目和选择项目，共设有水质指标75项；现行标准《地表水环境质量标准》（GB 3838—2002）是在2002年第三次修订形成，不仅进一步强化了水域功能划分，而且把水质指标增至109项，分为基本项目、地表水源地补充项目和特定测选项目3类（张远 等，2020）。然而，现行GB 3838—2002选择水质最差的单一指标来确定河流综合水质类别，不能科学地评判河流综合水质状况。

表1 水环境评价标准制修订历史

标准	初次制定	第一次修订	第二次修订	第三次修订
地表水环境质量标准	GB 3838—1983	GB 3838—1988	GB 3838—1999	GB 3838—2002
海水水质标准	GB 3097—1982	GB 3097—1997	—	—
渔业水质标准	GB 11607—1989	—	—	—
地下水质量标准	GB/T 14848—1993	GB/T 14848—2017	—	—

相比水环境评价标准，我国水污染排放标准较多。1973年，我国发布了第一个排放标准《工业"三废"排放试行标准》（GBJ 4—73），该标准包含了汞、镉、铬、砷、铅、pH、悬浮物、生化需氧量（BOD_5）、挥发酚、石油类、氟化物等19项污染物指标；1988年，以《地表水环境质量标准》（GB 3838—88）为依据，发布了《污水综合排放标准》（GB 8978—88），污染物指标由GBJ 4—73的19项增至31项；现行《污水综合排放标准》（GB 8978—1996），延续GB 8978—88中按受纳水体环境功能分级设定标准限值的同时，污染物指标增加到69项（周羽化 等，2016）。截至2023年，我国水污染物排放标准已逾60项，覆盖工业、农业、生活等主要水污染物排放源，涉及军工、钢铁、食品、制药、造纸、纺织、石油化工、污水处理厂及畜禽养殖等水污染物排放管理重点行业。从排放标准控制指标来看，不同行业水污染物排放标准根据行业特点选择特征污染物，在常规污染物基础上增加了多项有毒污染物指标，排放限值不断严格。

人类用水标准主要包括农田灌溉水质标准、生活饮用水卫生标准和污水再生利用标准等。

1）我国农田灌溉水质标准于 1985 年首次发布，在 1992 年、2005 年和 2021 年分别进行了 3 次修订，现行《农田灌溉水质标准》（GB 5084—2021）以土壤、地下水环境质量和农产品安全为首要考虑因素，包括 pH、水温、悬浮物、BOD_5、COD_{Cr} 和阴离子表面活性剂等 16 项基本控制指标和氰化物、氟化物、石油类、挥发酚、二甲苯、氯苯和硝基苯等 20 项选择性控制指标。

2）原卫生部于 1954 年颁布的《自来水水质暂行标准》是我国第一个生活饮用水卫生标准。该标准规定了 15 项指标，基本构建了包含感官及一般化学指标、毒理学指标、微生物指标以及消毒剂指标的体系架构。之后经 1976 年、1985 年、2006 年、2022 年四次修订，水质指标调整至 97 项，包含常规指标 43 项，扩展指标 54 项。整体来看，现行《生活饮用水卫生标准》（GB 5749—2022）更加关注感官及消毒副产物，更加重视风险变化，进一步加严部分指标限制。

3）污水再生利用不仅能够减少水资源消耗量，缓解水资源供需，还能够改善区域生态环境。表 2 为我国根据再生水的不同用途和使用方式建立的水质标准体系。截至 2023 年 12 月，再生水水质标准主要参考水污染排放标准，例如《城市污水再生利用　景观环境用水水质》（GB/T 18921—2019）规定水质还应符合《城镇污水处理厂污染物排放标准》（GB 18918—2002）要求，鲜有标准考虑特征微量污染物指标。实际上，再生水污染物的组成复杂，为数众多，逐一鉴别并制定相应的标准并不现实，水质评价指标体系的完善仍面临长期挑战。

表 2　再生水水质标准

标准号	标准名称
GB/T 18918—2002	城镇污水处理厂污染物排放标准
GB/T 18919—2002	城市污水再生利用　分类
GB/T 19772—2005	城市污水再生利用　地下水回灌水质
GB/T 19923—2005	城市污水再生利用　工业用水水质
SL 368—2006	再生水水质标准
GB 20922—2007	城市污水再生利用　农田灌溉用水水质
GB/T 25499—2010	城市污水再生利用　绿地灌溉水质
GB/T 18921—2019	城市污水再生利用　景观环境用水水质
GB/T 18920—2020	城市污水再生利用　城市杂用水水质
GB/T 41016—2021	水回用导则　再生水厂水质管理
GB/T 41017—2021	水回用导则　污水再生处理技术与工艺评价方法
GB/T 41018—2021	水回用导则　再生水分级
GB/T 42247—2022	水回用导则　再生水利用效益评价

2. 传统水质评价指标体系

水质指标体系是由若干个相互联系、相互补充的水质指标组成的系列，各种水质标准控制指标项目共同构成了水质评价指标体系。由于物理、化学和生物这三类属性可以较全面地分析水环境过程及其中的污染物特质，水质指标体系广义上主要包括物理性、化学性和生物性三类水质指标（胡金 等，2015；Sutadian et al.，2016）。物理性水质指标一般包括悬浮固体、浊度、色度、温度、嗅和味等，可作为直观判断水质的依据。该类水质指标在《生活饮用水卫生标准》和《地下水质量标准》中往往以感官类指标存在，如色度、浑浊度、嗅和味、肉眼可见物等（张晨光 等，2021）。化学性水质指标可概括性地分为有机污染物和无机污染物两大类。其中，有机污染物又可分为常规有机污染物和微量有毒有害有机污染物，无机物又可分为一般盐类、植物营养元素和重金属三类指标。生物性水质指标主要为各种病原微生物，涵盖细菌、病毒和原生动物，包括总大肠菌、粪性大肠菌等指标。总体而言，物理性和化学性水质指标在当前水质评价指标体系中所占比例最高，其中又以化学性水质指标为主。在水质评价研究和实践中，化学性水质指标通常又被概括为单一指标和综合指标。

单一指标是根据污染物的毒性而制定的，并随着标准的制修订不断增补，单一指标数量逐渐增多。随着城市化进程不断推进和环境分析技术的发展，一些微量污染物在水环境中不断被发现，包括持久性有机污染物（POP）、环境内分泌干扰物（EDC）、药品和个人护理品（PPCP）及重金属等。这些新污染物具有浓度低、种类多、累积高等特点，对生态环境或者人体健康存在较大风险（王海燕 等，2023；王金南，2022）。

POP引发的全球性环境问题持续受到各国政府、学术界、工业界和公众的高度重视。2001年5月，包括我国在内的127个国家签署了《关于持久性有机污染物的斯德哥尔摩公约》（简称《公约》），就应对POP问题开展国际合作。2007年我国首次发布《中华人民共和国履行〈关于持久性有机污染物的斯德哥尔摩公约〉国家实施计划》，并于2018年修订增补，禁止了滴滴涕、五溴二苯醚、六溴环十二烷（HBCD）、五氯苯、六氯苯、全氟辛基磺酸和全氟辛基磺酰氟（PFOS/PFOSF）等多种POP的生产和使用，并将该类POP纳入多种环境标准控制指标（Gao et al.，2023）。EDC和PPCP作为"新污染物"，在我国"十四五"规划和2035年远景目标纲要中频频被提及。2022年5月，《中共中央 国务院关于深入打好污染防治攻坚战的意见》和国务院办公厅印发的《新污染物治理行动方案》（国办发〔2022〕15号）等文件均对加强新污染物治理工作做出部署，要求到2025年，新污染物治理能力明显增强（中华人民共和国国务院办公厅，2022）。截至2023年12月，第1批重点管控新污染物清单已于2022年12月29日由生态环境部、工业和信息化部、农业农村部、商务部、海关总署、国家市场监督管理总局等多部门联合发布，自2023年3月1日起施行（中华人民共和国生态环境部办公厅，2023）。

水污染中含有的重金属元素主要涵盖汞、砷、铅、铬等，这些元素严重损坏了水环境，使得污染问题逐渐加剧。我国相继推出《中华人民共和国水污染防治法》以及《水污染防治行动计划》，为治理水环境重金属污染提供指导意见。2022年3月，生态环境部印发了《关于进一步加强重金属污染防控的意见》（环固体〔2022〕17号），指出重点重金属污染物包括铅、汞、镉、铬、砷、铊和锑，并要求对铅、汞、镉、铬、砷实施污染物排放量总量控制。

单一指标的确定十分依赖毒性数据的数量和质量，分析检测成本也较高，因此综合指标通常也作为单一指标的替代和重要补充。最常见的综合指标是生化需氧量（BOD）和化学需氧量（COD）。19世纪末，Sawyer和Barnett通过测定BOD来评价工业和生活废水有机污染物；COD指标是从BOD测定原理中获得启发而建立的，是美国公共卫生协会"水的标准分析方法委员会"为开展水质分析统一化的研究成果（杨枫 等，2022）。COD指标利用化学氧化剂的氧化能力来替代水中生物分解有机物的能力，克服了BOD测定周期长、精度相对较低等缺点（杨枫 等，2022）。我国于1978年首次将COD纳入《水和废水化学分析方法手册》，当前COD位列《"十四五"国家地表水监测及评价方案》"9+X"体系的9项基本指标。此外，综合指标BOD与COD之间的相关性还在水环境中被广泛发现。例如，在有机污染物成分相对简单且组分没有变化时，水的20℃ BOD通常大约为其COD_{Mn}（高锰酸钾法化学需氧量）的2~4倍，而其第一阶段BOD约为其化学需氧量COD_{Cr}（重铬酸钾法化学需氧量）的80%~90%。

为解决BOD、COD等指标的固有缺陷，截至2023年12月已发展了多种新型综合指标。荧光光谱作为一种新型综合水质指示方法，常作为COD和BOD等指标的有益补充，可以反映有机物成分的更多信息，因其可以如指纹般与水样对应，固也被称为水质荧光指纹。有学者通过构建微生物燃料电池系统测定废水降解过程的产电量，并利用BOD和产电量之间的函数关系得到废水的BOD值。这种新的检测方法利用了库伦法，所得到的BOD定义为库伦生化需氧量（BOD_Q），能够弥补当前BOD_5耗时长（≥5 d）、误差高（>15%）的不足。

溶解性有机质（dissolved organic matter，DOM）也逐渐被视为一种潜在新型综合指标。DOM来源多样、成分复杂，不但是水环境食物网中重要参与者，同时与污染物迁移转化、生物降解以及全球碳循环密切相关。通过对水环境中DOM的傅里叶变换离子回旋共振质谱（FT-ICR MS）表征发现，DOM分子组分在光化学转化、微生物降解和界面吸附等多种关键驱动因素下呈现出异质性分布特征，相较于饮用水而言，污/废水中DOM表现出更为复杂的分子分布和更丰富的杂原子类别等特征。例如，氯化消毒工艺作用下DOM中酚类和不饱和脂肪族组分是消毒副产物前体生成的关键前驱体（Ruan et al.，2023）。可吸附有机卤素（adsorbable organic halogen，AOX）在天然水体中一般不存在，是水环境受到人类活动影响的标志。美国环保局提出的129种优先污染物中有机卤化物约占60%，以AOX表征的有机卤化物已成为一项国际性水质指标。欧洲纺织染整行业废水排放标准中的一个重要指标是AOX。

3. 水生态评价指标体系

传统物理、化学、生物指标操作简单、适用性广，但未能考虑水环境的复杂性。在水环境研究和治理中，传统指标经常无法表征实际水质变化情况，从而难以对水环境质量做出合理有效的评价与分析，加大了对水环境治理的决策难度，阻碍了我国对水环境控制目标达成。针对上述问题，已提出了多种解决方案。

徐玲等（2023）基于COD_{Mn}、BOD_5、总磷、总氮、氨氮、氟化物等7项水质指标，采用SMOTE-GA-CatBoost模型实现对全国地表水的分类评价；Lee等（2023）采用随机森林算法，对韩国全国流域2011—2020年的水质数据进行指标（水温、DO、pH值、电导率、悬浮固体、总氮、总磷和总有机碳）权重评估，有效反映了水质的时空特征和水质等级。水质指数（water quality index，WQI）被认为是评估地表水和地下水资源质量最常用的工具之一，能够将复杂而广泛的水质信息和数据转化为简单而有意义的值，从而反映水质特征。

自1965年由Horton推荐使用数学模型以来（Horton，1965），已经陆续开发了超过35个模型（Uddin et al.，2021），具有代表性的有美国国家卫生基金会（NSF）和加拿大环境部长理事会（CCME）模型（Uddin et al.，2022）。NSF对几个参数的值进行加权，而CCME通过量化超出特定基准值的频率和程度来计算综合水质得分。然而，由于参数权重等关键组成部分由专家小组确定，NSF通常难以收集基于流域的专家意见，即使反映了专家意见，其与水质数据的相关性也可能很差；由于难以获得足够的时间序列数据，CCME模型难以获得合适的水质数据，并且存在较大的不确定性、遮蔽性和模糊性问题。由此可见，传统水质指标在水环境质量评价方面仍存在缺陷。究其原因，主要是传统水质指标体系对真实水环境复杂性的解释能力有所欠缺，逐渐无法满足日益提高的水质要求。

"十四五"时期，我国生态环境保护理念从污染防控治理向生态修复治理转变。《重点流域水生态环境保护规划》（简称《规划》）立足山水林田湖草沙一体化保护和系统治理，着力推动我国水生态环境保护的水资源、水环境、水生态（"三水"）统筹治理。《规划》共设置了水环境、水资源、水生态三大类10项指标。水环境方面，地表水达到或优于Ⅲ类水体的比例达到85%；地表水劣Ⅴ类水体基本消除；县级及以上城市集中式饮用水源水质达到或优于Ⅲ类比例达到93%；县级城市建成区基本消除黑臭水体。水资源方面，达到生态流量要求的河湖数量为354个；恢复"有水"的河流数量为53条。水生态方面，水生生物完整性指数持续改善；新增7700 km河湖生态缓冲带修复长度；新增213 km² 人工湿地水质净化工程建设面积；127个河湖水体重现土著鱼类或土著水生植物。"三水"框架下，水环境质量评价指标体系也相应要求从传统的水质理化指标向综合考虑水生态指标转变（王敏英 等，2023）。

截至2023年12月，我国流域水环境监测与评价指标主要以传统的理化监测指标为主，缺乏指示水生态环境变化的水生态指标，单一的水质改善已经无法反映水生态环境好转这一长远目标。为全面、真实地刻画水环境的外部特征、内部的相互联系和对"三水"统筹治理目标的实现程度，胡洪营等（2019）创新性地提出了"水征"概念。在水环境中，水征是指水环境中污染物的浓度水平、组分特征、安全性和稳定性及其时空变化等，是能够支撑水质安全评价、水环境预警与水污染控制、水生态健康评价的信息集成，包括量、时间和空间3个维度。基于水征的定义，其评价指标包括污染程度、组分特征、转化潜势和毒害效应等4个一级指标，可能的具体的二级指标见综合报告图2所示。

与之类似，其他学者近年来从水资源、水环境、水生态的"三水"统筹角度也做出了有关研究和论述。廖雅等综合考虑"三水"以及社会经济发展水平、污染物排放量和环境治理力度等6个维度，研究构建水生态环境保护策略分析体系，构建了包括21项二级指标的生态环境评价指标体系（廖雅 等，2022）；刘苏港等构建了以层次分析法和结构熵权法相结合的农村黑臭水体治理效果评估指标体系，确定了水质检测、控源截污、内源治理、生态修复及项目管理5个一级指标（刘苏港 等，2023）；金小伟等系统分析制约我国当前流域水生态监测与评价的关键问题，从保护目标、管理模式、监测网络、科学研究、公众参与等5个方面提出水生态评价体系构建的有关建议（金小伟 等，2023）。

基于河湖健康的"三水"统筹治理的内在要求，2020年水利部发布了《河湖健康评价指南（试行）》以指导各地河湖健康评价工作。该指南确定的河湖健康评价指标体系具有开放性，涵盖"盆""水"、生物和社会服务功能4个方面备选或必选评价指标共19项，实际河湖管理工作中可以采用全部指标进行综合评价，反映河湖健康总体状况，也可以选用准则层或指标层中的部分内容进行单项评价，反映河湖某一方面的健康水平。张文慧等参考《河湖健康评价指南（试行）》《全国重要河湖健康评估（试点）工作大纲》《河湖健康评估技术导则》（SL/T 793—2020）以及国内外相关研究成果，从河流形态结构、河岸带、水文水质、水生生物、社会服务功能、河流管护6个方面，构建包含21项指标的河流健康状况评价指标体系（张文慧 等，2023）。

4. 水环境质量评价指标体系面临的新问题

在过去较长一段时间内，我国存在着发展方式粗放、思维观念落后、治理速度滞后于污染速度等问题，水环境遭受多方面污染，例如水质恶化、河湖萎缩退化、水土流失、生物多样性锐减等。党的十八大以来，深入贯彻习近平生态文明思想，我国水环境质量逐步改善。2022年上半年，长江、黄河、西北诸河等十大流域水质优良断面比例达87.3%，水质优良湖库占比超过76.0%（徐玲 等，2023）。但也应注意到，松花江、海河、巢湖、太湖、滇池等流域的水体仍遭到轻度污染，洱海、丹江口水库和白洋淀尚处于中营养化状态，我国水环境问题依然严峻。与此同时，环境管理的要求越来越高：一方面，环境标准限值更加严格，环境执法监管力度逐步提高；另一方面，水环境常规污染物和新污染物双重威胁。在"三水"统筹治理背景下，水环境质量评价指标体系能否满足日渐严格的美好环境需求成为新问题。

水环境是一个复杂系统，其性状、性能和安全性是各系统要素（内含物）共同作用的结果，常规控制指标"量少值低即质好"的线性思维惯性受到挑战。首先，广义上的水环境污染物由为数众多、种类繁杂、理化性质各异的物质混合而成。《中国现有化学物质名录》中的化学物质超过 4.6 万种，每年生产 / 进口量大于 1 吨的化学物质约有 1.2 万种 / 类（王燕飞 等，2023；李仓敏 等，2022）。这些化学物质经利用、排放进入水环境后会成为污染物，对环境安全与人体健康造成一定的威胁。其次，水环境中不同污染物的浓度存在显著差异，比如新污染物的浓度极低，与常规有水质指标相差极大。研究表明，水体中总溶解性固体（TDS）的最高值可达数千毫克每升，而内分泌干扰物的浓度一般在纳克每升水平，这两种污染物的跨度达 9 个数量级，二者所产生的负面生物效应存在显著差异（Chen et al., 2021；Sun et al., 2016；王燕飞 等，2023）。再次，水环境污染组分转化机制十分复杂。水环境污染物赋存特征具有显著地域差异性（Han et al., 2017）。我国地域辽阔，水环境所处的气象水文条件、水文地质条件、生态禀赋、社会经济发展状况、水利工程建设不同，水环境系统受到的主导驱动力（自然条件或者人类活动）不同，特定组分污染物的转化机制也相应有所差异。例如，我国水利工程建设和运行大幅度地改变了河流水质、底泥及水生动物（Barbarossa et al., 2020；Grill et al., 2019）；氮肥的大量使用改变了我国自然氮循环特征（Yu et al., 2019a）；再生水回灌与自然水源补水的地下水含水层 DOM 的迁移转化过程显著不同（Zheng et al., 2020）。掌握污染物在水环境自然因素和人类活动作用下的转化机制对构建人水和谐共生关系至关重要。最后，污染物的物理、化学、生物和生态效应是水中所有污染物（组分）共同作用的结果，不同组分间的相互作用关系复杂，导致水质效应的产生机制也十分复杂。总之，水环境包含物理、化学、生物过程，这些过程相互影响，需要从复杂体系的视角全面研究和掌握水环境的特性，准确把握水环境质量评价的关键指标。

（二）水环境基准及标准的制定

1. 水生生物基准

水生生物基准是国际上最早开始研究的水质基准，其制定方法主要分为两大类：物种敏感度分布（species sensitivity distribution，SSD）法和评估因子（assessment factor，AF）法。其中，AF 法主要用于化学污染物毒性数据不足时基准的推导，当毒性数据数量满足基准推导的"最少毒性数据需求"时多采用 SSD 法。SSD 法是一种描述不同物种对某一污染物的敏感性差异遵循的概率分布规律的方法（由于生活史、生理构造、行为特征和地理分布等的不同）。通过构建 SSD 曲线，可以计算获得保护 95% 的水生生物的污染物浓度阈值（HC_5），再通过校正因子的校正即可获得污染物的基准阈值。SSD 法又分为两大体系：一是美国采用的基于对数三角函数模型的 SSD 方法，也称为毒性百分数排序法（USEPA，1985）；二是欧盟和其他发达国家多采用的基于正态分布、逻辑斯谛分布等模型的 SSD 方法（CCME，2007）。

美国水生生物基准制定技术指南要求基准制定的"最少毒性数据需求"包括：①动物毒性数据，至少包括"3门8科"的急、慢性实验数据，如果采用急慢性毒性比（ACR）的方法推导基准则需要至少获得3个不同物种的ACR数据；②水生植物毒性数据，需要获得1种淡水藻类或者维管束植物的毒性数据；③对于具有生物富集性的污染物质，还需要获得污染物质对1种动物的生物富集毒性数据。然后，利用毒性百分数排序法对获得的毒性数据进行统计分析，获得基准最大浓度（短期基准）和基准连续浓度（长期基准）。

以欧盟为代表，包括加拿大、澳大利亚、新西兰和荷兰等国家，主要采用SSD法进行水生生物水质基准推导，数据不充足时考虑使用AF法。欧洲委员会化学品毒性和生态毒性科学咨询委员会在颁布的风险评价技术导则文件（ECB，2003）中规定主要应用SSD法推导水质基准，规定要用8种生物、至少10个慢性毒性值推导长期基准。澳大利亚和新西兰在2007年颁布的《淡水和海洋水质指南》（CCME，2007）中规定采用指导性触发值保护水生生物，按照毒理学数据的数量和质量以及保护水平将结果分为高可靠性触发值（可信度最高）、中可靠性触发值（可信度居中）和低可靠性触发值（可信度不高）。荷兰于2007年颁布了推导环境风险限值导则（Van Vlaardingen et al., 2007），规定环境质量基准包括3个不同层次：对生态系统严重危险浓度、最大允许浓度和可忽略浓度，要求无显见效果浓度（NOEC）数量须多于4个物种，否则只能用AF法推导基准。加拿大的水质基准分为长期基准和短期基准两类，其中长期基准用于全面保护水生生物，短期基准用于评估短期高浓度暴露风险，数据充足时推荐使用SSD法，数据不充足时推荐使用外推法。

我国从20世纪80年代开始对水质基准进行研究，初期以翻译介绍国外基准研究成果为主。"十一五"以来，我国开始系统推动环境基准研究，基本建立了多类水质基准的制定方法，筛选确定了我国水质基准受试生物，提出了我国"3门6科"最少毒性数据需求原则（刘征涛 等，2012），建立了我国水质基准生态毒性数据质量评估方法（刘娜 等，2016；黄轶，2021），对于水质参数对污染物毒性或生物有效性的影响也进行了一些研究（Lin et al., 2018；Zhang et al., 2015）。另外，我国流域水体中污染物众多，而水质基准研究费时费力，需要对水体污染物进行基准制定的优先序研究，提出优先开展水质基准研究的水体污染物。我国学者针对100余种水环境优先污染物进行了较系统的对比分析，通过风险排序及物种敏感度分布和基准阈值差异分析，确定了"10类24种"水环境基准优先污染物，为后续开展水质基准研究提供了参考（闫振广 等，2015）。

我国发布的水生生物基准制定技术指南采用物种敏感度分布法，通过模型拟合方法的比优评价，选用正态分布、对数正态分布、逻辑斯谛分布和对数逻辑斯谛分布四种方法作为基本的模型拟合方法，通过拟合参数对模型拟合结果进行评价（乔宇 等，2021），选择最优的拟合模型作为我国基准制定的拟合模型，对筛选后的毒性数据进行拟合，得到水生生物基准阈值。针对毒性受水质参数影响的污染物，需要建立水质-毒性响应关系进行毒性校正后再进行基准推导。

2. 营养物基准

营养物过度排放导致藻类过度繁殖和水体富营养化，最终可能导致水生生物大量死亡，严重破坏水生态系统和水体使用功能。营养物基准是指营养物对水体产生的生态效应不危及水体功能或用途的最大浓度或水平，可以体现受人类开发活动影响程度最小的地表水营养状态。

美国是最早开展营养物基准研究的国家，在 1998 年制定了区域营养物基准国家战略（USEPA, 1998），先后完成了湖泊水库、河流、河口海岸和湿地的营养物基准技术指南。欧盟颁布的《水框架指令》（WFD）也对营养物基准进行了规定（Solheim, 2005）。美国环保局建议采用统计分析、模型预测与推断、古湖沼学法及专家判断等方法建立各州及部落的营养物基准参照状态（USEPA, 2000a）。综合考虑历史记录调查、参照状态建立、模型应用、专家评价和对下游影响等 5 个方面制定科学合理的营养物基准。

2010 年美国环保局编制的《利用压力–响应关系推断数字化营养物基准指南》，将营养物基准制定方法分为参照状态法、机理模型法和压力–响应关系三类，重点发展了反映氮磷营养物浓度与初级生产力关系的压力–响应关系模型，详细阐述了采用简单线性回归、多元线性回归及非参数拐点分析等建立压力–响应关系确定湖泊营养物基准的方法体系。美国环保局根据影响营养物负荷的各种因素（如地貌、土壤、植被和土地利用等）将美国大陆划分为 14 个具有相似地理特征的生态集中区，并绘制了不同分辨率水平和集合体的美国生态区域图。在生态分区的基础上，采用基于频数分布的统计学方法制定了区域化的总氮（TN）、总磷（TP）、透明度（SD）和叶绿素 a（Chl a）营养物基准值（USEPA, 2000b）。欧洲各国依据流域（如物种的地理特性、地质状况及海拔）和湖泊因素（湖泊深度、面积及水体色度）等地理学差异对水体进行分类，采用与美国相似的方法为不同的生态系统制定了适合的区域化参照状态，完成了欧洲各区域不同类型湖泊 TP 和 Chl a 参照状态的确定。

我国自 2008 年开展了大量湖泊营养物基准制定技术方法的研究，借鉴和参考发达国家经验，突破了我国湖泊营养物生态分区关键技术，构建了湖泊营养物生态分区技术方法，将我国划分为中东部湖区、云贵湖区、东北湖区、内蒙古湖区、新疆湖区、青藏湖区和东南湖区等 7 个湖泊分区。建立了湖泊营养物基准与标准制定方法学，按照陆域生态系统健康状况，将湖泊分为受人为活动扰动较小的区域和受人为活动扰动较大的区域两大类，前者采用统计分析法，后者采用压力–响应模型法进行营养物基准阈值的制定，制定了云贵高原等湖区湖泊营养物基准阈值和标准建议值，提出了我国不同分区湖泊氮、磷削减方案。

3. 保护人体健康水质基准

美国环保局于 2000 年发布了《推导保护人体健康环境水质基准的方法学》（USEPA, 2000a），首次系统地介绍了推导保护人体健康水质基准的基本理论与方法，针对不同污染物，分别设定了致癌和非致癌两类毒性效应终点。

对于可疑的或已经证实的致癌物，人体健康水质基准是指人体暴露于特定污染物时可能增加 10^{-6} 个体终生致癌风险的水体浓度，而不考虑其他特定来源暴露引起的额外终生致癌风险；对于非致癌物，则估算不对人体健康产生有害影响的水体浓度。人体健康水质基准主要通过剂量效应关系的无可见有害作用水平（NOAEL）以及最低观察有害作用水平（LOAEL）等相关参数，最终计算健康基准值。在该指南中，对于致癌风险评价，定量化致癌风险的低剂量外推法取代了线性多级模型。

对于非致癌风险评价，使用更多的统计模型推导参考剂量（R_fD），如基准剂量（BMD）法和分类回归法，而不是仅仅使用传统的基于无可见有害作用水平的方法；在暴露评价中，有关水和鱼类消耗的新研究也为建立各区域更合理的消费模式提供了依据，将鱼类消耗量改为了 17.5 g/d，并且在暴露评价中采用了更多的方法考虑多种来源的人体暴露，引入了暴露决策树法确定非水源和非经口暴露，使用相对源贡献（RSC）来表示非水源和非经口暴露；在生物累积评价中使用能反映鱼类从所有源吸收污染物的生物累积因子（BAF），代替仅反映通过水源吸收污染物的生物浓缩因子或生物富集因子（BCF）（USEPA，2008；USEPA，2003）。美国水质基准指南中的各项参数与学科发展保持基本同步并不断更新，分别于 2003 年及 2011 年发布相关文件，对生物累积系数及体重等暴露参数进行修订更新，并于 2012 年引入 EPI 模型程序对生物累积系数进行了更新修正。美国 2015 年修订了大量污染物的人体健康水质基准，涉及体重、饮水量、水产品摄入量、生物累积系数等多项参数的更新，共修订了 64 种污染物的健康基准值。

人体健康基准具有明显的区域性，相关差异包括暴露途径、毒性效应模式、受体体重值、水产品消耗量等。我国人体健康水质基准的制定需综合考虑暴露评价、生物累积评价和健康风险评价等多方面因素，结合原创性的暴露参数研究，根据地域特点和区域污染控制的需要，开展人体健康水质基准研究。我国 2017 年发布的人体健康水质基准制定技术指南规定了我国人体健康水质基准的制定程序、方法与技术要求，指南中对于致癌效应和非致癌效应分别采用不同的计算方法，所引用的成人平均体重和每日饮水量等参数采用原环境保护部发布的中国人群环境暴露参数，为制定我国人体健康水质基准提供了指导。

有学者研究了典型重金属和有机污染物的我国人体健康基准，如研究得出，湘江地区铅和砷的人体健康基准为 5.002 μg/L 和 1.215 μg/L（曹文杰，2016），黄浦江流域铅的人体健康基准为 13.45 μg/L（李佳凡 等，2018），太湖流域双酚 AF 和双酚 S 人体健康基准分别为 0.45 μg/L 和 10.02 μg/L（陈金 等，2019），以及 12 种多环芳烃的人体健康基准阈值并结合实测数据评价了健康风险（Chen et al.，2020），其中非致癌多环芳烃的健康风险范围为 $1.01 \times 10^{-10} \sim 1.60 \times 10^{-9}$，致癌性多环芳烃的健康风险范围是 $5.03 \times 10^{-7} \sim 4.74 \times 10^{-5}$。徐佳芸（2022）以机器学习算法结合分子描述符和生物活性特征描述符，优选出人工神经网络算法构建了预测性能良好的 BAF/BCF 预测模型，应用构建的模型，预测了我国常食用水产品对 BTEX 的 BAF 值，并结合我国人群暴露参数，按照技术指南推导了我国 BTEX 健康基准值：苯为 1.31 μg/L，甲苯为 49.3 μg/L，乙苯为 152.02 μg/L，二甲苯为 55.1 μg/L。另外，于云江等人根据污染物的监测频率、毒性和人体暴露特征提出一种基于化学危害的污染物筛选和优先级排序方法，并根据我国主要河流湖泊情况以及人口活动模式，研究提出了需要优先进行健康基准研究的 22 种污染物（Yu et al., 2019b）。

致病微生物基准和化学污染物基准同样重要。水中病原微生物种类繁多，部分微生物浓度较低且鉴别培养困难，对它们进行精确高效的定量检测一直是亟待解决的难题。病原微生物定量风险评估需要建立适合我国国情的病原微生物健康基准方法（史亮亮 等，2021），主要包括 4 个步骤：危害鉴定、暴露评估、健康效应评估和基准浓度确定。危害鉴定需要确定病原微生物及其传播路径和健康效应结果，包括对病原微生物和与之有关的人类疾病范围的鉴定。以流行病学数据、定量检测的可能性、低感染剂量以及是否有足够的文献资料为依据。暴露评估包括测定病原微生物浓度、确定衰减程度、计算暴露量；健康效应评估包括确定剂量 – 效应系数、获取流调数据、计算疾病感染概率；基准浓度确定包括计算健康风险结局、评估病原微生物风险、确定性和敏感性分析。

截至 2023 年 12 月，WHO 认为最大可接受的病原微生物人体健康风险为 10^{-4}/a（每年每 10000 人中有 1 人感染得病的概率，或者每人每年有 10^{-4} 的感染概率）。通过基准确定四步法，以年感染风险 10^{-4} 作为人群的最大可容忍风险，可推导出特定病原微生物基准浓度。

4. 水质基准向水质标准转化

针对我国现行水环境质量标准阈值大都参照国外基准或标准的现状，基于我国国情，综合社会管理及经济技术等因素，部分学者探索提出了我国水生生物基准向标准转化的方法。依据水生态物种风险管理的理念，分为 4~5 级转化为适用不同水体功能需求的水质标准；将根据 SSD 法计算得到的长期基准作为一级标准推荐值，以保护 50% 水生生物安全作为最低一级标准推荐值，并尝试将得到的标准推荐值在流域内进行校验，根据运行的达标率，在进行经济适用性分析的基础上，最终确定流域污染物的水生生物标准建议值。

水环境基准向标准转化过程中的技术经济分析采用二级评估的方法，即分为初级评估和二级评估两步，对水环境标准推荐值实施的经济技术可行性进行评估。初级评估主要对研究区域国民生产总值和通货膨胀率进行评估，计算污染物削减成本指数。二级评估分三个主体进行评估，即政府部门投资主体、企业投资主体、个人投资主体。政府支付主要是大型公共支出，包括研究区域水环境治理、生态修复工程建设等；企业支付主要是通过技术改进、设备更换和增加以及排污收费等形式支付；个人支付主要以增加用水费用等形式支付。公共资金投入评估采用费用效益分析法进行，居民经济承受能力采用二级评估矩阵叠加法进行，企业承受能力采用盈利能力测试评估（T/CSES 50—2022）。

以湖泊营养物基准、水体功能为基础，考虑区域湖泊富营养化负荷和区域经济发展与

TN、TP 的关系，确定在营养物基准的基础上，满足功能需要，保证区域经济发展，同时使区域富营养化负荷最小的 TN、TP 标准值，作为推荐的富营养化控制标准建议值。可采用结构方程模型分析基准与标准的内在关系，获得营养物基准与富营养化控制标准之间的主控驱动因子，构建影响指定用途的变量（指标）的概念模型，评价/推导出候选标准水平下能实现指定用途完整性的概率，确定各水体功能营养物的标准值。湖泊富营养化控制标准制订的技术经济评估是标准制订过程中的关键技术，主要适用于分析我国湖泊富营养化控制标准的技术经济可行性。判断湖泊富营养化控制标准值是否合理，需要根据标准值计算湖泊营养物环境容量，根据入湖量求得削减量。然后针对削减量计算削减分配，对削减的经济成本进行估算。通过湖泊富营养化控制成本占国民生产总值的比例大小，衡量达标成本对当地国民经济发展的影响，以及富营养化控制是否达到应有的控制效果，进行标准实施后的一级和二级经济评估，确定削减的达标成本是否技术经济可行，从而确定标准的可行性，如果标准实施对国民经济发展有重大影响，则制订标准的修订方案，最终确定湖泊不同水体功能的营养物水质标准值。

（三）水生态健康评价方法

1. 指示物种法

指示物种法是采用一些指示种群，通过检测生态系统中指示物种对环境胁迫的反应，如种群数量、生物量、年龄结构、毒理反应、多样性、重要的生理指标等间接评价水生态系统的健康状况。指示性物种可以反映某些特殊的生态位类型，例如水质污染、退化土壤、栖息地破坏等。某些物种可能适应和利用这些生态位，然而对于其他物种来说，在这样的生态位上生存并不可行。因此，当指示性物种数量大量减少，就可能暗示着某些不良影响正在影响这个生态位，从而表明该生态系统处于受损的状态。

指示物种法在发展初期主要有污水生物指数（saprobic index）、生物指数（biotic index）以及多样性指数（diversity indices）。其中，由于物种生物学特性的可塑性，在污水生物指数系统中，某些被规定为重要的指示物种，同样也可能在无污染自然水体中出现。

污水生物指数系统只适用于严重遭受生活污水污染的流速均匀平缓的河流（Hynes，1960）。该系统是针对"有机污染"确定的，对有毒物质、沉积物等污染等不能正确指示（Chutter，1972），所以污水生物指数逐渐被弃用。而多样性指数值的变化易受采样方法、鉴定水平以及被研究河流本身所具有生物多样性的影响（Pratt et al.，1976），即使是未污染河流，其多样性指数值也有较大变化；且多样性指数计算公式中，忽略了不同生物类群污染忍耐力的差异，当主要由耐污生物组成的水体与都有敏感生物组成的水体的多样性指数值相同时，不能准确判断水体受污染状况。而有些受中度有机污染的水体，由于耐污生物的大量滋生，其多样性指数不降反升（Cook，1976），因此也逐渐被放弃使用。

到了 20 世纪 70 年代中期，大多数国家开始集中发展生物指数和记分系统，1977 年，欧共体委员会下属的环境和消费者保护服务部首先在德国、英国和意大利开展了生物指数和记分系统研究。1978 年，欧共体委员会决定将扩展生物指数（extended biotic index，EBI）作为推荐使用指数。在这段时间内常用的生物指数有：Trent 指数（Trent Biotic Index，TBI）、Chandler 生物指数（CBI）、BMWP 记分系统、Hilsenhoff 指数（Hilsenhoff Biotic Index，HBI）、Palmer 藻类污染指数。

Chandler 生物指数依据大型底栖无脊椎动物类群对水体污染的敏感性及各类群出现的多度分别给予记分，按照分值分布范围，对监测位点水体质量状况进行评价，CBI 分值越大表明水体质量越好。

BMWP 记分系统以大型底栖动物为指示生物，其原理是基于不同的大型底栖动物对有机污染（如富营养化）有不同的敏感性／耐受性不同，按照各个类群的耐受程度赋予相应的分值。按照分值分布范围，对监测位点水体质量状况进行评价。BMWP 分值越大表明水体质量越好。BMWP 将大型底栖动物以科为单位划分，每个科对应一个分值，采样点 BMWP 分值为样品各科对应分值之和。将样点分值按照评价标准表划分等级，即为样点等级。

Hilsenhoff 指数利用不同的大型底栖动物对有机污染（如富营养化）有不同的敏感性／耐受性与不同类群出现的丰度信息对监测位点水体质量状况进行评价。HBI 分值越大表明水体质量越差。

Palmer 藻类污染指数根据藻类对有机污染耐受程度的不同，对能耐受污染的 20 属藻类，分别给予不同的污染指数值。按照指数分值分布范围，对监测位点水体质量状况进行评价。Palmer 分值越小表明水体质量越好。

2. 生物完整性指数法

20 世纪 90 年代以后，美国开始应用生物完整性指数（IBI）对河流进行生物学评价。生物完整性是水生态系统健康评价的重要指标，是水生态完整性的关键组分。生物完整性是指与区域环境相适应的，经长期进化形成的生物群落组成、结构和功能方面的属性，其实质是通过完整性指数测量水体生物学和生态学资源的现状。

IBI 指数由一类生物的多个参数构成，基本原理是采用打分法，对各项生物指标进行打分和评判，最后根据分值得出河流评估结果。

设计初期，IBI 指数使用的生物为鱼类，后来逐渐被扩展到藻类、浮游生物、大型底栖动物等。此外，考虑到在环境质量状况受损水体中，以微生物为主的分解者丰度更高、新陈代谢更旺盛，研究者们还构建了基于群落结构特征的微生物完整性指数法（M-IBI）。经过多年的发展，IBI 已经成功应用在各国的水生态健康监测和评价中，各国研究者们在不断完善其构建和评价方法的基础上，增加了反映生态系统功能的候选生物参数，成功地开发并应用了定量程度更高的多参数和多变量指数法来评价溪流、湖泊、湿地和河口等水体生态健康。基于生物群落特征的多参数指数（MMI）及反映样点观测物种组成（观测值O）与期望物种组成（期望值E）差异性的O/E指数，是应用最广泛的评价河流生物完整性的两种指数（陈凯 等，2018）。

多参数指数方法等同于生物完整性指数，试图通过综合生物群落组成、结构、物种性状和功能参数定量描述生物完整性，虽然IBI指数特指生物完整性指数，但其已有构建过程较难真实且全面地反映生物完整性（例如已有IBI对具有描述生态系统功能信息的生物性状和功能参数的应用极少），因此MMI的概念更为合适且正在被广泛应用。

O/E指数是一种基于河流无脊椎动物预测与分类系统（RIVPACS）模型构建的多变量指数，该指数通过比较监测点位物种丰富度的观测值（O）与无明显人为干扰情况下物种丰富度期望值（E）的差异来反映物种组成完整性，从而指示生物完整性，其比值反映期望物种组成在调查样点的出现率，一定程度上表征样点生物组成完整性的丧失程度。与MMI指数相比，O/E指数对物种组成的变化更为敏感，对参照点是否来自同一研究区域则不太敏感，因此，其适用范围更广。

3. 综合指标体系法

由于水生态系统会受到外界多种胁迫因子的危害，生物、景观、社会服务等各方面的功能都会因此而遭到破坏，在20世纪80年代以后，系统论这一概念便开始被引入河流生态系统健康评估领域，将水文、生物、物理、化学等多种类型的评价指标综合起来，构建综合指标体系，有些甚至加入服务功能等指标，通过计算指标得分状况，结合指标权重，最终计算得到综合得分并进行等级划分和评定，多角度、多层次地反映河流水环境的质量问题及水生态的健康状态，即水生态健康评价的综合指标体系法。

对于水生态健康的综合评价，国外已经提出了一系列的评价体系、评价步骤以及框架，不同国家针对各自的实际国情及河流生态问题，发展出了不同的方式体系。截至2023年12月，综合评价体系已较为成熟完善并有一定影响力的国家和组织包括美国、欧盟、英国、南非及澳大利亚。

20世纪80年代，美国自然保护协会率先提出了淡水生态整体性评价的具体内容（Kuehne et al.，2017），其中列出了水环境特性、河流生境、线性结构理论以及生物群落等多个指标，由此发展而来的评价方法具体分为三个步骤：提出问题（受体清单、敏感生境、终点等）、分析（受体如何暴露于胁迫因子、生态效应）、风险表征（暴露特征、剂量-效应整合）。

21世纪初，欧盟针对其境内河流状态，通过了《水框架指令》（Carter et al.，2006；Kaika，2003；Mostert，2003），并开发了健康河流评价WFD指标，将地表水体的生态质量分为5个等级（极好、良好、中等、差、极差），生态分级的质量要素主要包括生物、水文形态、化学与物理化学质量三大类，通过数值表示个体、种群、群落、生态系统可能承受以及不能承受风险的最大值，以此判定风险阈值。

英国建立的评价框架依据可持续发展目标制定，其关键原则是"预防为主"。20世纪90年代初，英国开始实行河流生态环境调查（RHS）（王强 等，2014），主要调查河流背景资料、河道数据、沉积物特征、河岸带侵蚀及植被特征、土地利用类型等多指标，以此评价河流生境的状态和质量是否与其处于纯自然状态时差距明显。20世纪90年代末，Boon等（Boon et al., 2002）又提出了一个河流保护评价系统（SERCON），主要调查六大标准：多样性、自然性、代表性、稀有性、物种丰富度、物种特殊表征（其中包含35个数据属性）。

20世纪90年代，南非水务部与森林部共同合作，开展了河流健康计划（RHP）（丁绿芳 等，2007），选取了鱼类、无脊椎动物、水质、水文、河岸带植被、河流生境完整性、河流形态等河流生态环境质量因子作为评价指标；同年，针对河口地区，Copper提出南非河流健康指标（EHI）（Flint et al., 2017），选取了水质指数、生物健康指数、美学综合指数作为评价指标，对河口健康状态进行评价。

澳大利亚构建的评价方法主要强调了定性和定量的结合，考虑了风险忍受性、风险得失以及可接受程度，从而确定最主要生态风险。Ladson等（Ladson et al., 1999）开发了溪流状态指数（Index of Stream Condition, ISC），采用河流水文学、形态特征、河岸带状况、水质及水生生物等5方面指标，试图了解河流健康状况，并评价长期河流管理和恢复中管理干预的有效性，其结果有助于确定河流恢复的目标，评估河流恢复的有效性，从而引导河流管理的可持续发展。该方法强调对影响河流健康的主要环境特征进行长期评估，以每10～30 km长度为河段单位，每5年向政府和公众提交一份报告。需要指出的是，方法中设定的参照系统是真实的原始自然状态河道，这种方法只有像澳大利亚这样开发较晚的国家或地区才可能采用。

我国2014年提出的《河流水生态环境质量评价技术指南（试行）》中利用综合指数法进行水生态健康状况综合评估，通过水化学指标和水生生物指标加权求和构建综合评估指数，以该指数表示各评估单元和水环境整体的质量状况（生态环境部，2014）。在综合评价时考虑水化学指标、水生生物指标（大型底栖动物和着生藻类）、生境指标，其分值范围均为1~5，建议权重分别为0.4、0.4、0.2。如水生生物指标单独用大型底栖动物或用着生藻类评价，建议权重为0.4；若同时使用大型底栖动物和着生藻类评价，建议取算术平均值。根据水生态环境综合评价指数分值大小，将水生态健康状况等级分为五级，分别为优秀、良好、轻度污染、中度污染和重度污染。

2023年浙江省发布的《浙江省河湖健康及河流水生态健康评价指南（试行）》中（浙江省生态环境厅，2023），利用综合指标体系法构建水生态健康指数（EHI），选取水文（指标有：基本生态流量满足程度、流量过程变异程度）、水质（指标有：水质优劣程度）、形态（指标有：河流纵向连通性、岸线生态性指数、生态缓冲带指数）、生物（指标有：土著鱼类保有指数、大型底栖无脊椎动物群落组成、富营养化硅藻指数、水鸟状况指数）、社会服务（指标有：防洪工程达标率、水功能区水环境功能区达标率、公众满意度）5个类别共13个指标纳入评价体系，水文、水质、形态、生物、社会服务5个指标类别权重分别为0.1、0.2、0.2、0.4、0.1，计算水生态健康指数，按照赋分范围将水生态健康划分为优、良、中、较差和差共5级。

综合指标体系法可全面、直观地反映目标生态系统各局部的健康状态，但实践中往往由于数据需求量巨大、数据采集难度高、处理过程复杂等因素影响，指标体系会根据实际需要进行适当调整。

4. 水生态健康评价标准体系

欧美发达国家开展水生态监测和评价较早，形成了较为成熟的以生态完整性理论为支撑的用于环境管理的规范方法。在国内，国家层面的相关工作起步晚，水生态健康评价相关的标准规范截至2023年12月仍较为有限。

（1）国外水生态健康评价标准规范

随着生物指数在水生态评价中的发展与应用，美国在生物监测体系做了大量研究，制定并修订了水生生物评价标准规范用于流域生态健康评价。1989年，美国环境保护局制定了评价指南《溪流和河流快速评估方案——大型底栖动物和鱼类》，指南中提出了以大型底栖动物和鱼类作为河流评价方案中的指示生物（USEPA，1989）。1995年制定了《河流地貌指数方法》，其侧重河流生态系统功能的评估，并将河流湿地的功能分为动物栖息地、植物栖息地、生物地理化学、水文特征4类（Cole et al.，1997）。1999年颁布《溪流和浅河快速评估方案——着生藻类、大型底栖动物和鱼类（第二版）》，在第一版大型底栖生物和鱼类评价方案的基础上增加了着生藻类的调查方案（USEPA，1999）。2006年颁布《深水型（不可涉水）河流生物评价系统》，提出了一种综合的采样方案，适用于不同的栖息地环境（Flotemersch et al.，2006），同年发布了《大型溪流河流生物评估的内容和方法》，完善了生境评估和调查分析，同时对数据分析及评估提出了更具体的要求（USEPA，2006）。2018—2019年颁布《国家河流和溪流评估现场操作手册（不可涉水）》，提出了河流野外现场数据测量和采样方法，明确了数据采集需要包含的指标（USEPA，2019a；USEPA，2019b）。

除制定生物评价文件外，美国还运用区域划分获取流域地理数据和水文框架，根据《清洁水法》相关条例结合当地社会状况确定水体用途，采取特定场地参比和区域参比建立参比状况，确定生态功能完整情况下各项生态指标的参考值，用于整个评价体系，并将流域健康评价体系纳入水质管理的法律和行政框架中，为水质改善和生态恢复提供了有力支持。

此外，其他国家和地区也颁布了相关法律法规和指南用以评价水生态健康。欧盟于2000年颁布了《水框架指令》，主要采用参考条件方法，将结果表示为监测条件与参考条件的比率（Ecological Quality Ratios，EQR）。《水框架指令》的核心目标非常明确，即最终实现水生生态系统的结构和功能的恢复，保障水资源的可持续利用；同时，法令清晰表明将生物要素的质量作为能否实现水生态质量总体目标的最关键内容。《水框架指令》认为，某河段内的决策不能是孤立的，一个河流集水区上游采取的行动会影响到下游，因此必须编制流域管理规划（River Basin Management Plan，RBMP）并设计监测评价体系保障流域的整体健康。同时必须进行相应的行政授权，使流域主管机构可以跨越国家等行政边界进行流域管理。《水框架指令》强调了流域尺度的综合管理，是欧洲迄今为止实施的水生态健康方面最综合、要求最高的法律和规范，为各国具体行动和规划明确了截止时间。

（2）国内水生态评价标准规范

随着我国在水生态健康评价领域研究的积累，国家和地方层面积极编制水生态健康评价的标准及规范，并将其应用于河湖水生态健康评价中。2020年，生态环境部发布《生态环境监测规划纲要（2020—2035年）》，提出"地表水监测要逐步实现水质监测向水生态监测的系统转变，建立以流域为单元的水生态监测指标体系和评价体系"（生态环境部，2020）。为了加强流域生态环境保护和修复、实现人与自然和谐共生，2020年12月26日和2022年10月30日全国人民代表大会先后通过了《中华人民共和国长江保护法》和《中华人民共和国黄河保护法》，明确提出建立长江、黄河流域水生生物完整性指数评价体系，组织开展长江、黄河流域水生生物完整性评价，并将结果作为评估长江、黄河流域生态系统总体状况的重要依据。

与此同时，水生态监测与评价技术也得到了迅速的发展。2023年生态环境部发布了《水生态监测技术指南　河流水生生物监测与评价（试行）》（HJ 1295—2023）和《水生态监测技术指南　湖泊和水库水生生物监测与评价（试行）》（HJ 1296—2023）两项标准，规定了河流、湖泊和水库水生态监测中水生生物监测点位布设与监测频次、监测方法、质量保证和质量控制、评价方法等技术内容（生态环境部，2023a，2023b）。

水利部于2010年部署开展河湖健康评估工作，2020年发布了《河湖健康评估技术导则》（SL/T 793—2020），通过水文完整性、化学完整性、形态结构完整性、生物完整性与社会服务功能可持续性5大类共计27项指标对河湖的健康状况进行评价（水利部，2020）。农业农村部发布《长江流域水生生物完整性指数评价办法（试行）》（农长渔发〔2021〕3号）（农业农村部，2021），采用鱼类状况指数、重要物种指数与生境状况指数3大类14项必选指标对长江水生生物完整性进行评估，并提出鱼类状况指数、浮游生物状况指数等5大类16项参考指标供有条件的区域选择使用。

近年来，随着国家水环境管理政策的转变，北京（北京市市场监督管理局，2020）、江苏（江苏省市场监督管理局，2019）、辽宁（辽宁省质量技术监督局，2017）、山东（山东省质量技术监督局，2017）、浙江（浙江省生态环境厅，2023）等地方也开展了水生态监测试点并发布了相关的技术规范，积累了一定的经验和数据，为下一步全国范围内开展水生态监测评价奠定了很好的基础。为掌握我国重点流域水生态状况及变化趋势，2020

年生态环境部印发了《2020年重点流域水生态状况调查监测方案》（环办监测函〔2020〕238号），首次在长江、黄河、淮河、海河、珠江、松花江和辽河流域等全国重点流域干流、主要支流和重点湖库开展水生态调查监测，调查指标包括水生生物、水质理化和物理生境，并通过三类指标综合权重的方法，构建流域水生态环境质量综合评价指数表征流域水生态状况（金小伟 等，2017）。

随着我国进入生态文明建设新时期，水生态健康保护形势与需求发生重大转变，强调水生态、水环境与水资源保护并重。我国流域水生态健康监测评价研究虽起步较晚，现有技术水平和科学管理距离发达国家仍有一定的距离。但经过近十年的积极探索，已具备了一定的水生态监测能力和技术储备，初步形成了具有我国流域特色的水生态监测与评价技术体系，积累了一定的水生态监测数据和宝贵经验，为新发展阶段下的山水林田湖草系统治理和长江大保护奠定了良好基础。

三、国内外研究进展总结

（一）水质水生态评价指标体系

水质的定量化客观评价是水生态环境安全管理和决策的依据，建立完备的评价指标体系对水质水生态保护来说必不可少。水质是水和其中杂质共同表现的综合特性，各种水质指标可以表示水中杂质的种类和数量，是判断水质优劣的依据。当前，国内外水环境质量标准及相关规范中涉及的水质指标可大致分为物理指标、化学指标和微生物指标3类，包括温度、pH、溶解氧（DO）、氨氮、高锰酸盐指数（PI）、电导率（EC）、总悬浮固体（TSS）、化学需氧量（COD）、五日生化需氧量（BOD_5）、石油类、挥发酚和总磷（TP）等。然而，对于一份水样的检测数据，任何一项单一传统指标的达标都不足以给出水质健康的综合判断。特别是当一项指标符合某类水质标准而另一项指标却不符合，这种水质指标之间的不相容性导致水质评价困难。

综合水质指数被提出用于解决该类问题。综合水质指数以一组有机污染指标和富营养化指标来标识水质类别、水质情况与水环境功能区等信息，其在评价水环境水质时空变化和分类中的实用性得到了验证。然而，最新研究结果表明所考虑单一指标的组合变化可能导致某些水样的综合评分的偏差，关键指标的选择对水质评价结果至关重要（Mahanty et al.，2023）。有学者综述了69个与地表水质量评价直接相关的指标参数，其中表征地表水化学、物理和生物特性的参数分别有53个、10个、6个（Syeed et al.，2023）。总的来看，现有水质指标体系侧重物理和化学性质的水资源评价，评价结果难以提供对相关环境的全面和整体分析，且缺乏对"三水"统筹考虑。

水质水生态评价是一项系统工程，具有复杂性。水环境中污染物的迁移转化是物理-化学-生物耦合作用下的非线性过程，常规水质指标达标率越高则水质越安全、水生态越健康的线性思维往往不一定成立。为揭示水环境质量的非线性变化特征和质变特性，胡洪营等提出了"水征"的概念以有效治理、防控污染物，更精准诊断、预警水环境问题（胡洪营 等，2019）。水征是面向水环境复杂体系的水体特征，包括水环境污染物的污染程度、组分特征、毒害效应和转化潜势等多个维度。与之类似，有学者从"三水"以及社会经济发展水平、污染物排放量和环境治理力度等6个维度构建了包括21项指标的生态环境评价指标体系（廖雅 等，2022）；另有学者以"三水"为核心，按照流域生态系统的整体性、系统性及其内在规律，基于流域水文、水生态环境、水环境管理、经济社会发展和人文特点构建具有区域特征的水环境评价指标体系。由此可见，为解决常规水质的固有缺陷，从水质评价指标体系扩展、深化到水质水征评价指标体系已逐渐成为学界的共识，可为重新认识水质水生态状况提供有力支撑，推动水环境领域的创新发展。

（二）水环境基准及标准制定

水质基准（water quality criteria）是水质标准制/修订的科学依据，定义为水环境中的污染物或有害因素对人群健康或水生态系统不产生有害影响的最大浓度或水平（USEPA，1985）。根据保护对象的不同，水质基准可以分为保护水生生物的水质基准、保护人体健康的水质基准、营养物基准等。水质基准是基于自然科学研究得出的结论，不具有法律效力；水质标准则是以水质基准为科学依据，综合考虑经济、社会、水文地质等各方面因素而制定的国家或地方性文件，具有法律效力。水质基准和水质标准共同构成环境管理的核心。

环境基准的研制水平是一个国家环境领域科技创新能力的重要体现。发达国家已经建立了相对完善的制定水质基准的技术方法和体系，我国对水质基准的研究起步相对较晚，但发展迅速。为贯彻落实《中华人民共和国环境保护法》，规范我国环境基准研究、制定、发布、应用与监督工作，生态环境部于2017年发布了《国家环境基准管理办法（试行）》。办法明确规定了环境基准的定义和分类，环境基准管理工作的法律依据、主要工作内容、遵循的基本原则，环境基准的制定原则和程序，以及环境基准的应用和监督等。

针对我国流域区域地表水生态特征与人群暴露特点，自"十一五"以来，我国学者围绕水环境中污染物的迁移转化规律、生态毒理学机制及水质基准确定的方法学开展了技术攻关，基本构建了符合我国国情和流域特点的水质基准技术方法体系，提出一批我国水环境重点优控污染物的水环境基准阈值，推动我国生态环境基准工作取得了突破性进展。2017年，原环境保护部发布了《淡水水生生物水质基准制定技术指南》（HJ 831—2017）、《人体健康水质基准制定技术指南》（HJ 837—2017）和《湖泊营养物基准制定技术指南》（HJ 838—2017）；2020年，生态环境部发布了《淡水水生生物水质基准—镉（2020年版）》（公告2020年第11号）、《淡水水生生物水质基准—氨氮（2020年版）》（公告2020年第24号）、《淡水水生生物水质基准—苯酚（2020年版）》（公告2020年第70号）和《湖泊营养物基准—中东部湖区（总磷、总氮、叶绿素a）（2020年版）》（公告2020年77号）；

2022年，生态环境部组织修订发布了《淡水生物水质基准推导技术指南》（HJ 831—2022），同时也发布了《海洋生物水质基准推导技术指南（试行）》（HJ 1260—2022）。

水质标准在水环境管理和治理中发挥着"抓手"和"标尺"的作用。我国水质标准工作始于20世纪80年代，经过多年的发展和修订完善，已逐渐形成了成套标准体系，主要由《地表水环境质量标准》《海水水质标准》《渔业水质标准》《农田灌溉水质标准》和《地下水质量标准》等组成。其中，作为综合性标准的《地表水环境质量标准》按照不同水域功能管理属性共执行5类标准值，从1983年开始颁布实施以来迄今已经修订3次。我国现行的《地表水环境质量标准》（GB 3838—2002）主要是参考美国、欧盟等发达国家或地区的水质基准标准值来确定的。

（三）水生态健康评价方法

生态系统健康评价是指借鉴人类健康的概念，在生态学框架下对生态系统状态特征进行系统诊断的一种评价方式。Karr认为生态系统健康就是生态完整性（ecological integrity）（Karr，1981）。这个概念随后在水生态系统健康评价中得到了广泛使用，即生物完整性指数（Index of Biotic Integrity，IBI）。1988年，Schaeffer等学者首次提出"生态系统健康即没有疾病（absence of disease）"的概念，并明确了生态系统健康评价原则与方法（Schaeffer et al.，1988）。Rapport等学者把生态系统健康与人类的可持续发展联系在一起，认为健康的目标在于为人类的生存和发展提供持续和良好的生态系统服务功能（Rapport，1989）。

1997年，Costanza从生态系统结构和功能方面出发将生态系统健康总结为6个方面——自我平衡（homeostasis），无疾病（absence of disease），多样性或复杂性（diversity or complexity），稳定性或恢复性（stability or resilience），活力或成长性（vigor or scope for growth），以及系统组成成分之间维持平衡（balance between system components），进而提出生态系统健康的概念及标准，即健康的水生态系统表现为物质循环、能量和信息流动未受到损害，关键生态组分和有机组织完整且没有疾病，受突发的自然或人为干扰后能恢复或保持原有的功能和结构，整体功能表现出多样性、复杂性和活力（Costanza et al.，1997）。在此基础上，Costanza提出了综合性健康指标体系（HI）：

$$HI = V \times O \times R$$

其中，V是系统的活力指标，O是系统的组织指标，R是抵抗力指标。该定义可为生态系统健康评价提供有力的指导，并已被大多数学者所认可。随着研究的深入，大多数学者认为生态系统健康不仅是生态学的概念，而更应是一个综合性的概念，应当能够提供合乎自然和人类需求的生态服务（Rapport et al.，1998；胡志新 等，2005），即生态系统健康应该包含两方面内涵：一是满足人类社会合理要求的能力；二是生态系统本身自我维持与更新的能力。前者是后者的目标，而后者是前者的基础。由此可知，生态系统健康评价一直是学术界研究的重点，但截至2023年12月，对何为"生态系统健康"还没有统一的定义。

水生态健康评价是水生态系统管理、保护、可持续开发利用的基础，通过利用水生生物群落特征定性和定量评估地表水生态环境状态，判断水生态系统受干扰的程度，诊断水生态系统的退化原因及其关键因子。水生态系统健康的评价方法可以分为3类：第一类是早期基于生态位理论以水生生物为主体的指示物种法；第二类是基于生物完整性理论的生物完整性指数法；第三类是基于生态系统健康概念以多种指标作为基础因子的综合指标评价体系法。水生态健康评价可为制定流域生态修复目标、评估生态修复效果，以及环境立法与执法提供数据支撑。

四、发展趋势及展望

（一）水质水生态评价指标体系

1. 抓紧完善复杂水环境水质评价指标体系

大多数人认为常规水质指标控制得越严，水质越好，对环境越有益。但进入以"水生态环境保护"为目标的新阶段后，需要将水环境作为一个系统，从水环境污染防治拓展到水生态健康的维系，促进传统水质评价向水生态评价指标的转变。为实现这一目标，发展水环境质量评价指标和方法的系统性理论是重中之重。

水环境由多个圈层组成，其储存介质也由多个系统串联形成，污染物排入江河湖泊除了会使水质恶化，还会引发一系列生态效应。为了保障某一水域达到一定的水环境质量等级，仅仅通过强化治理单个水质指标实现对水域功能分类级别的提升是非常有限的，但为此投入了不必要的经济成本。事实上，修复水环境应秉持生态健康的理念。水质是水生态健康的决定性因素之一，但修复水生态若仅停留在改善水质指标还远远不够，还需要重建生物群落，形成优良的水体自净能力。具备这种能力的水环境才具有较为稳定的生态系统和良好的自然景观，即使在季节更替中有个别水质指标短暂超过水质评级范围，之后也会自行恢复。近年来，相关部门和省市曾尝试制定包括理化因子、生物因子、水文景观等多方面指标的河湖健康评估技术导则，是对于全面评价水体健康水平做出的宝贵尝试。但由于目标不同，其指标体系的凝练程度和评价方法与基层生态环境部门评价水体的实际需求还没有完全吻合。

由于没有将水环境视为一个有机整体，针对特定水质指标的污染治理效果可能反复不定，也有可能在治理过程中产生伴生风险甚至导致水质进一步恶化。为达到既定水质指标，当前环境治理主要手段是削减面源污染、截除点源污染以及清理内源污染等，但通常也忽视了进一步的生态修复措施。治理过程中对水环境中各组分间的作用和伴生风险关注不够，往往会导致意想不到的水环境污染事件。例如，通过添加化学药剂去除环境污染物极易对环境产生二次污染，原有污染物可能转化产生新的有害物质。这种组分转化现象需要引起高度重视，一个典型现象是消毒过程的余氯会与水中的溶解性有机物发生反应，生成高生物毒性的消毒副产物。实际上，自然环境中部分微生物对污染物具有较高的耐受性，能对特定的污染物进行转化/降解，若在水环境治理时能综合考虑微生物作用，则可有效削弱污染物对环境造成的危害（张焕军 等，2023）。水环境问题不只是与水有关，还包括水、污染以及水生生物结合的生态综合体。完整、健康的水生态往往具有生态弹性，能抵御胁迫因子的不良影响。因此，水环境水质评价指标体系的理论应与"环境治理、生态修复、自然恢复"渐进式过程匹配。

2. 逐步发展水环境质量综合表征方法

为保障治理措施的精准实施和治理效果的准确判断，发展水环境质量综合表征方法至关重要。依据水征等水生态指标体系的一级指标（胡洪营 等，2019），具体可从污染程度、组分特征、转化潜势和毒害效应等多个维度进行评价。

（1）污染程度、组分特征及其表征方法

污染程度即水环境中污染物的赋存特征，如特征污染物、特定污染物和特定组分的浓度水平及其随时间和空间的变化。污染物浓度的时空变化对水环境和水生态问题的诊断十分重要；组分特征是指根据不同物理化学性质，如分子量、酸碱性、亲疏水性、溶解性等将污染物进行分类，测定不同类别污染物的浓度水平。水环境中的污染物种类多、理化性质各异，根据分析目标选择不同水质指标表征污染物组分的全貌，对于识别关键组分，研究不同组分间的相互作用，评价水中污染物的迁移转化特性、稳定性和水质安全性等有重要的意义。针对各种各样的特征污染物，已经发展了多种分析技术体系，包括持久性有机污染物（POP）、内分泌干扰物（EDC）、药物及个人护理品（PPCP）、重金属和微塑料等。此外，借助紫外可见光光谱（UV-Vis）、三维荧光光谱（3D EEM）、色谱技术（LC）、核磁共振技术（NMR）、高分辨质谱（HRMS）等工具分析综合性水质指标，有助于更全面地评估水环境质量。

（2）转化潜势及其表征方法

污染物排入水环境后，其在储存、输配和使用过程中水质发生变化的难易程度称为水质转化潜势，包括水质稳定性和转化特性两个方面。水质稳定性是对水质发生自然变化难易程度的衡量，其可分为化学稳定性和生物稳定性。化学稳定性高的水一般是指既不沉淀结垢又没有溶解性和腐蚀性的水，水质化学稳定性的判别方法主要是基于水质参数计算评价指数、指标或比率后进行稳定性评估（张馨怡 等，2022）。生物稳定性是指水体中可生物降解有机物支持异养细菌生长的潜力，其代表当有机物成为异养细菌生长的限制因素时，水中有机营养基质支持细菌生长的最大可能性。水质生物稳定性评价指标主要包括生物可同化有机碳（AOC）、生物可利用磷（MAP）和细菌生长潜力（BGP）等（Chen et al., 2018）。藻类生长潜势指标可以表征水环境中藻类生物量可能达到的最大值，对于评价水华爆发风险具有重要的指导意义。水中化学污染物的转化特性是水质评价的重要内容，指利用物理、化学和生物方法能够从水中将其去除的潜力。不同的污染物去除能力和在水环境中的迁移转化规律不同，建立规范、系统的污染物特性评价方法是污染物转化潜势研究的重要课题。

（3）毒害效应及其表征方法

毒害效应是指水中污染物对生产、人体健康、生物和生态造成的不良效应。毒害效应评价方法包括已知的有毒有害污染物和关键毒性因子浓度分析法（重金属、特定有机污染物等）、生物毒性检测法等。从广义上讲，氮、磷等植物营养物质在天然水体中会引起水华爆发，从而破坏水生态系统，也是水质毒害效应需要考虑的重要因素。根据不同目的，采取的水质毒害效应评价方法也不同，如评价地表水的生态安全性可利用生物毒性测试方法等。近些年来，生物毒性检测方法和技术取得了飞速发展，其中一些生物毒性检测方法如体外试验（in vivo）、组学分析和计算毒理分析等，由于其独特的优势而被广泛关注和采用（Krewski et al., 2020）。

3. 加快健全水环境质量评价理论

截至 2023 年 12 月，水环境质量标准涵盖的指标以综合指标为主，如化学需氧量、氨氮、总磷、总氮等，水环境质量的评判主要以水质指标是否超标作为依据，但水质指标超标难以真实反映产生水环境问题的实际原因。比如，为什么水体的 COD 不达标、哪些组分不能去除、如何进行精准治理等，对于这些问题尚没有系统性的理论和方法支撑。水中的综合指标如 COD、DOM、TOC 仅仅表征了容易被氧化的污染物总量，不能给出具体的有机物种类，即使是相同的 COD 浓度也可能引发完全不同的生态效应。研究者和管理者往往追求降低某个指标浓度采取极端手段，因此带来更大的环境风险（杨枫 等，2022）。因此，急需健全水环境质量评价理论，为提出水环境问题的精细化解析方法提供支撑。

水环境问题趋于复杂化，众多学者从不同角度开展水环境质量评价研究。主要包括：①运用主成分分析、聚类分析、多因子分析、多元回归分析等方法识别主要污染物或关键风险因子；②利用均值指数法、内梅罗综合污染指数法以及 WQI 模型等技术对多指标信息进行集成分析；③结合以上两种方式评价水环境水质演变情况。这些方法一方面是对单一指标评价方法的重要补充，可以兼顾多个角度的环境现状信息；另一方面又可能因为水质因子之间的多重相关性或指标选择的主观偏倚，造成对关键信息的遗漏。为提高预测的准确性，往往需要对模型参数（或数值参数）进行修正。而实际上，由于这种水环境质量评价方法仍然属于"黑箱"模型，在一定程度上仍然难以解决和解释常规水质指标固有的"疏漏"。截至 2023 年 12 月，对水质指标与"三水"统筹治理目标之间的理论机制研究仍然缺乏，健全和发展水环境质量评价理论具有重要的研究价值和现实意义。

（二）水环境基准及标准制定

1. 创新发展水环境基准制定方法学

创新水环境基准制定方法学是未来基准研究关注的重点。研究饮用水源、嗅觉、沉积物等水质基准推导方法。针对环境持久性有机污染物、内分泌干扰物、高生物累积性化学物质等，探索保护淡水生物水质基准推导方法，加强实验室单一物种的低剂量长期暴露研究。在试验方法方面，以轮虫、贝类等淡水无脊椎动物为重点，研究本土生物毒性测试方法。环境暴露模型中微宇宙技术是在群落水平上研究污染物毒性效应，可考虑用于水质基准的研究和制定。微宇宙（microcosm）是具有自然生态系统主要组合和生物学过程的人工设计的小型生态系统，是研究污染物在生物种群、群落、生态系统水平上生态效应的一种方法，美国材料与试验协会（ASTM）2016年制定了标准化淡水生态系统微宇宙构建指南（ASTM，2016）。可利用微宇宙技术比较物种和群落水平的生态效应差异，探索物种间相互作用对污染物毒性效应的影响。

水质基准计算方法是水质基准制定的核心。水环境污染物的毒性效应受到单因子、双因子、多因子水质参数影响，针对不同影响机制的污染物建立专门的水质基准计算方法。例如，镉和铅的毒性受到单因子（硬度）影响，需搜集水体硬度数据并建立硬度校正公式，将毒性数据校正到不同的硬度条件下；氨氮的毒性受到双因子（温度和pH）影响，需建立温度和pH约束条件下的毒性数据校正公式，然后将氨氮数据校正到基线水质条件下，再外推至不同条件下，最后进行数据正态性检验和曲线拟合；铜的毒性受到温度、pH、DOC、腐殖酸（HA）等13项水质参数影响，基准的推导使用生物配体模型（BLM），考虑了生物有效性。

用于构建SSD曲线的污染物毒性数据都是在实验室内获取的生物个体水平的急性或慢性毒性数据，耗时长、成本高，是制约水质基准制定的瓶颈之一。有学者开展了基于生物群落变化的水质基准制定新方法探讨。如尝试利用生态基因组学数据构建了基于操作分类单元（operational taxonomic units，OTU）的SSD曲线，揭示野外实际监测的太湖浮游生物群落（以OTU指示）变化与水体氨氮浓度的响应关系，推算了基于浮游生物群落生态基因组数据的太湖流域氨氮生态阈值（水质基准），经与传统方法计算的太湖氨氮水质基准相比，结果相符性较好（Yang et al.，2017）。也有学者针对EDC的繁殖毒性实验周期长、成本高，难以在短期内积累足够的EDC繁殖毒性数据，基于繁殖毒性数据构建了EDC的物种外推（ICE）模型，具有良好的预测效果（Fan et al.，2019）。2007年，美国国家研究理事会（NRC）提出了基于人源细胞系毒性通路的毒性测试策略，用于化学物质健康风险评估（N. R. C. o. t. N，2007），基于毒性通路和基因毒性的高通量测试被相信是未来毒性测试和风险评估的发展趋势。

基于野外生物群落数据制定营养物基准是对基准阈值理论的探索，Baker等（2010）提出了临界指示物种分析法（thresholds indicator taxa analysis，TITAN），通过野外监测数据分析确定指示物种及其对环境因子的响应方向和变化拐点，为生态阈值的确定提供依据。程佩瑄等（2020）利用TITAN法，基于大型底栖动物群落变化对松花江流域不同区域的生态因子（总氮、总磷等）阈值进行了研究，揭示了流域大型底栖动物与主要生态因子的响应关系。Xuan 等（2019）研究了东海海域浮游细菌群落变化与海洋环境变量（如有机污染指数、悬浮颗粒物、pH 等）之间的响应关系，定量分析了各种环境变量对海洋浮游细菌群落组成的影响，提出了基于细菌群落效应的有机污染指数的生态阈值。

流域水体中往往同时存在成百上千种污染物，污染物之间存在拮抗、协同、加和等复合效应。截至 2023 年 12 月，水质基准研究主要针对单一污染物开展，针对复合污染的毒性效应研究非常复杂，尚未建立有效的水质基准推导方法。高锰酸盐指数和 COD 是常见的复合污染表征指标，中国、日本等国家在水环境日常管理中常用此指标，也有研究基于生态效应确定复合污染指标 COD 等的基准值或标准值。不过，高锰酸盐指数和 COD 数值的影响因素繁多，且与污染物毒性效应大小也无必然的关联，因此复合污染的水质基准制定尚存在不少难题。

2. 科学制定区域差异化水质基准

我国环境管理的目标正在从污染控制向生态质量改善转型，建立区域差异性水质标准可以更好适应不同地区的生态环境特点和发展需求。区域差异性水质标准研究作为一项重要的系统工程，可为实现生态质量的整体提升发挥关键作用。截至 2023 年 12 月，我国尚未有效开展区域差异性水质标准方面的研究，今后应针对不同水生态系统特征的流域和区域，分级制定国家、流域和区域基准值。不同污染物有不同的环境行为和生态毒理与健康效应，同时生物种群具有生态地域性，因此国家统一制定的水质基准难以准确反映不同区域水生态保护的要求，因而通常不能适用于所有区域。

对于水生生物基准，比如在流域层面上制定水生生物基准值需要考虑保护该流域的特色物种，以及不同理化特征对污染物毒性的影响。确定区域性水生生物基准时可参考美国环保局的水效应比（WER）法，利用同一物种分别在不同区域的天然水与实验室配制水中进行目标污染物的毒性暴露平行试验，计算当地天然水毒性效应值与实验室配制水毒性效应值的比值，得到 WER。

对于营养物基准，由于地理位置、地形地貌、气候条件、湖泊形态以及人类开发程度等情况的差异，不同地域湖泊的富营养化成因、类型、演变过程以及物理、化学、生物学特性等方面存在显著差异，同时湖泊的营养物水平和富营养化效应也具有很大的区域差异性。因此，不宜采用一个通用的营养物基准，需要根据不同区域和不同类型水体的特点，制定区域湖泊营养物基准，更好地反映湖泊环境的差异和满足当前湖泊管理的需求，提高制定相应水质标准的科学性。

对于保护人体健康水质基准，我国水环境质量特征、人群生活习惯和饮水饮食特征等具有区域差异，且各省各区域水环境参数和人群暴露参数等存在差异。因此，国家层面保护人体健康的水质基准可基于我国人体健康基准参数，采用 HJ 837—2017 的方法进行推导。对于区域层面保护人体健康的水质基准，可采集区域分布广泛或经常食用的水产品物种，并获得其中污染物的生物累积系数，结合区域人群暴露参数和水环境参数计算区域基准值。

3. 完善水质标准制定方法体系，切实加强基准向标准的转化

我国的水质标准与国外相比有同有异，我国水质标准以化学和物理指标为主，偏重于对水资源用途的保护。应充分考虑国情，根据保护对象和水体的不同用途，加强水质基准的研究工作，在科学合理的基准基础上，建立可以切实保护人体健康和生态系统安全的水质标准体系。

我国现行的《地表水环境质量标准》（GB 3838—2002）在修订时会划定水体功能，制定合理的水质保护目标，将单项标准变为"1+N"的系列标准，其中"1"是地表水环境质量基本项目标准，"N"是不同的特定保护项目标准，包括保护水生生物的水质标准、湖泊营养物状态评价标准、地表饮用水源地水质标准等。根据生态环境部《环境基准工作方案（2023—2025年）》要求，需推进地表水环境基准研究工作，因此，亟需加强水生生物水质基准、营养物基准、保护人体健康水质基准向标准转化方法研究，特别是已发布的镉、氨氮、苯酚等保护水生生物水质基准值，支撑相应水质标准的制定，提升水质标准的科学性和适用性。

（三）水生态健康评价方法

当前我国水生态健康评价方法研究尚处于起步阶段，亟须进一步明确未来发展思路与重点任务，在借鉴欧美发达国家的完整性监测与评价技术方法的基础上，建立具有中国特色的水生态健康评价、诊断与调控技术体系。

1. 着力提升现代化水生态监测技术能力

传统的水生态健康评价主要基于有限的水质指标和代表性生物的特征，因此不能全面地辨别水体中的生物和非生物成分。此外，由于缺乏有关水生生物的DNA/RNA信息，这些方法不能揭示污染物和水生生物群落之间的相互作用。随着痕量污染物分析、高通量测序技术、生物信息学和云计算的发展，快速识别痕量污染物及其浓度以及获得水生生态系统生物群落的遗传信息已成为可能。

因此，对河流水生生态系统进行数字化是一种有前景的新兴方法（即利用数字技术重新定义生态系统的结构和功能）。研发现代化、高效快速的水生态监测技术（如环境DNA技术，即eDNA），动态监测水生生物（如鱼类、大型底栖无脊椎动物等）种群变化特征；进一步完善遥感技术在物理生境、水文情势调查中的应用；针对物理生境、典型新污染物、水生生物等不同类型指标，逐一形成监测技术规范，建立标准化、规范化的技术流程与质控方法，保证结果的准确性、有效性和可比性；研发预报预警智慧管理平台，提升监控预警与智能化管理技术水平，建成国家或地方统一的水生态系统完整性监测网络体系和预报预警平台。

2. 创新发展多尺度水生态系统评价体系

选择代表性河流、湖泊水体，辨识水生态系统"个体–种群–群落–生态系统"多层

次生态响应关联性，探讨不同指标对外界干扰的指示作用，识别关键压力因子并筛选敏感性指标，提出基于物理、化学、生物多要素，种群、群落、生态系统多层次，并且体现区域差异性的完整性指标体系。此外，建立物理、化学和生物完整性指标的阈值确定技术，提出以本土生物为保护目标的完整性指标基准值，建立分类、分区、分级的水生态健康综合评价方法，形成水生态健康评价技术规范，支撑国家重点流域水生态考核业务化工作。

水体物理化学和生物数据的收集和分析是评价的关键环节，这些数据应包括以下内容。

1）新污染物（如抗生素和杀虫剂）的类型和浓度。河流中越来越多地发现了这类污染物，其生物毒性效应通常比传统的溶解性有机物高几个数量级，毒性也通过生物累积作用在生态系统中逐级放大（Petrovic et al.，2016）。值得关注的是，新污染物降低了水生生态系统的生物多样性，并引发了一些生态毒理问题，例如，通过环境过滤降低敏感物种的比例（Bunzel et al.，2013；Burdon et al.，2016）并破坏藻类结构和功能等（Munn et al.，2002）。因此，新污染物已经成为河流污染和水生生态健康评价的重要指标。

2）水生生物的遗传信息。多组学（如 eDNA、宏基因组学和宏转录组学）数据已被用来描述生物群落的类型、丰度和生态功能，通过处理可以获得河流生态系统的生物多样性以及功能特征，更精确地反映河流生态系统的生物信息。基于对某些环境条件做出反应或在水体或沉积物中提供特定功能的选定分类群的丰度/比例，已经提出了一些生物指标（Ji et al.，2019；Lau et al.，2015；Niu et al.，2018；Yang et al.，2016），这些指标被应用于识别营养水平、城市化强度和土地利用程度。然而，基于不同生物群体的指标在进行生态系统健康评估时可能会发生冲突，因为不同的分类指标可能突出了水生系统的特定压力（Horton et al.，2019）。

此外，由于可用的参考数据集仍然相对较少且通常缺乏重复性，我们建议继续构建涵盖与水质生物指示相关栖息地的大规模空间和时间 eDNA、宏基因组/宏转录组参考数据集，包括参考方法和数据存储。进一步，使用这种方法，可以识别功能基因、物种和环境变量的协同变化，从而有利于适当生物指标的选择。重点可以放在：①表示营养状态的基因，这些基因参与主要的营养途径，特别是那些使无机和有机形式之间过渡的基因（如甲烷菌和甲烷营养生物，或固氮生物和反硝化生物）；②表示有毒污染的基因，即参与水平基因转移的基因，特别是各种抗性的基因。

此外，还应该针对单个和多个压力源对水环境各种参数影响进行操纵性的实验室研究，以便利用多组学对水生生物群落的功能获得更多了解。最后，关键分类群和稀有群落成员的识别也应包括在环境评价中，以评估水生生态系统的稳定性、长期适应性和功能冗余性。

3. 构建水生态系统诊断和机制解析新技术体系

水生态健康评价新技术体系需要以水生生态系统的数字化为基础，即将多种生物数据与外部环境因素和污染物的数据合并在一起，形成一个综合数据集。由于数据集的复杂性，需要新的"大数据"解析技术来系统分析人类活动或自然变化对典型水生态系统特征动态演化的驱动过程，通过机理模型与大数据分析有机融合，创新发展水生态健康评价技术体系，解析并识别代表性水生态健康特征差异及其关键影响因子；构建多过程、多尺度嵌套的水生态健康模拟预测方法与耦合模型，揭示不同尺度水体"水文 – 水动力 – 水质 – 水生生物"的多过程耦合与交互影响机制。

首先，网络分析可以识别具有类似栖息地要求的类群和/或相互作用的类群，还可以建立指示某些栖息地特征的序列变体集，类似于在大型水生生物或硅藻中使用的指标形态种。同样，有监督的机器学习是对污染物和多组学数据进行分类的最佳解决方案。以一条未受污染的河流（如西藏河）为背景，我们可以将污染物和多组学特征（作为输入）分层分类到不同层次，以反映水生态健康水平（作为输出）。通过有监督的机器学习算法，可以在输入和输出之间建立关系模型，从而确定关键特征，进一步预测新情景下的风险水平，它的使用显著提高了微生物群落模式分析的可靠性（Cordier et al., 2021）。此外，我们还可以利用源头追踪技术，结合污染物和多组学特征数据和污水类型，确定潜在的污染源。机器学习技术（如随机森林算法）已被应用于建立基因组微生物组数据和理化参数之间的联系，并应用于监测污水（Ghannam et al., 2021），大大改善了对水生态中生物现象的预测（例如，物种的存在 – 缺失和群落 – 环境关系）。

总之，水生态系统的数字化有助于立足生态系统整体性和流域系统性，遵照生态系统各要素的内在作用关系与规律，探索水生态健康评价新思路、新理念。将水生态系统物理、化学和水生生物各要素作为整体，统筹水环境、水生态、水资源，基于水生态健康评价结果，聚焦突出问题，加强上下游、左右岸、河湖关系的系统保护和协同治理（李翀 等，2022；杨荣金 等，2020）。基于多组学和新出现的污染物数据，通过水生态系统诊断和机制解析新技术体系，获得水生态系统中生物群落组成和功能的全面信息，研究典型流域水生态完整性状态对环境压力因子的响应规律与机制，解决多重压力下退化水生态系统综合监管技术瓶颈，坚持"一湖一策""一河一策"，因地制宜提出评价策略，探索研究典型流域水生态健康评价管理办法和配套措施，支撑"十四五"水生态系统保护、协同治理新思路。

参考文献

北京市市场监督管理局，2020. 水生生物调查技术规范：DB11/T 1721—2020［S］.
曹文杰，2016. 基于人体健康的湘江砷、铅水质基准研究［D］. 湘潭：湘潭大学.
陈金，王晓南，李霁，等，2019. 太湖流域双酚 AF 和双酚 S 人体健康水质基准的研究［J］. 环境科学学报，39（8）：2764-2770.
陈凯，陈求稳，于海燕，等，2018. 应用生物完整性指数评价我国河流的生态健康［J］. 中国环境科学，

38：1589-1600.

陈莉莉，陈君君，赵谓恺，等，2023.基于"三水统筹"的美丽河流评价研究——以富屯溪为例［J］.海峡科学，（2）：50-54.

程佩瑄，孟凡生，王业耀，等，2020.基于底栖动物的松花江流域不同地形分区水质指标阈值研究［J］.环境科学研究，33（9）：2061-2073.

丁绿芳，孙远，2007.南非水资源一体化管理［J］.水利水电快报，28：1-2.

胡洪营，黄晶晶，孙艳，等，2015.水质研究方法［M］.北京：科学出版社.

胡洪营，吴乾元，吴光学，等，2019.污水特质（水征）评价及其在污水再生处理工艺研究中的应用［J］.环境科学研究，32（5）：725-733.

胡金，万云，洪涛，等，2015.基于河流物理化学和生物指数的沙颍河流域水生态健康评价［J］.应用与环境生物学报，21：783-790.

胡志新，胡维平，谷孝鸿，等，2005.太湖湖泊生态系统健康评价［J］.湖泊科学，17：256-262.

黄轶，闫振广，张天旭，等，2021.我国水质基准制定中生态毒性数据质量评估方法研究［J］.环境工程技术学报，11（1）：122-128.

江苏省市场监督管理局，2019.生态河湖状况评价规范：DB32/T 3674—2019［S］.

金小伟，王业耀，王备新，等，2017.我国流域水生态完整性评价方法构建［J］.中国环境监测，33：75-81.

金小伟，赵先富，渠晓东，等，2023.我国流域水生态监测与评价体系研究进展及发展对策［J］.湖泊科学，35（3）：755-765.

李仓敏，葛海虹，王燕飞，等，2022.关于我国化学品环境管理立法的思考［J］.环境与可持续发展，47（4）：55-60.

李翀，李玮，周睿萌，等，2022.长江大保护战略下科技支撑长江生态环境治理的几点思考［J］.环境工程技术学报，12（2）：12.

李佳凡，姚竞芳，顾佳媛，等，2018.黄浦江铅的人体健康水质基准研究［J］.环境科学学报，38（12）：4840-4847.

辽宁省质量技术监督局，2017.辽宁省河湖（库）健康评价导则：DB21T 2724—2017［S］.

廖雅，侯晓姝，任晓红，2022."三水"统筹视角下京津冀地区城市水生态环境保护策略分析［J］.环境科学，43（4）：1853-1862.

刘娜，金小伟，王业耀，等，2016.生态毒理数据筛查与评价准则研究［J］.生态毒理学报，11（3）：1-10.

刘苏港，黄羽，倪庆国，等，2023.农村黑臭水体治理效果评估指标体系研究［J］.长江科学院院报，40（12）：52.

刘征涛，王晓南，闫振广，等，2012."三门六科"水质基准最少毒性数据需求原则［J］.环境科学研究，25（12）：1364-1369.

罗丽，杨彤，楼程浩，等，2023.两种水质标准的再生水及补给后景观水对典型绿藻生长及生物质的影响［J］.环境科学学报，43（6）：280-289.

农业农村部，2021.长江水生生物完整性指数评价体系（征求意见稿）［R］.

乔宇，闫振飞，冯承莲，等．2021.几种典型模型在物种敏感度分布中的应用和差异分析［J］.环境工程，39（10）：85-92.

山东省质量技术监督局，2017.山东省生态河道评价标准：DB37T 3081—2017［S］.

生态环境部，2014.河流水生态环境质量评价技术指南（试行）［S］.

生态环境部，2020.生态环境监测规划纲要（2020—2035年）［R］.

生态环境部，2023a.水生态监测技术指南 河流水生生物监测与评价（试行）［S］.

生态环境部，2023b.水生态监测技术指南 湖泊和水库水生生物监测与评价试行［S］.

史亮亮，陆韻，陈梦豪，等，2021.病原微生物基准对再生水检测的指导意义［J］.环境工程，39（3）：22-28.

水利部，2020. 河湖健康评估技术导则：SL/T 793—2020［S］.
王海燕，余若祯，刘琰，等，2023. 支撑新污染物治理的生态环境标准研究［J］. 环境影响评价，45（2）：7-12.
王金南，2022. 加强新污染物治理统筹推动有毒有害化学物质环境风险管理［J］. 中国环境监察，（4）：44-46.
王敏英，郭庆，谢婧，等，2023. 基于"三水"的南渡江流域生态补偿资金分配方法［J］. 人民长江，54（6）：60-65.
王强，袁兴中，刘红，等，2014. 基于河流生境调查的东河河流生境评价［J］. 生态学报，34（6）：1548-1558.
王燕飞，蒋京呈，林军，2023. 新污染物的调查监测需求分析［J］. 生态毒理学报，18（2）：23-32.
徐佳芸，2022. 典型苯系物人体健康水质基准及毒性机制研究［D］. 北京：中国环境科学研究院.
徐玲，景向楠，杨英，等，2023. 基于SMOTE-GA-CatBoost算法的全国地表水水质分类评价［J］. 中国环境科学，43（7）：3848-3856.
闫振广，王一喆，2015. 水环境重点污染物物种敏感度分布评价［M］. 北京：化学工业出版社.
杨枫，周兴玄，纪美辰，等，2022. 我国地表水体COD指标适用性问题研究［J］. 环境保护，50（增刊1）：86-88.
杨荣金，孙美莹，傅伯杰，等，2020. 长江流域生态系统可持续管理策略［J］. 环境科学研究，33（5）：1091-1099.
张晨光，李乐慧，刘艳，等，2021. 2015—2018年包头市城市生活饮用水感官性状和一般化学指标监测结果分析［J］. 医学动物防制，37：919-921.
张焕军，周晶雅，李轶，2023. 稳定同位素探针技术结合宏基因组学在探究环境污染物微生物转化/降解过程中的应用进展［J］. 中国环境科学，43（6）：3173-3182.
张文慧，廖涛，方国华，等，2023. 农村河流健康状况评价指标体系构建及应用［J］. 水利水电技术，54（2）：151-160.
张馨怡，魏东斌，杜宇国，2022. 再生水水质稳定性评价指标与体系［J］. 环境科学，43（2）：586-596.
张远，林佳宁，王慧，等，2020. 中国地表水环境质量标准研究［J］. 环境科学研究，33：2523-2528.
浙江省生态环境厅，2023. 浙江省河湖健康及河流水生态健康评价指南（试行）［S］.
中国环境科学学会，2022. 团体标准T/CSES 50—2022 流域水环境基准向标准转化技术指南［S］.
中华人民共和国国务院办公厅，2022. 新污染物治理行动方案［EB/OL］. https://www.gov.cn/zhengce/content/2022-05/24/content_5692059.htm.
中华人民共和国生态环境部办公厅，2023. 重点管控新污染物清单（2023年版）［EB/OL］. https://www.mee.gov.cn/gzk/gz/202212/t20221230_1009192.shtml.
周羽化，武雪芳，2016. 中国水污染物排放标准40余年发展与思考［J］. 环境污染与防治，38（9）：99-110.
ASTM，2016. E1366-11（Reapproved 2016）Standard Practice for Standardized Aquatic Microcosms Fresh Water［S］. Philadelphia：American Society of Testing and Materials.
BAKER M E, KING R S, 2010. A new method for detecting and interpreting biodiversity and ecological community thresholds［J］. Methods in Ecology and Evolution, 1: 25-37.
BARBAROSSA V, SCHMITT R J P, HUIJBREGTS M A J, et al, 2020. Impacts of current and future large dams on the geographic range connectivity of freshwater fish worldwide［J］. Proceedings of the National Academy of Sciences, 117: 3648-3655.
BOON P, HOLMES N, MAITLAND P, et al, 2002. Developing a new version of SERCON (System for Evaluating Rivers for Conservation)［J］. Aquatic Conservation: Marine and Freshwater Ecosystems, 12: 439-455.
BUNZEL K, KATTWINKEL M, LIESS M, 2013. Effects of organic pollutants from wastewater treatment plants on aquatic invertebrate communities［J］. Water Research, 47: 597-606.
BURDON F, REYES M, ALDER A, et al, 2016. Environmental context and disturbance influence differing trait-mediated community responses to wastewater pollution in streams［J］. Ecology and Evolution, 6: 3923-3939.

CARTER J, HOWE J, 2006. The water framework directive and the strategic environmental assessment directive: exploring the linkages [J]. Environmental Impact Assessment Review, 26: 287-300.

CCME, 2007. A protocol for the derivation of water quality guidelines for the protection of aquatic life [R]. Winnipeg, Manitoba: CCME.

CHEN J, FAN B, LI J, et al, 2020. Development of human health ambient water quality criteria of 12 polycyclic aromatic hydrocarbons (PAH) and risk assessment in China [J]. Chemosphere, 252 (4): 126590.

CHEN L, FU W, TAN Y, et al, 2021. Emerging organic contaminants and odorous compounds in secondary effluent wastewater: Identification and advanced treatment [J]. Journal of Hazardous Materials, 408: 124817.

CHEN L, SONG Y, TANG B, et al, 2015. Aquatic risk assessment of a novel strobilurin fungicide: A microcosm study compared with the species sensitivity distribution approach [J], Ecotoxicology and Environmental Safety, 120: 418-427.

CHEN Z, TONG Y, HUU H N, et al, 2018. Assimilable organic carbon (AOC) variation in reclaimed water: Insight on biological stability evaluation and control for sustainable water reuse [J]. Bioresource Technology, 254: 290-299.

CHUTTER F, 1972. An empirical biotic index of the quality of water in South African streams and rivers [J]. Water Research, 6: 19-30.

COLE C A, BROOKS R P, WARDROP D H, 1997. Wetland hydrology as a function of hydrogeomorphic (HGM) subclass [J]. Wetlands, 17: 456-467.

COOK S E, 1976. Quest for an index of community structure sensitive to water pollution [J]. Environmental Pollution, 11: 269-288.

CORDIER T, ALONSO-SÁEZ L, APOTHÉLOZ P G L, et al, 2021. Ecosystems monitoring powered by environmental genomics: A review of current strategies with an implementation roadmap [J]. Molecular Ecology, 30: 2937-2958.

COSTANZA R, DARGE R, DE G R, et al, 1997. The value of the world's ecosystem services and natural capital [J]. Nature, 387: 253-260.

ECB, 2003. Technical guidance document on risk assessment in support of commission directive 93/67/EEC on risk assessment for new notified substances [R]. Ispra, Italy: European Chemicals Bureau.

EUROPEAN COMMISSION, 2018. Technical guidance for deriving environmental quality standards [S]. Guidance Document No.27.

FAN J, YAN Z, ZHENG X, et al, 2019. Development of interspecies correlation estimation (ICE) models to predict the reproduction toxicity of EDCs to aquatic species [J]. Chemosphere, 224: 833-839.

FLINT N, ROLFE J, JONES C E, et al, 2017. An ecosystem health index for a large and variable river basin: Methodology, challenges and continuous improvement in queensland's fitzroy basin [J]. Ecological Indicators, 73: 626-636.

FLOTEMERSCH JE, BLOCKSOM K, HUTCHENS JJJ, et al, 2006. Development of a standardized large river bioassessment protocol (LR-BP) for macroinvertebrate assemblages [J]. River Research and Applications, 22: 775-790.

GAO D, CHEN Z, ZHANG J, et al, 2023. Historical production and release inventory of PCDD/Fs in China and projections upon policy options by 2025 [J]. Science of The Total Environment, 876: 162780.

GHANNAM R B, TECHTMANN S M, 2021. Machine learning applications in microbial ecology, human microbiome studies, and environmental monitoring [J]. Computational and Structural Biotechnology Journal, 19: 1092-1107.

GRILL G, LEHNER B, THIEME M, et al, 2019. Mapping the world's free-flowing rivers [J]. Nature, 569: 215-221.

HAN D, CURRELL M J, 2017. Persistent organic pollutants in China's surface water systems［J］. Science of The Total Environment, 580: 602-625.

HORTON D J, THEIS K R, UZARSKI D G, et al, 2019. Microbial community structure and microbial networks correspond to nutrient gradients within coastal wetlands of the Laurentian Great Lakes［J］. FEMS Microbiology Ecology, 95（4）: 95.

HORTON R K, 1965. An Index number system for rating water quality［J］. Journal of the Water Pollution Control Federation, 37（3）: 300-306.

HYNES H, 1960. The biology of polluted waters［J］. Liverpool University Press, 202.

JI B, LIANG J, MA Y, et al, 2019. Bacterial community and eutrophic index analysis of the East Lake［J］. Environmental Pollution, 252: 682-688.

KAIKA M, 2003. The Water Framework Directive: a new directive for a changing social, political and economic European framework［J］. European planning studies, 11: 299-316.

KARR J R, 1981. Assessment of biotic integrity using fish communities［J］. Fisheries, 6: 21-27.

KREWSKI D, ANDERSEN M E, TYSHENKO M G, et al, 2020. Toxicity testing in the 21st century: progress in the past decade and future perspectives［J］. Archives of Toxicology, 94: 1-58.

KUEHNE L M, OLDEN J D, STRECKER A L, et al, 2017. Past, present, and future of ecological integrity assessment for fresh waters［J］. Frontiers in Ecology and the Environment, 15: 197-205.

LADSON AR, WHITE L J, DOOLAN J A, et al, 1999. Development and testing of an index of stream condition for waterway management in Australia［J］. Freshwater biology, 41: 453-468.

LAU K E, WASHINGTON V J, FAN V, et al, 2015. A novel bacterial community index to assess stream ecological health［J］. Freshwater Biology, 60: 1988-2002.

LEE H, PARK S, NGUYEN H V, et al, 2023. Proposal for a new customization process for a data-based water quality index using a random forest approach［J］. Environmental Pollution, 323: 121222.

LIN H, XIA X, BI S, et al, 2018. Quantifying bioavailability of pyrene associated with dissolved organic matter of various molecular weights to Daphnia magna［J］. Environmental Science and Technology, 52（2）: 644-653.

MAHANTY B, LHAMO P, SAHOO N K, 2023. Inconsistency of PCA-based water quality index–Does it reflect the quality?［J］. Science of The Total Environment, 866: 161353.

MOSTERT E, 2003. The European water framework directive and water management research［J］. Physics and Chemistry of the Earth, Parts A/B/C, 28: 523-527.

MUNN M D, BLACK R W, GRUBER Ś J, 2002. Response of benthic algae to environmental gradients in an agriculturally dominated landscape［J］. Journal of the North American Benthological Society, 21: 221-237.

N. R. C. o.t. N., 2007. Academies, Toxicity testing in the 21st century: a vision and strategy［R］. Washington DC: The National Academies Press.

NIU L, LI Y, WANG P, et al, 2018. Development of a microbial community-based index of biotic integrity（MC-IBI）for the assessment of ecological status of rivers in the Taihu Basin, China［J］. Ecological Indicators, 85: 204-213.

PETROVIC M, SABATER S, ELOSEGI A, et al, 2016. Emerging contaminants in river ecosystems: Occurrence and effects under multiple stress conditions［M］//Emerging Contaminants in River Ecosystems. Springer.

PRATT J M, COLER R A, 1976. A procedure for the routine biological evaluation of urban runoff in small rivers［J］. Water Research, 10: 1019-1025.

RAPPORT D J, 1989. What constitutes ecosystem health?［J］. Perspectives in Biology and Medicine, 33: 120-132.

RAPPORT D J, COSTANZA R, MCMICHAEL A J, 1998. Assessing ecosystem health［J］. Trends in Ecology & Evolution, 13: 397-402.

RUAN M, WU F, SUN F, et al, 2023. Molecular-level exploration of properties of dissolved organic matter in natural and engineered water systems: A critical review of FTICR-MS application [J]. Critical Reviews in Environmental Science and Technology, 53: 1534–1562.

SCHAEFFER D J, HERRICKS E E, KERSTER H W, 1988. Ecosystem health: I. Measuring ecosystem health [J]. Environmental Management, 12: 445–455.

SOLHEIM A L, 2005. Reference conditions of European Lakes: indicators and methods for the water framework directive assessment of reference conditions [EB/OL]. Draft Version 5: 5–30. http://www.rbm-toolbox.net/docstore/docs/3.1713.D7-uusi.pdf.

Sun Y, Chen Z, Wu G X, et al, 2016. Characteristics of water quality of municipal wastewater treatment plants in China: implications for resources utilization and management [J]. Journal of Cleaner Production, 131: 1–9.

SUTADIAN A D, MUTTIL N, YILMAZ A G, et al., 2016. Development of river water quality indices-a review [J]. Environmental Monitoring and Assessment, 188: 1–29.

SYEED M M M, HOSSAIN M S, KARIM M R, et al, 2023. Surface water quality profiling using the water quality index, pollution index and statistical methods: A critical review [J]. Environmental and Sustainability Indicators, 18: 100247.

Uddin M G, Nash S, Olbert A I, 2021. A review of water quality index models and their use for assessing surface water quality [J]. Ecological Indicators, 122: 107218.

Uddin M G, Nash S, Rahman A, 2022. A comprehensive method for improvement of water quality index (WQI) models for coastal water quality assessment [J]. Water Research, 219: 118532.

USEPA, 1985. Guidelines for deriving numerical national water quality criteria for the protection of aquatic organisms and their uses [R]. Washington DC: USEPA.

USPEA, 1989. Rapid bioassessment protocols for use in streams and rivers: benthic macroinvertebrates and fish. EPA/444/4-89-001 [S]. Washington DC: USEPA, Office of Water.

USEPA, 1998. National Strategy for the Development of Regional Nutrient Criteria [R]. Washington DC: USEPA, Office of Water.

USPEA, 1999. Rapid bioassessment protocols for use in wadeable streams and rivers: periphyton, benthic macroinvertebrates, and fish. EPA 841-B-99-002 [S]. Washington DC: USEPA.

USEPA, 2000a. Methodology for deriving ambient water quality criteria for the protection of human health [R]. Washington DC.

USEPA, 2000b. Nutrient Criteria Technical Guidance Manual. Lakes and Reservoirs [R]. Washington DC: USEPA, Office of Water.

USEPA, 2003. Methodology for deriving ambient water quality criteria for the protection of human health. Technical support document volume 2: Development of national bioaccumulation factors [R]. Washington DC: Office of Science and Technology, Office of Water.

USEPA, 2006. Concepts and approaches for the bioassessment of non-wadeable streams and rivers. EPA 600-R-06-127 [M]. Washington DC: USEPA, Office of Research and Development.

USEPA, 2008. Methodology for deriving ambient water quality criteria for the protection of human health. Technical Support Document Volume 3: Development of site-specific bioaccumulation factors [R]. Washington DC: Office of Science and Technology, Office of Water.

USEPA, 2019a. National rivers and streams assessment 2018/19: field operations manual wadeable version 1.2. EPA-841-B-17-003a [M]. Washington DC: USEPA, Office of Water.

USEPA, 2019b. National rivers and streams assessment 2018/19: field operations manual-nonwadeable. EPA-841-B-17-003b [M]. Washington DC: USEPA, Office of Water.

VAN VLAARDINGEN P L A, VERBRUGGEN E M J, 2007. Guidance for the derivation of environmental risk limits within the framework of "International and national environmental quality standards for substances in the Netherlands"

（INS）[J]．RIVM report 601782001．

XUAN L X, SHENG Z L, LU J Q, et al, 2019. Bacterioplankton community responses and the potential ecological thresholds along disturbance gradients [J]．Science of the Total Environment，696：134015．

YANG J, ZHANG X, XIE Y, et al, 2017. Ecogenomics of zooplankton community reveals ecological threshold of ammonia nitrogen [J]．Environmental Science and Technology，51（5）：3057-3064．

YANG Y, ZHANG J, ZHAO Q, et al, 2016. Sediment ammonia-oxidizing microorganisms in two plateau freshwater lakes at different trophic states [J]．Microbial Ecology，71：257-265．

YU C, HUANG X, CHEN H, et al, 2019a. Managing nitrogen to restore water quality in China [J]．Nature，567：516-520．

YU Y, YU Z, XIANG M, et al, 2019b. Screening and prioritization of chemical hazards for deriving human health ambient water quality criteria in China [J]．Journal of Environmental Management，245：223-229．

ZHANG X, XIA X, LI H, et al, 2015. Bioavailability of pyrene associated with suspended sediment of different grain sizes to Daphnia magna as investigated by passive dosing devices [J]．Environmental Science and Technology，49（16）：10127-10135．

ZHENG Y, HE W, LI B, et al, 2020. Refractory humic-like substances: tracking environmental impacts of anthropogenic groundwater recharge [J]．Environmental Science & Technology，54：15778-15788．

撰稿人：魏东斌　陆　韵　柏耀辉　闫振广　金小伟　魏亮亮　郑　欣
　　　　李立平　丁　宁　李　敏　廖安然　王飞鹏　高桦楠　唐英才
　　　　刘　平　王国清　高　强　米　澜

水处理理论与技术

一、引言

水资源短缺已经成为全球性难题，加强水污染治理和水质安全保障是提高水资源利用效率的重要举措。水处理理论与技术的发展对于推动水资源高效利用具有重要意义。水处理理论与技术主要是围绕含有病原微生物、溶解性有机物、悬浮物等污染物的水源进行污染治理、碳减排及风险管控等方面的知识体系，按其基本原理可分为分离技术、化学转化技术和生物转化技术三类。随着社会经济的发展，以及应对全球气候变化及资源、能源危机等问题，水处理理论与技术的理念已经逐渐由传统意义上的"污水处理、达标排放"转变为以水质再生为核心的"水的循环再用"，由单纯的"污染控制"上升为"水生态修复和恢复"。

近年来我国在水处理理论与技术的研究和应用方面发展迅速。在"十四五"时期，国家发展改革委联合各部门推出多个污水资源化利用等相关实施方案，促进减污降碳协同增效，推动高质量发展、可持续发展。针对 2022 年以来本领域国内外的最新进展，本报告主要论述了水处理理论与技术的研究进展、发展趋势以及总体评价与未来展望。

二、国内外最新研究进展

（一）物化处理理论与技术

1. 分离理论与技术

（1）混凝理论与技术

混凝主要去除对象是水中不溶性物质形成的胶体杂质与细小的悬浮物，它们可在混凝剂的作用下脱稳，并在水流推动力的作用下发生碰撞黏结成絮凝体，再经沉淀、气浮或过滤等工艺实现与水的分离。混凝理论与技术的主要研究内容可归纳为：混凝化学（原水水质化学、混凝剂化学、混凝过程化学）、混凝物理学（混凝动力学与形态学）与混凝工艺学（混凝反应器与混凝过程监控技术）。计算流体力学结合粒子成像速度场仪测速方法可深入剖析流场对絮凝效果的影响，推动了准确、定量化描述混凝动力学的理论研究，混凝工艺技术在自动化和水质适应性调控方面取得进展，有望实现混凝投药的精准控制；在絮体生长和形貌分析方面，混沌学、分形学与耗散结构相关研究有重要进展，对无序混乱现象、不规则形态以及微观与宏观之间的中间状态取得更详细的认知（Wang et al.，2021b；南军 等，2010）。

（2）膜分离理论与技术

膜材料是影响膜分离技术（微滤、超滤、纳滤和反渗透等）分离效率和应用效能的关键组件。为提升膜产品的渗透通量、截留率和抗污染能力，当前关于微滤和超滤膜的研究主要集中于亲水化改性，对于纳滤和反渗透膜材料主要集中于选择功能层孔结构、厚度、粗糙度、表面电荷及亲水性等物化性能优化；常用的改性方法包括本体改性、共混改性和表面改性（Wang et al.，2015）。实际水体中存在不同种类及尺寸的污染物，单一膜技术很难满足出水水质需求，截至2023年，通常将一种或多种功能膜技术与其他水处理技术联合应用，实现待处理水体中多种目标污染物的有效去除。实际应用过程常基于原水水质特征、处理要求及运行成本等多种因素，开发符合经济和处理要求的最优组合工艺。

（3）吸附理论与技术

吸附是溶剂、溶质和固体吸附剂三者之间的作用，因此溶剂、溶质和吸附剂的性质均会影响吸附过程。吸附特性取决于孔隙结构和表面化学性质，具体体现为吸附剂对污染物质的吸附速率和吸附容量。吸附剂材料主要包括天然矿物质、金属氧化物、生物质、活性炭、金属框架等。随着各类痕量新污染物被纳入到水质标准中，如何提高吸附技术在复杂水质背景约束下对目标污染物的选择性吸附成为当前研究热点。为提高材料吸附性能，常采用系列物理和化学方法对材料孔隙结构和表面官能团调控，强化吸附剂与污染物质间的特异性作用及其吸附容量。此外，在选择吸附剂时不仅要考虑吸附效果，还应考虑其环境友好性、经济适用性及洗脱再生性能。反应器作为吸附剂与处理对象的连接桥梁，如何提高其设计的合理性，特别是充分考虑吸附剂吸附性能、反应器传质效能、水力停留时间等参数之间的适配度，也是当前的行业热点。

（4）离子交换与电渗析理论与技术

离子交换是一种利用固相材料的静电引力吸引水相中相反电荷离子或离子型化合物的可逆过程（Ran et al.，2017）。常见的离子交换材料包括离子交换树脂、离子交换膜、离子交换纤维等人工合成材料和黏土、沸石等天然离子交换材料。随着纳米功能材料发展，将纳米材料和有机离子交换剂复合，可显著强化材料处理性能。例如，将新型无机纳米材料或有机生物质材料填充于聚合物，制备混合基质水处理膜；将聚甲基丙烯酸甲酯与阳离子交换剂磷酸锆复合，可显著提升铅离子的离子选择性和交换容量；制备聚邻甲氧基苯胺－钼酸锆选择性阳离子离子交换剂，可以选择性地去除镉离子等。

电渗析是通过外加直流电，利用离子交换膜的选择透过性，使得带电离子透过离子交换膜定向迁移，从水溶液和其他不带电组分中分离出来，从而实现对溶液的浓缩、淡化、精制和提纯的目的（Valero et al., 2011）。截至 2023 年，具有离子选择性分离的电渗析、具有重组和浓缩离子能力的复分解电渗析、将化学差势能转化为电势差发电的逆电渗析等新型电渗析技术不断涌现，与可再生能源结合也取得重要进展。电渗析技术在石油废水处理、烟气脱硫以及生物工程、医药等新领域得到了广泛应用。

（5）协同分离新技术

将混凝、吸附与膜过滤等联用的协同分离技术，推动了水深度处理技术的发展。混凝剂的优劣是决定混凝－吸附、混凝－膜滤等协同分离技术效能的关键，传统无机铝或铁盐混凝剂的絮体颗粒小、沉降速度慢、残余金属浓度高，在协同分离中存在占地面积大、膜污染负荷高等弊端（陈孟 等，2021）。截至 2023 年，混凝－膜滤工艺主要包括常规混凝－膜滤（有沉淀过程）、在线混凝－膜滤（无沉淀过程）、微絮凝－膜滤（无慢搅过程）、絮体预负载－膜滤（无混凝过程）等方式。

2. 化学转化理论与技术

（1）传统化学转化技术

传统化学转化技术包括化学氧化、还原、沉淀、中和等。化学氧化法是利用化学反应产生自由基以氧化分解有机污染物，水处理常用的化学氧化法有芬顿（Fenton）氧化法、臭氧氧化法等；化学还原法是利用化学试剂通过得失电子的方法进行化学反应去除污染物，常用的化学还原法有金属还原法、硫酸亚铁还原法等。化学沉淀法是通过加碱沉淀、硫化物沉淀、铁氧体沉淀等方式将污染物以沉淀的形式从水中分离；化学中和法是通过添加中和剂以消除水中过量的酸或碱。传统的化学转化技术因其容易实现，仍具有广泛应用，但已不能满足现代水处理要求。当前，通过融合一种或多种新型化学转化技术，如光化学转化、电化学转化、生物电化学转化等，可实现低碳节能、高效稳定地去除水中污染物。

（2）光化学转化技术

光化学转化是一种利用光子携带的能量，克服热诱导/激发反应能垒，实现化学反应的过程。光化学的反应速率快且具有高选择性；光化学反应不需要高温高压等极端条件及有毒有害的催化剂，具有较好的环境友好性；但光化学反应的发生需要特定波长的光照射（Ahmed et al., 2018）。截至 2023 年，光化学转化技术仍存在紫外光的吸收范围较窄、光能利用率较低等问题，其效率还会受催化剂性质、紫外线波长和反应器的限制；某些废水中的悬浮物和色度不利于光线的透过，也会影响光催化效果。当前使用的光催化剂多为纳米颗粒，回收困难，而且光照产生的电子－空穴对易因复合而失活。

（3）电化学转化技术

电化学转化技术是通过外加电场调控电子定向转移，使水中的污染物发生特定的物理、化学反应，从而实现转化和去除（AlJaberi et al., 2023）。高析氧电位、高稳定性和高催化活性是选择阳极材料的主要依据。研究表明，掺硼金刚石等金属氧化物可显著提升电极的电化学稳定性、析氧电位和催化活性，并通过产生和吸附大量的羟基活性基团，将有机污染物矿化。当前常用的阴极材料主要包括活性炭纤维、网状多孔碳、碳纳米管和聚苯胺膜电极等。为了提高阴极的电还原活性，常采用贵金属如钯或合金进行掺杂改性，但电极材料成本高、电流效率较低、处理规模小等问题限制了电化学转化技术实际的应用。新型电极材料开发、高效反应体系设计及组合工艺、可再生能源利用等当前开展的研究将推动电化学转化技术的发展。

（4）生物电化学转化技术

生物电化学技术是在电化学催化基础上发展起来的技术，其主要利用微生物作为催化剂，实现电化学催化反应的多功能性。生物电化学系统主要由阳极室、间隔材料和阴极室构成，阳极和阴极分别进行氧化反应和还原反应，阳极和阴极之间可通过设置间隔材料等方法减少相互的影响（Chen et al., 2023）。截至 2023 年，常见的生物电化学系统有微生物燃料电池、微生物电解池、微生物电合成池、微生物脱盐池等。生物电化学技术在由单纯产电向生产多种高附加值产物、由单一生物电化学向耦合传统污水处理技术的复合型技术等方面已取得较为重要的进展。

（5）协同化学转化技术

协同化学转化技术包括强化芬顿、电–芬顿、臭氧和污染物自强化降解等技术。强化芬顿是指在（类）芬顿体系的基础上，利用外加能量或化学试剂促进污染物转化的技术，根据外加能量形式，强化芬顿技术可分为光–芬顿技术、电–芬顿技术、声–芬顿技术等（吴小琼 等，2017）。电–芬顿技术是一种在芬顿反应的基础上施加电压以克服传统芬顿技术的固有缺陷的方法。除光–芬顿与电–芬顿技术外，声–芬顿、光电–芬顿、声光–芬顿等近年来亦有报道，但因受限于设备与运行成本，多停留在实验室研究阶段。臭氧技术在有机污染物降解与病原体杀灭中已得到广泛应用；污染物自强化降解技术常见于金属–有机废水的处理，随着金属–有机污染物化学转化的进行，金属配位形式不断改变，当金属处于某种（些）特定形态时可具有优良催化性能，由此原位构建催化氧化体系协同促进污染物的化学转化。

（二）生物处理理论与技术

1. 生物处理原理

（1）生物处理基本原理

传统废水生物处理主要涉及微生物对水体中碳、氮、磷等的处理。有机碳的生物处理可分为好氧生物处理和厌氧生物处理；氮素的生物处理过程主要包括硝化、反硝化和厌氧氨氧化（Kaila et al., 2021）。废水除磷主要依赖于聚磷菌，相关理论已广泛应用于废水生物除磷过程。

微生物处理去除水中重金属主要通过吸附、沉淀、络合、氧化还原等方式。微生物分泌的胞外聚合物中的多糖、糖蛋白等物质具有大量的阴离子基团，可以与重金属离子形成络合物。此外，微生物胞外酶在重金属的去除中也起到重要作用。当前胞外酶处理重金属的研究处于初步阶段。

微生物可以通过代谢或共代谢途径去除新污染物，使其分解为低毒、低活性或易于处理的物质，特别是氨氧化菌可以通过共代谢途径降解多种微污染物。

（2）生态净化基本原理

生态修复是基于生态学原理，以生物修复为基础，结合各种物理修复、化学修复以及工程技术措施，通过优化组合，使之达到最佳效果和最低耗费的一种综合的修复污染环境的方法（Zhang et al.，2022）。截至2023年，水生态修复技术主要分为生物生态技术和生态水利技术。

生物生态技术是利用微生物、动植物的呼吸作用和相应的代谢过程净化水体中的有机物和氮磷化合物等，主要包括人工湿地技术、水生植物处理、生物浮岛技术和高效微生物固定化技术等。

生态水利技术是遵循生态平衡的法则和要求，通过生态环保型技术和方案减少水利工程对生态的胁迫途径，实现人与自然和谐共处、水资源可持续利用的工程或非工程措施。

2. 生物处理技术与模型

（1）活性污泥法

活性污泥法是一种广泛应用于污水处理的生物技术，它可降解有机物并产生剩余污泥。虽然其具有高效处理、适用性强等优点，但也存在能耗高、操作复杂等问题。活性污泥法经过百年技术发展与迭代，已衍生出A/O法、序批式活性污泥法（SBR）和颗粒污泥法等诸多技术。

（2）生物膜法

生物膜法是通过让微生物附着于介质表面形成生物膜来处理与降解污染物，在工业和生活废水处理中被广泛应用。近年来，生物膜法的发展主要集中于生物膜的形成机理以及结构和功能的基础科学研究、新型生物膜载体和材料的应用型研究、生物膜法对新污染物的处理效果研究和生物膜法应用中的能源与资源的回收利用等方面。

（3）膜生物反应器

膜生物处理反应器是一种将膜分离与生物处理（如活性污泥法）相结合的水处理技术，主要包括膜生物反应器、移动床生物膜反应器及移动床膜生物反应器等。膜生物处理工艺由生物反应器、膜组件和控制系统组成，主要利用微生物降解污水中污染物，并通过膜组件分离过滤处理后的水与剩余固体及微生物，具有节约用地、运维简单等优点。截至2023年，膜组件及膜污染的控制成本仍是膜生物处理反应器的主要问题。

（4）厌氧生物处理技术

厌氧生物处理是一种具有前景的废水处理与资源化技术，可通过厌氧微生物将有机污染物转化为能源。厌氧生物处理工艺包括普通厌氧消化池、UASB 反应器及其衍生工艺、AFB 和厌氧生物转盘。厌氧生物处理利用严格厌氧条件处理高浓度有机废水，节能且低污泥产率，可以回收沼气等能源。

（5）生物脱氮除磷

污水生物处理过程中氮的生物转化包括氨化、同化、硝化、反硝化和厌氧氨氧化作用，生物脱氮的主要途径包括硝化－反硝化、同步硝化反硝化、短程硝化－反硝化、短程硝化／短程反硝化－厌氧氨氧化、硫自养反硝化脱氮等过程。污水生物脱氮工艺中强温室气体 N_2O 的减排，也成为新的关注热点。磷作为微生物生长所需求的元素也成为生物污泥的组分，通过剩余污泥的排放可达到有效除磷的目的，截至 2023 年，较为成熟的技术有 UCT 工艺及改良 UCT 工艺、倒置 A^2/O 工艺和 AOA 工艺。

（6）污水资源化与能源化技术

废水中含有大量的有机化合物、氮磷和重金属等，生物处理技术具有成本低、操作简单、环境友好等优点，基于微生物电化学过程以及生物定向处理过程是近年来废水资源化与能源化的关键技术。

（7）模型与调控理论

活性污泥数学模型已广泛应用于污水处理厂的管理和改造升级。这些模型从简单的 COD 去除到包括生物脱氮除磷的全过程模型的发展，经历了多个版本的完善，如 ASM1、ASM2 和 ASM3。ASM1 和 ASM2 模型只用"死亡－再生"理论来描述衰减过程，而最新的 ASM3 模型用内源呼吸真实地反映了衰减过程，而且 ASM3 对胞内过程进行了详细的描述，并且使得衰减过程更适应环境条件（Faris et al., 2022）。这些数学模型在污水处理厂的工艺优化、运行管理和能耗分析中起到关键作用，提供了预测和评估不同工艺流程处理性能的能力。模型可以帮助确定最佳的工艺参数，如进水负荷、回流比、通气量和氧化还原电位，以最大程度提高反应器的效率。此外，模型还可用于整个处理厂的过程设计、升级改造和温室气体分析，通过耦合不同单元实现综合决策，以提高处理可靠性、节约成本和降低能耗。

3. 生态修复技术与应用

（1）湿地生态修复技术

由于人工湿地可有效处理低浓度有机废水，因此成为连接污水厂尾水与地表水的生态缓冲区。伴随着淡水资源缺乏现状，研究人员开始探索人工湿地尾水的回用。然而，尾水受限于氮、磷、新兴污染物无法稳定达标，致使其达到饮用水回用的用途尚有一定的差距。

（2）河道生态修复技术

河道是包括河堤、护岸护坡、河床、水体、微生物和动植物的复杂生态系统，河道修复应把河流上游至下游整体纳入生态修复范围，并整体规划设计。河道生态修复技术是在控源截污的基础上，利用生态技术手段在河道陆域、护岸护坡、河道水域因地制宜利用生态净化技术，重建、改善或保护河道生态系统的方法。目的是恢复河流自然的生态功能，提高河流的生态服务能力，以实现河道生态系统的可持续发展。

（3）流域生态修复技术

莱茵河、密西西比河等河流的治理成功案例表明，建立专门的跨国管理和协调组织，制定评估管理对策、提交环境评价报告等是全球跨界河流治理的典范措施。流域水体的富营养化控制方面，主要从建立水体监控预警系统、外源污染控制、生态环境建设等方面展开。

（4）工业生态修复技术

工业尾水的生态净化和修复技术，是以恢复生态学和流域生态学为理论依据，在遵循自然规律的基础上，通过适当的人为干预，利用水生生态系统的自组织和自调节能力，对受污水环境进行修复的生态技术。该技术既满足水生生态系统实现可持续发展，也遵循工程学和利益最大原则，实现环境效益、经济效益和社会效益的有效统一。截至2023年，诸如人工湿地、氧化塘、生态浮岛、人工沉床等多种生态净化和修复技术被相继开发，并在工业尾水生态修复领域得以迅速推广和应用（Nguyen et al., 2021）。

（5）农业生态修复技术

农业生态修复技术是指利用生态学原理和方法，通过对农业生态系统的调控和优化，恢复和重建生态系统功能，以实现农业生产的可持续性和生态环境的改善。农业是国民经济的基础和重要组成部分，水土流失、荒漠化、水资源短缺、农业面源污染等问题，影响了农业生产的可持续性和生态环境的健康。因此，通过采用农业生态修复技术，可以调控农业生态系统，提高农业生产效益和质量，实现农业可持续发展（王松良 等，2023）。

（6）城市生态修复技术

国内外快速城镇化发展过程中面临着径流污染加剧、合流制溢流污染和受纳水体水质恶化等生态环境问题。海绵城市建设理念极大地促进了一系列城市生态修复技术的研究与实践，形成了"源头减排 – 过程控制 – 末端治理"全过程技术体系（曾思育 等，2015）。源头减排主要包括生物滞留、绿色屋顶、透水铺装等低影响开发技术。过程控制主要包括合流制溢流污染控制和雨水管渠传输污染控制。末端治理主要包括径流汇入控污截流和末端水体内源治理、植物修复等方面技术。

（三）水处理材料、工艺及资源转化

1. 水处理药剂与材料

（1）水处理混凝药剂

混凝剂主要包括无机、有机、复合高分子及生物絮凝剂，其中无机絮凝剂使用最广泛。聚合铝盐在混凝过程中仍然存在低温效果差、对亲水性有机物去除效果差以及潜在的毒性问题。与铝盐混凝剂相比，铁盐混凝剂具有安全无毒、受温度影响较小、絮体生长速率快和沉降性能好等优点，但铁盐的稳定性差、腐蚀性强并存在色度问题。钛盐混凝剂对浊度、色度和有机物都具有良好的去除效果，优于传统的铁盐和铝盐混凝剂。但钛盐混凝剂单独使用时存在稳定性差、出水 pH 低、成本高等缺点（Gan et al., 2021）。

当前常用的有机高分子絮凝剂主要包括人工合成的有机高分子絮凝剂、天然有机高分子絮凝剂和天然改性有机高分子絮凝剂。人工合成有机高分子絮凝剂虽然对某些污染物具有良好的去除效果，但存在合成原料毒性较强、成本高、产品品种少以及单独使用时效果差等缺点。天然有机高分子聚合物具有毒性低、原料来源广、价格低且无二次污染等优点，但存在易生物降解、保存时间短、处理效果不理想以及只能用作无机混凝剂的助剂等缺点。为了提高天然有机物的絮凝性能，许多研究者利用天然有机物为原材料通过多种化学改性方法（如醚化、酯化、磺化和接枝共聚等），制备出了多种不同类型的天然改性有机高分子絮凝剂复合高分子混凝剂。

复合高分子混凝剂分无机 – 无机复合高分子混凝剂和无机 – 有机复合高分子混凝剂。常见的无机 – 无机复合型高分子混凝剂包括聚合氯化铝铁、聚合硫酸铝铁和聚合硅酸铝铁三大类。无机 – 有机复合高分子混凝剂兼具了无机混凝剂和有机高分子絮凝剂的优点，无机 – 有机复合絮凝剂较复合前的单一无机或有机絮凝剂具有更好的除浊、除藻、脱色和除磷效果，具有更宽泛的应用范围。

微生物絮凝剂具有超强的絮凝性能，是一种安全、高效的新型绿色药剂。但是微生物絮凝剂的应用受到其生长周期长，培养和筛选条件复杂，有效成分含量低、易受环境因素影响和成本高的限制。

（2）水处理吸附材料

吸附剂可以分为无机吸附剂、有机吸附剂和复合吸附剂三类。通常用于水处理领域的无机吸附剂包括金属氧化物、层状双金属氢氧化物（LDHs）、二氧化硅、沸石和二维过渡金属碳化物、氮化物或碳氮化物材料（MXenes）等。在有机吸附剂中，聚丙烯酰胺、生物质衍生多糖、壳聚糖、环糊精和离子交换树脂等被广泛应用。通过这些材料的组合形成的各种类型的杂化材料也经常被报道。复合吸附剂有金属有机框架材料（MOFs）、硅胶等。

新型纳米吸附材料的开发一直是吸附领域的研究热点，近年来取得了大量的成果，尤其在提高吸附容量和吸附选择性方面，主要包括碳基吸附材料（如生物炭、碳纳米管等）、新型多孔材料［如共价有机框架材料（COFs）、多孔有机聚合物材料（POPs）等］、新型二维层状材料（如 LDHs、MXenes 等）。新型纳米材料具有巨大的比表面积以及丰富的表面官能团等优点，并通过氢键作用、静电作用、π-π 相互作用、孔隙填充，以及络合作用等与污染物相互作用，使其在吸附领域具有较大的发展潜力，对纳米材料在水处理吸附领域的应用也需持续探索。

在水处理领域，吸附材料的开发通常聚焦于吸附材料的吸附容量提升和吸附选择性能改善，而优秀的吸附剂同样需要具有重复使用和可回收性能。截至2023年，用于回收和再生废吸附剂的方法有磁分离、过滤、热解吸、溶剂再生和高级氧化工艺等。磁分离技术是通过向吸附剂中引入Fe_3O_4等磁性金属使其形成磁性吸附剂，并利用外部磁场提高吸附剂的回收效率。如何实现吸附剂的高效分离再生、降低吸附剂成本及环境影响，仍是推进吸附剂实际应用的瓶颈。

（3）水处理催化剂

水处理催化剂根据催化类型可分为金属基催化剂（如铁、铜、钴等金属及其氧化物）、无机催化剂（如活性炭、生物炭和碳纳米管）、复合催化剂（由多种催化剂组成的复合体系，如金属氧化物负载于活性炭上的复合催化剂）等，可以用于水中有机物的降解（Vorontsov，2019）。不同类型的催化剂在不同氧化体系内的催化效果明显不同。芬顿反应是由过氧化氢（H_2O_2）和铁离子（Fe^{2+}或Fe^{3+}）组成的高级氧化体系。在酸性条件下，Fe^{2+}和H_2O_2反应生成高活性羟基自由基（·OH），可与有机污染物发生氧化反应，将其分解为低分子量的物质。铁离子在反应中起催化作用，将氧化剂H_2O_2催化为羟基自由基。由芬顿反应衍生而来的类芬顿反应是在芬顿反应基础上进行改进的一种催化体系，常见的包括（电产）过氧化氢/（电产）铁（类芬顿）和过氧化氢/二氧化钛（光催化芬顿）体系。在催化臭氧化技术中，通常使用催化剂来增强臭氧氧化反应的效率和速度。这些催化剂可以提高臭氧分解和有机物降解的效果，并减少臭氧的消耗量。常见的臭氧催化剂包括铁（Fe）、锰（Mn）、钴（Co）、铜（Cu）等的氧化物。这些金属催化剂能够增强臭氧分解和产生羟基自由基（·OH）的能力，从而提高有机物的氧化降解效率。

光催化材料是一类能够利用光能进行催化反应的材料，广泛应用于光催化反应和光催化技术中。不同的光催化材料具有不同的光吸收范围、光催化活性和稳定性。因此，在实际应用中，需要根据具体的需求选择合适的光催化材料，并进行催化剂的设计和优化，以提高光催化反应的效率和稳定性。活化过硫酸盐是一种常用的高级氧化技术，用于水处理和废水处理中的有机物降解和氧化反应。活化过硫酸盐需要催化剂来提高其反应速率和效果。

（4）水处理膜分离材料

应用较多的水处理膜过程主要有微滤、超滤、纳滤、反渗透等。微滤/超滤膜基于孔径筛分原理，对悬浮颗粒物、细菌等具有较为优异的去除效果，微滤/超滤膜材料可分为有机膜材料和无机膜材料，有机膜材料包括聚砜、聚醚砜、聚丙烯腈、聚丙烯、聚四氟乙烯、聚偏氟乙烯等。截至2023年，有机微滤/超滤膜材料的制备优化方向主要是提升抗污染性能，例如，在超滤膜表面后处理接枝二氧化硅纳米颗粒，构建高度亲水膜表面，或在超滤膜中掺杂金属、二氧化硅等纳米颗粒及其他功能材料，提高膜的过滤性能与抗污染

（生物污染）性能。在无机膜材料中，陶瓷膜的发展相对较为迅速。无机典型陶瓷膜结构非对称，基膜材料一般采用氧化铝、二氧化硅、氧化锆等氧化物和莫来石、硅藻土等非氧化物（Pendergast et al.，2011）。无机膜材料机械强度高，耐强酸强碱、耐高温，但制造和运输成本较高。纳滤/反渗透膜分离过程基于溶解–扩散理论，对于水中的离子、小分子有机物具有较为理想的去除效果，主要用于污水和水的深度处理、海水淡化以及苦咸水处理等。市面上主流纳滤/反渗透膜为聚酰胺薄层复合结构，但该结构对水中一些微污染物的去除效果仍不理想，因此针对微污染物去除进行膜材料的定向设计是该领域的研究重点。通过调控界面聚合过程、引入纳米材料、中间层介导、截留层材质替换等手段制备新型纳滤/反渗透膜，有效提升纳滤/反渗透膜对微污染物的去除效果。

（5）水处理消毒药剂

水处理应用最广的消毒剂包括氯消毒剂、过氧化物类消毒剂、金属盐类消毒剂等（张杰 等，2019）。氯消毒剂可有效灭活水中多种病原微生物，且具有成本低廉、操作简单、使用方便等优点。然而，氯在消毒过程中会与水中有机物发生反应产生具有细胞毒性、遗传毒性、致癌性等危害的氯代消毒副产物，如三卤甲烷、卤乙酸等。对氯代消毒副产物的研究一直是水消毒领域一个重要研究方向。近年来，对氯消毒具有高抗性或高耐受性的病原微生物等风险因子逐步成为关注焦点。研究表明，氯抗性菌能够分泌更多胞外多聚物，是造成保安过滤器、膜组件等设备生物污堵的主要原因，会对超滤、反渗透等深度处理单元生产安全产生不利影响。

二氧化氯具有对病原微生物灭活效果好，消毒作用持续时间长，毒害消毒副产物生成少，适用水质范围广，能同时控制水中铁、锰、色、嗅等优点。现阶段仍存在消毒成本高、制取设备复杂、操作管理要求高、二氧化氯产品纯度低、高浓度二氧化氯及其消毒副产物具有毒性等瓶颈。对于臭氧消毒，由于臭氧分子不稳定，易自行分解，在水中保留时间很短，不能维持管网中持续的消毒能力，实际应用中较少单独使用，往往与氯或二氧化氯消毒剂配合维持水中的残余消毒剂浓度。臭氧消毒过程也可能产生溴酸盐等毒害消毒副产物。研究表明，由于臭氧的强氧化能力，其可将水中的大分子有机物氧化降解成小分子，有些小分子的毒性和致突变性反而增加。近年来，高铁酸盐作为一种绿色环境友好型水处理药剂得到越来越多的关注。然而，由于高铁酸盐难以制备且极不稳定，有关高铁酸盐消毒方面的研究及应用仍较为有限。

2. 水处理工艺优化与低碳运行技术

（1）安全供水工艺优化及低碳运行技术

根据供水情况和水源情况，优化泵站运行，实现原水智能调度，成为当前取水泵站领域的主要研究焦点。在原水智能调度方面，主要开展优化调度模型与算法研究以实现泵组智能运行。在净水减排降耗方面，相关研究工作主要集中在多单元优化运行、低耗工艺开发和生产废水减排与回用（蒋绍阶 等，2006）。净水厂主要降碳措施在于合理的设备选型及技术改造，实现多单元优化运行和生产精细化管理，做到绿色低碳生产。可通过选择合理的药剂并优化投加点与投加方式，运用矾花图像识别技术和大数据分析实现药剂精准投加；通过合理调控清水池液位，保持水厂生产工艺负荷稳定；优化砂滤池反冲洗和沉淀池排水过程，控制自用水耗，降低排泥水提升输送的电耗和尾水处理负荷；同时，通过设备的智能化升级改造，实现多单元优化运行，强化水质安全、降低工艺碳排放。在低耗工艺开发方面，预处理与膜滤技术组合被认为是全生命周期较低碳排放工艺，实际应用中的低压膜组合工艺主要是吸附－膜组合工艺和混凝－膜组合工艺。生产废水减排主要聚焦沉淀池排泥周期优化和滤池反冲洗周期优化，依靠自动监测技术实时监控沉淀区污泥浓度和滤层截污情况，利用智能算法模型，依靠自动控制技术和智能化技术，实现沉淀池和滤池的优化运行，减少排泥水产生。

在配水优化降损方面，主要聚焦管网优化与安全运行，具体研究与实践涉及管网水力模型构建与优化、分区调压与漏损控制、管网信息化建设与智能调度等。管网漏失和水质稳定性是影响供水安全的重要问题，科学合理的计量分区管理，可以辅助漏失点定位，控制管网二次污染。在管网智能调度方面，针对供水管网实时调度控制问题，基于管网运行历史数据，利用深度学习算法，可构建以出厂压力、增压泵站出站压力、泵站水库液位为输出目标值的深度神经网络模型，采用出厂压力、增压泵启闭等智能调度指令，根据运行状态及时预判供水高峰的出现时间，实现对非高峰时段管网冗余压力的有效降低。

（2）污水处理过程智能检测与优化控制

污水处理系统仪表包括常规水质仪表、光谱光学类仪表、软测量仪表等。常规水质仪表存量大、检测周期长，经过大范围物联化和采集后可形成大数据，从而支持模型决策应用（Gibert et al., 2018）。软测量使用数学模型从易于测量的过程变量中估计难以测量的过程变量，近期开始在污水处理中实际应用，是经济可行的方案。软测量技术应用的关键是全局收敛模型和全局优化调参，比如用狮群优化的极限学习机（extreme learning machine，ELM）来软测量进水水质等、使用神经网络和聚类算法根据历史数据预测未来进水水质等。

污水处理工艺机理模型应用广泛，如经典 Lawrence–McCarty 模式、活性污泥模型、水力学模型等。统计学习模型等数据模型已用于工艺数据挖掘分析。机理和数据模型都具有解释污水处理过程动态变化特征的能力，在设计和运行方面发挥了重要作用，将机理和数据模型结合使用成为技术发展的趋势，当前两者结合预测出水水质（SS、COD 等）已取得了较好效果。此外，使用专家系统与数据模型融合，能显著提高结果的解释性，也是一种可选技术路线。

污水处理工艺的仪表、控制与自动化（ICA）技术最初主要采用 PID 等经典控制论算法，后来发展了基于 ASM 模型的控制策略，近期应用 AI 技术解决目标复杂系统控制问题成为热点。随着 PID、ASM 和 AI 等控制技术的发展，模型和系统的复杂度变大、控制变量和参数变多、非线性处理效果也变优。

（3）城镇污水处理工艺优化及低碳运行技术

城镇污水处理广泛采用连续流及间歇式运行工艺。连续流工艺主要关注基于 A/O 或 A^2/O 工艺的优化运行，包括以节省外碳源为目标的分段进水 A/O 或 A^2/O 工艺技术、连续流 AOA 后置反硝化工艺、双污泥系统反硝化除磷工艺等。在间歇式运行工艺方面，关注基于 SBR 及其变形工艺的优化运行，包括脉冲式 SBR 工艺、SBR-生物膜耦合工艺、AOA-SBR 工艺等。

截至 2023 年，已有许多研究将优化工艺与低碳污水处理技术耦合，如：A^2O 分段进水工艺耦合 PN-Anammox（PNA）或者 PD-Anammox（PDA）、AOA-SBR 工艺耦合 Anammox、AOA-BAF 工艺耦合 PND、连续流 AOA 耦合 Anammox 等。碳氮分离（碳捕获和碳转向）、厌氧氨氧化等核心技术组合的"A-B"构型是一种基于"新概念污水处理厂"理念的典型的工艺技术路线，A 段采用碳捕获用于能源转化，B 段的未来发展趋势则是采用自养脱氮技术，如 PNA、PDA、同步短程硝化反硝化-厌氧氨氧化（SPNDA）等。近年来，以厌氧氨氧化为代表的低碳运行技术正处于逐渐从实验室走向污水处理厂的实践阶段，探究其如何快速启动、主流工艺中的应用、低温下的稳定运行等依旧是当前技术的瓶颈和研究的重点。除上述对工艺优化以及采用低碳污水处理技术以实现碳源充分利用和降低碳源需求外，还可以利用新型的廉价碳源（如污泥发酵液、食品废水等）对城镇污水处理工艺进一步优化，实现污泥减量和节省碳源。

（4）典型难降解废水强化处理及低碳运行技术

为了实现典型难降解废水的达标排放和毒性污染物的同步削减，物化预处理技术耦合微生物减污降碳协同增效技术在近年来得到了快速发展，促进了典型难降解废水处理技术朝向多元化、精细化和绿色低碳化的方向发展。物化处理技术主要有混凝、氧化、吸附和膜分离等，此外还有基于材料开发的新技术。

当前实施的生物强化技术主要有 3 个途径：①针对所要去除的污染物质，投加专门培养的优势菌种对其进行有效降解，用于改善活性污泥法处理效果，但优势菌种在新环境中存在适应性差、再生难等问题。②由于大部分有毒有机物的降解是通过共代谢途径进行的，在常规活性污泥系统中可降解目标污染物的微生物数量与活性比较低，添加某些营养物（碳源与能源性物质）或提供目标污染物降解过程所需的因子，将有助于降解菌的生长，改善处理系统的运行性能。投加基质类似物是针对代谢酶的可诱导性而提出，利用目标污染物的降解产物、前体作为酶的诱导物，提高酶活性。③通过基因工程技术构建具有特殊降解功能的菌，形成了酶生物处理技术。酶的固定化技术是当前这一领域研究的热点。

（5）工业园区废水处理工艺及低碳运行技术

工业园区废水处理以生化处理为主（王欣桐，2023）。运行过程中对于难降解污染物与毒性污染物通过与其他污水混合实现达标处理，这套模式投资运行成本低，然而存在毒性污染物稀释处理的困境与其他诸多问题（张洁 等，2022），当前主要进展如下。

1）针对水质水量冲击应对不足、毒性冲击下生化系统频繁崩溃等问题，近年来发展了上下游联动的环保管家运行模式，毒性有机物的 FT-ICR-MS 非靶标识别、源头防控、分质预处理等模式得到了良好的发展与应用，然而对于低浓度、复杂水质的精准定量、快速、在线、现场、经济性分析尚存在困难。

2）针对工业园区废水生物可利用碳源不足、外加碳源成本高等问题，近年来开展了低氧曝气、厌氧氨氧化、自养反硝化等技术的应用与推广，取得了良好的效果，但是对于难降解废水的处理仍然存在困难（刘子赫，2021）。

3）针对传统预处理与深度处理的高级氧化工艺成本高、高盐废水处理能力不足、进水盐度限制严格等问题，近年来发展了高级还原/氧化复合精准脱毒技术、异相类芬顿技术、臭氧催化氧化技术等新型工艺，同时针对水环境容量大和不同受纳水体的特点，近海工业园区开展了高盐废水深度净化达标归海的尝试。此外，在水环境敏感地区开展了工业园区零排放的实践，取得了良好的效果，然而仍然面临投资运行成本高、杂盐产量高、耗能排碳的问题（李团结 等，2022）。

4）针对工业园区常规污染物达标情况，开始了以毒性减排为目标的新尝试，并开始探索工业园区新污染物排放标准的探索。然而，工业源新污染的产生与排放仍然缺乏足够的关注，工业园区废水的毒性标准与新污染物排放标准尚待探索。

（6）水处理新工艺及应用

我国自 2014 年初提出"建设面向未来的中国污水处理概念厂"构想以来，经历 7 年，首个污水处理概念厂于 2021 年在宜兴落成。针对我国污水水质特征及实际需求，概念厂提出了"水–肥–气"综合利用的工艺路线，通过多级 AO、反硝化滤池、干式厌氧发酵等核心技术，实现了 65%~85% 的厂区总能源自给率。

荷兰、美国、日本等发达国家，其水处理工艺的创新实践主要体现为四个方面：①利用好氧颗粒污泥、AB 法强化二级生物处理单元的脱碳除氮能力；②发展以厌氧氨氧化为核心的自养脱氮技术，降低脱氮过程对能源及碳源的过度依赖；③通过热水解、共发酵强化污泥厌氧消化产能，为实现污水处理工艺能量中和奠定基础；④强化污泥中磷等资源回收。

3. 污水资源与能源转化理论与技术

（1）城市污水碳捕获理论与技术

截至 2023 年，污水中碳捕获的主要方式可分为三类：高负荷活性污泥法（HRAS）、化学强化一级处理（CEPT）与膜浓缩法（MPC）（Guven et al.，2019）。HRAS 主要通过微生物絮凝和细胞贮存作用来分离污水中的有机物，是当前研究及应用较为广泛的一种污水碳捕获技术。近年来，关于 HRAS 的研究主要集中于工艺参数优化及碳源捕获机理的探索，研究表明生物絮凝作用在碳捕获过程中占主导地位，胞外聚合物（EPS）作为絮凝剂发挥着关键作用。CEPT 主要应用于污水一级处理中，通过添加混凝剂/絮凝剂将污水中的悬浮态物质聚集和沉淀，将有机物部分定向捕获。近年来，不同絮凝剂对碳捕获率的影响得到研究者的关注，与仅投加金属盐相比，将金属盐和阴离子聚合物一起投加，可将 COD 去除率提高 20%。MPC 布局紧凑，可克服 HRAS、CEPT 碳捕获率完全依赖絮凝体沉降性的不足。根据膜分离是否与生物处理相结合，可以将其分为膜生物反应器（MBR）和膜直接过滤（DMF）技术。微滤、超滤、正渗透均在 MPC 中广泛应用。

通过整理近 5 年的文献数据，分别从 COD 去除率、碳捕获率、浓缩液 COD 浓度方面对 HRAS、CEPT、MPC 进行比较。由于碳捕获过程中存在有机物矿化与损耗，三种技术的碳捕获率始终低于 COD 去除率。HRAS 与 CEPT 的平均碳捕获率分别为 50% 和 42%，MPC 具备良好的固液分离特性，碳捕获率（55%~90%）相对较高。污水碳捕获包括"捕获"与"分离"两个关键步骤，强化"捕获"已得到广泛研究（Rahman et al., 2017），例如可通过改变污泥停留时间、水力停留时间、溶解氧等操作条件以提升碳捕获率。但是重力驱动下的 HRAS 与 CEPT 很难在水力停留时间和固液分离性能之间达到平衡，限制了碳捕获效率。因此针对 HRAS，除了改变操作条件调控污泥特性，可通过投加混凝剂/吸附剂增强絮体沉降性能提高固液分离率；CEPT 则可通过微砂压载强化絮凝及优化操作条件提高分离率；MPC 为压力驱动固液分离的碳捕获技术，分离率优于 HRAS 与 CEPT，但是严重的膜污染是限制其大规模应用的主要因素，当前研究者重点关注膜污染机理解析及碳捕获过程中膜污染控制，例如通过预处理、投加混凝剂/吸附剂、构建动态膜等方式缓解膜污染。

（2）废弃碳源发酵产酸理论与技术

考虑到我国生活污水处理普遍面临碳源不足的问题，利用富含有机质的有机固废进行厌氧发酵合成小分子有机酸，作为污水处理厂的替代碳源，强化污水脱氮除磷，受到了越来越多的关注。有机物的水解反应一般是有机固废厌氧发酵产酸的限速步骤。为了提高有机固废中碳的转化率，得到较高浓度的有机酸，有机固废厌氧发酵一般需要对物料进行适当的预处理。有机固废预处理方法一般分为物理、化学和生物处理方法。物理和化学预处理技术会产生大量的副产物抑制厌氧消化产酸过程，有必要进一步阐明副产物对于产酸微生物以及过程效果的影响。生物预处理能耗低、环境条件温和，产生的副产物较少，但它成本高、耗时，不如物理和化学预处理技术效率高。联合预处理可以提高产酸的效率，促进污泥破壁和加速有机大分子降解，当前广泛应用的是热水解预处理技术，可以提高酸产量。

（3）厌氧产甲烷新理论新方法

产酸菌与产甲烷菌之间的 H_2 交换，即种间 H_2 传递（interspecies hydrogen transfer，IHT），在过去半个多世纪以来被普遍认为是厌氧互营产甲烷代谢的核心原理，分子扩散是实现 IHT 的唯一方式。然而，没有任何工程策略可加速 H_2 在两类微生物之间的扩散和提高产甲烷效率和稳定性。2014 年，美国马萨诸塞州大学微生物学家 Lovley 提出一种互营产甲烷代谢新理论——直接种间电子传递（direct interspecies electron transfer，DIET）。

DIET 无需借助 H_2 扩散，通过导电纳米菌丝（e-pili）和外膜细胞色素（OMC），实现种间长距离、快速的电子交换，即从核心原理层面上提升产甲烷效率和稳定性。

近 5 年，直接种间电子传递研究主要集中在三个方面：①通过 Fe（Ⅲ）氧化物诱导铁还原菌富集，碳基导电材料充当电子"导管"。建立 DIET 产甲烷路径需借助铁还原菌及其胞外电子传递作用。在厌氧消化系统内投加 Fe_2O_3、Fe_3O_4、FeOOH、Fe（OH）$_3$ 等铁氧化物，可富集具有异化铁还原特征的 Fe（Ⅲ）还原菌，提高复杂有机物（如苯酚、秸秆、剩余污泥等）的分解速率。碳基导电材料（如活性炭、碳布、生物炭等）可替代铁还原菌，实现产酸菌和产甲烷菌的种间长距离（从 μm 到 cm 级）电子输送。② Na^+ 刺激产甲烷菌胞内电子转移与 CO_2 还原。提高产甲烷菌胞外 Na^+ 浓度，形成足够的 Na^+ 跨膜梯度，可促进胞内 ATP 合成，进而为胞内电子转移与 CO_2 还原－甲基化提供动能，突破直接接收电子并还原 CO_2 为甲烷的热力学屏障。③醇类提供电子迁移动能。乙醇可刺激铁还原菌胞内 $NADH/NAD^+$ 的转化，加快 H^+ 和电子在细胞膜上的输送，促进胞内 ATP 合成，以分泌更多的 e-pili/OMC。

（4）新型污水磷回收技术

随着磷矿资源在全球范围内的锐减，从污水中回收磷已成为污水厂的未来发展趋势（郝晓地 等，2022）。磷回收技术主要分为两类：一是从富磷水相中回收磷，二是从污泥中回收磷。从富磷水相中回收磷的工艺主要包括结晶法、吸附法、电化学沉淀法以及生物富集法。鸟粪石结晶法回收磷是一种同时解决环境、社会和经济问题的可持续方法。为了获得高质量的鸟粪石晶体，应仔细考虑过饱和度、pH、温度、反应物分子、种晶材料和不同离子的可用性。由于许多废水中的弱酸性和低镁浓度，鸟粪石结晶需要大量的碱性物质和镁补充剂，这通常占总运营成本的 90% 以上。此外，解释鸟粪石晶体结构的大多数模型都是基于热力学的，需要创新反应器设计和产品质量管理建模技术。将污染物磷转化为有价值的清洁产品蓝铁矿，与传统的磷回收策略相比，蓝铁矿生产的化学成本低、回收效率高和产品增值方面具有显著优势。大量的定性和定量分析方法已被应用于蓝铁矿的检测，但大多数方法仅限于实验室规模的研究，研究基础不足以支持蓝铁矿回收的工业和商业应用。吸附法回收磷具有对有毒污染物的不敏感和无新污染物形成并且重复使用等优点，但是由于传统吸附剂吸附容量小，有些甚至有毒害作用，限制了其在污水磷酸盐回收中的应用，取而代之的是如水化硅酸钙（CSH）、层状复合金属氢氧化物（LDH）、明矾污泥之类的新型吸附剂。此外，吸附材料成本高、合成吸附材料稳定性较差等问题限制其发展，需进一步提高吸附材料性能，才能大规模推广使用。电化学沉淀法在提高磷循环方面具有较大前景，然而大多数研究仍停留在实验室规模进行，实现电化学磷的大规模回收是当前需要解决的具有挑战性的问题。

（5）微藻处理污水与资源化

微藻技术已经成为污水处理的重要手段，它利用叶绿体、类囊体等结构，将太阳能转换为生物质能,从而有效地改善污水的水质,并且可以与其他微生物群落相互作用,从而实现污水的生物处理。根据统计,每年大约有 10^{11} 吨的碳元素和 $2×10^{10}$ 吨的氮元素被微藻的光合作用固定(王梦梓,2016)。不同微藻在营养物质去除、有毒物质耐受、气候适应性和化学组成等方面存在较大的差异。因此,优质藻种的筛选与驯化是决定污水处理有效运行的基础和重点。为获得具有适应当地污水环境且营养物去除能力强等特点的微藻,在使用环境耐受能力强的藻种外,从当地自然环境或者污水中分离出生长快速、具有高效脱氮除磷潜力的藻种,将其用于污水处理能够保证系统稳定高效的运行。藻菌共生体系(微藻 – 细菌或微藻 – 真菌)可充分发挥微藻和细菌之间的生理特性,以达到协同净化污水的目的(王玉莹 等,2019)。

(6)废弃碳源合成聚羟基烷酸酯理论与技术

环境生物技术的混合菌群聚羟基脂肪酸(PHA)合成工艺具有不需要灭菌、以废弃碳源为底物等特点,有望大大降低 PHA 的生产成本,是资源环境领域的研究热点(Chen et al.,2016)。利用废弃碳源合成 PHA 的研究,其底物主要包括各种废弃生物质和废水。以好氧瞬时补料(ADF)为核心的混合菌群 PHA 合成工艺被称为三段式 PHA 合成工艺,包括有机碳源水解产酸段、产 PHA 菌群筛选富集段及批次 PHA 合成段。虽然对以 ADF 为核心的混合菌群 PHA 合成工艺的研究已较为深入,但面向实际应用仍存在包括产 PHA 菌群筛选富集段运行稳定性不高以及工艺总体 PHA 产率过低等核心问题。近年来,混合菌群 PHA 合成领域的研究主要集中在如下几个方面:①可用于 PHA 合成的底物选择。有机废水、剩余污泥、有机废物等废弃物中富含有机物和其他营养成分,被用于 PHA 生产的原料,不仅有助于这些废物的处理,还能提高混菌 PHA 合成技术的经济性。尽管能用于 PHA 合成的生物废物种类已极具多样性,然而相比纯菌发酵工艺,混菌 PHA 合成工艺对废物的利用率仍然较低。因此,如何利用生物废物转化碳源大量富集产 PHA 菌及提高工艺产率仍是当下亟需突破的问题。②混菌 PHA 合成产率提升和降低能耗的尝试。通过对培养时间、酸碱度、接种密度、温度、碳氮比、曝气量等工艺参数的优化来提高最终 PHA 合成产率的研究较多。开发的动态间歇排水瞬时补料(aerobic dynamic discharge,ADD)运行模式,大大缩短了富集时间并提高了 PHA 含量。低负荷连续流补料 PHA 合成工艺解决了底物浪费问题,提高了底物利用率的同时还保持 70% 的 PHA 含量。此外,降低反应能耗的研究也在同步开展,其主要研究方向是利用硝酸盐等作为电子受体替代氧气,降低 PHA 工艺能耗的同时实现同步脱氮。

(四)水质风险控制理论与技术

1. 水质化学风险控制理论与技术

水质化学风险是指水中化学污染物导致的健康风险、生态风险和生产风险等。化学污染物,一方面通过生物直接暴露产生风险,另一方面通过支撑有害生物生长产生风险,如病原微生物、微藻等。化学污染物来源广泛，包括天然来源、工业和农业生产排放、城市生活污水排放和水处理副产物等。天然源化学风险污染物包括：自然背景物质（如重金属和放射性物质）和生物释放物质（如藻毒素）；工业和农业生产中泄漏和排放的化学原料、溶剂、农药、化肥等；城市生活污水排放的氮磷营养盐、有机污染物；水处理过程中的副产物，如消毒副产物等。

本节针对水中检出频繁、风险水平较高、处理难度较大的有机新污染物、消毒副产物和生物毒性等，重点阐述各类化学污染物的类别、来源、筛选和识别方法，明确化学污染物毒性的主要风险因子及其前体物，如抗生素、雌激素、消毒副产物及前体物等，概述针对各类风险因子的主要控制技术，如膜过滤技术、化学氧化技术、强化生物处理技术及技术组合工艺等。

（1）新污染物风险与控制

新污染物与常规污染物相比，出现时间较晚，风险较大，但尚未纳入环境管理或难以被现有管理措施控制，具有来源广泛、结构新颖、危害严重、风险隐蔽、环境持久等特点，是水生态环境治理的热点和难点。

基于标准品和色谱保留时间标定新污染物的方法，仅能靶向分析已知的新污染物。随着质谱电离技术、高分辨率质谱、计算机数据分析能力和可用质谱库的快速发展，色谱串联高分辨率质谱可同时筛查、定性和定量分析上千种已知或未知的新污染物。新污染物对水生动植物生态风险和人体健康风险的阈值数据十分匮乏，尤其是低浓度长期暴露、气象水质差异、食物链生物蓄积等因素影响下的阈值确定方法仍不健全（Albergamo et al.，2019）。

国内和国外逐步制定了关于新污染物监测、控制和限制生产使用的指南、标准和法规等，提出从生产源头、使用过程、末端治理等系统治理措施。其中，实践应用最广泛的新污染物处理技术包括臭氧氧化、紫外线氧化、活性炭吸附、反渗透膜过滤等（王文龙 等，2020）。

（2）消毒副产物风险与控制

化学消毒剂在灭活病原微生物的同时会与饮用水中的天然有机物、人为污染物及卤素离子等前体物质反应，生成具有致癌、致畸、致突变特性的消毒副产物。迄今为止，饮用水中被识别的消毒副产物已有700余种，其中100余种消毒副产物的细胞毒性和遗传毒性得到了毒理学试验研究，数十种消毒副产物被纳入各国饮用水水质标准中。

截至2023年，有关饮用水中消毒副产物的研究主要集中在以下方面：①开发及优化消毒副产物的定量检测方法，甄别饮用水中新型高毒性消毒副产物并对其进行定性定量分析；②调研饮用水中消毒副产物的浓度水平和分布特征，基于水质及工艺参数建立和优化消毒副产物浓度预测模型；③识别消毒副产物前体物质并揭示相应的消毒副产物生成机制（肖融 等，2020）；④探究消毒副产物的毒性特征和健康风险，研究方法包括毒理学试验及流行病学调查；⑤研发消毒副产物的控制技术，包括源头控制、过程控制和末端控制等方式（楚文海 等，2021）。

（3）生物毒性风险与控制

水环境所面临的水质安全风险是由种类多、浓度低的有毒物质共同产生，难以根据某些特定的有毒物质来判定。相较于化学分析，生物毒性测试可以更直接、全面地评价水质安全。与特定污染物控制不同，由于生物毒性评价的系统性与整体性，当以生物毒性控制为目标时，会发现许多区别于传统认知的新现象并得出新结论。近年来，水质毒性评价越来越受到国内外学者关注，在水处理工艺开发、水污染物排放标准和水环境质量标准制修订过程中，生物毒性评价将扮演越来越重要的角色（Wu et al.，2021）。

化学氧化等深度处理常用来进一步去除二级出水中污染物。由于污染物的氧化产物众多且转化路径不可控，针对单一污染物不同氧化产物的毒性评价，总是出现部分产物毒性升高、部分产物毒性降低的结果，其毒性评价有一定局限性。氧化过程中有机卤素的生成是导致水质生物毒性升高的主要原因。因而能阻断活性卤素（HOCl、HOBr等）生成的工艺，通常可有效控制生物毒性。例如，过氧化氢可将活性卤素还原为卤素离子，阻断有机卤素生成，臭氧/过氧化氢协同氧化工艺可抑制有机溴，并降低细胞毒性和遗传毒性生成（Du et al.，2023）。

2. 水质生物风险控制理论与技术

水质生物风险是指由水中的生物有害因子导致的健康风险、生态风险和生产风险。水中主要的生物有害因子包括有害细菌、病毒、水华微藻等，以及某些高风险的微生物细胞组分，如抗生素抗性基因、内毒素、毒力基因等。健康风险是指上述生物有害因子对人体健康造成的负面影响，如导致疾病、诱发炎症等；生态风险是指对水生态健康的负面影响，如水质劣化、抗生素抗性基因传播等；生产风险则是指微生物滋生对正常生产过程造成的负面影响，如管网堵塞或腐蚀、水处理系统膜污堵等。

与化学污染物导致的风险相比，生物风险具有致害剂量低、显效时间短、危害程度大等特点，需要高度关注。对生物风险的控制，通常是通过对水中生物有害因子的杀灭或去除来实现。不同的生物有害因子具有不同的生物和化学特性，适宜的控制技术也不尽相同。针对水中主要的风险因子类型，本节主要介绍常规消毒技术与工艺、有害藻类控制技术以及消毒新原理与新技术。

（1）常规消毒技术与工艺

消毒是控制水中有害微生物的重要手段，工程中最常用的消毒技术包括氯消毒、臭氧消毒和紫外线消毒及其组合工艺。近5~10年来，对常规消毒技术与工艺的研究主要聚焦在消毒效果预测模型、消毒过程导致的微生物群落结构变化，即消毒残生细菌问题，以及新型消毒设备的开发等方面。

在传统消毒技术与工艺方面，近年的研究逐渐从单一消毒技术发展至组合消毒工艺，并提出了相应的消毒效果预测模型（Cao et al.，2021）。由于微生物的消毒抗性或水质SS

掩蔽等干扰因素的影响，往往难以在可接受的成本范围内完全灭活水中的微生物，消毒处理后仍然存活的细菌，即为消毒残生细菌，包括遗传型消毒抗性菌、表观型消毒抗性菌和无抗性残生菌（Wang et al.，2021a）。依据不同消毒技术对细菌细胞的攻击靶点不同，组合消毒工艺可以相对有效地控制消毒抗性细菌。然而，部分细菌对常规消毒技术均具有较强抗性，如假单胞菌、芽孢杆菌等。因此，未来研究应揭示特征消毒抗性细菌的生长、分泌及代谢特性，并开发可高效灭活高抗性细菌的消毒新原理与新技术。

（2）消毒新原理与新技术

新冠疫情使公众对环境中包括病原微生物在内的生物性污染空前重视，潜在的病原微生物传播无处不在并可通过多种方式感染人体。然而常规消毒技术通常适用于集中处理，无法覆盖整个城市管网，确保管网末端用水安全。因此需开发即时快速、安全智能的小型化消毒处理设备，作为常规消毒技术的有益补充，实现多级屏障确保用户安全。以纳米材料为代表的新型功能材料具有独特的空间尺寸，在特定维度上仅有纳米级别，由此带来不同于宏观材料的新特性，已广泛应用于能源、生物、化学等领域中。近年来国内外研究人员利用纳米材料独特的抑菌或催化特性，成功地开发构建了基于纳米材料的新兴消毒技术。

在纳米消毒新原理与技术方面，近年的研究逐渐以安全快速、次生风险低为导向，在充分挖掘纳米材料对微生物高效抑制特性的基础上，研发了新型基于物理机制的电穿孔消毒新技术（Wang et al.，2023）。同时在兼顾节能、便携处理需求的基础上，充分考虑反应动力学模型、微观转质特性，构建适用于电穿孔消毒的过滤式反应装置。在综合保障用水安全方面，近年的研究主要关注适用于小型化、家庭化消毒装置的构建（Huo et al.，2020）。

（3）有害藻类控制技术

水源富营养化是造成藻类大量繁殖的主要原因之一。这种现象给饮用水生产带来了不利影响，对人类的饮水健康构成了严重威胁。截至2023年，供水系统内有害藻类控制技术主要包括氧化法、强化混凝法、气浮法、膜分离法等。

传统氧化控藻法是指向水中投加氧化剂，利用氧化剂的氧化能力灭活藻细胞、降解藻类分泌物的方法。然而，高藻原水中通常含有腐殖酸、富里酸等有机物，与氧化剂反应有生成消毒副产物的风险。藻类及细胞表面的有机胶体物质会使藻细胞表面带负电荷，藻细胞内存在气囊结构，这使得藻细胞具有稳定性，难以脱稳。强化混凝控藻技术可通过改良常规混凝药剂及优化混凝条件和方式，在混凝过程中增强污染物质和藻类去除效果。臭氧-气浮联合将传统的溶气气浮工艺与臭氧氧化技术相结合，在气浮的基础上通过臭氧加压的方式溶入水体，使臭氧与藻细胞和藻类有机物发生氧化反应，在强化固液分离性能的同时，实现除色除臭、去除有机物的功能。膜技术可通过排阻作用有效地阻拦藻类细胞，从而实现藻水分离并最大限度地避免藻细胞的破裂，同时通过反冲洗参数的优化有效控制过滤过程的膜污染（黄敬云，2020）。

（五）水循环利用理论与技术

1. 城镇水系统低碳循环技术

（1）城市水系统健康循环理论

城市用水的健康循环就是在水的社会循环中遵循自然水文循环的规律，节制水的社会循环量，实行污染物源头分离，强化污水再生及污水厂污泥的再利用与再循环，修复城市雨水水文循环，建立流域水系统的综合管理，使得上游地区的用水循环不影响下游水域的水体功能。水的社会循环不损害水自然循环的规律，从而维系或恢复城市以及流域的健康水环境，实现水资源的可持续利用（张杰 等，2010）。在水资源开发利用中实行节制用水，根据地域的水资源状况，制定、调整产业布局，促进工艺改革，提倡节水产业、清洁生产，通过技术、经济等手段，控制水的社会循环量，合理科学地分配水资源，减少对水自然循环的干扰（张杰 等，2007）。从源头来分离污染负荷显然是减轻水域污染的最简单和经济的方法。污染负荷源头分离主要包括工业点源污染物源头分离与削减和农业面源污染控制。以城市污水为源水的城市再生水供水系统，实现城市污水的再生、再利用和再循环，从而将城市污水变成城市稳定的第二水源。此外，在城市总体规划中，应该充分考虑雨水的土壤渗透、调节和蓄存，应充分利用天然降水补充城市地下水，以恢复城市雨水自然循环的途径。适度开发且有效保护水土、生物资源，维护与恢复水环境和水生态系统，确保江河湖泊流域水环境的健康。

（2）低碳城镇水系统

包含供水、污水和雨水的城镇水系统建设和运维一直是能源和材料（包含化学品）消耗的大户。城镇水务系统碳排放所涉及的温室气体包含二氧化碳、甲烷和氧化亚氮三种物质。城镇水系统的减碳路径是通过现有工艺技术的优化和革新，降低能源和药剂消耗的间接排放和生化反应过程的直接碳排放。如颗粒污泥工艺和短程硝化反硝化工艺可以节能达到60%。需要注意的是，微氧曝气和短程工艺都有可能导致氧化亚氮的排放增加。通过高能耗设备更替、微氧曝气和智慧化管理等多种组合措施，提高城镇污水收集处理效能，同步减少温室气体的直接和间接排放。污水收集管道的甲烷释放可以通过优化管道断面和坡度来减少死区，控制污水在化粪池的停留时间，避免厌氧环境产生。通过现代化检测技术减少供水管网漏损，做好排水管道维护，减少外水渗入。化学品消耗在我国污水处理碳排放中占比达到约30%，明显高于欧美国家，其原因有：①化学品投加粗放管理；②排放标准的日益严格使处理流程复杂化；③我国污水的碳氮比偏低，需要投加反硝化碳源。基于上述三种原因，可以分别采用智慧化管控精准投药、因地制宜宽严相济制定污水排放标准和管网改造提质增效的减碳路径。

替碳包括使用清洁能源，以及通过再生水、回收磷和分子有机物等高附加值产品、回收甲烷热电联产和利用水源热泵输出水自身蕴含的热能，替代其他产品的生产而间接减少碳排放。生活污水和剩余污泥中都含有大量的有机物，若通过厌氧消化工艺将其中蕴含的化学能处理为沼气，或通过焚烧方式更加彻底地释放出污泥中蕴含的有机能，再通过热电联产方式将热能回收或发电，可以抵消污水厂运行能耗，甚至对外输出。然而，由于我国污水中有机物含量偏低，借助外援厨余垃圾或者养殖废物进行共消化，是一种有效的能源回收途径。

碳汇指通过修复水生态系统，实现末端固碳。推进生态缓冲带建设、湿地恢复与建设，提升河流、湖泊、湿地等水生态系统质量和稳定性，提升江河湖泊的净化能力，推动水生态系统持续发挥固碳增汇的"碳库"作用。

2. 农村污水治理与水循环利用技术

农村生活污水处理技术可分为以下三大类：生物处理、生态处理和联合处理。广泛被应用的小型集中处理站多采用厌氧-缺氧-好氧（A^2O）、膜生物反应器（MBR）、序批式活性污泥法（SBR）、生物接触氧化工艺等。在温度适宜的区域，人工湿地等经济型处理技术得以广泛应用。农村生活污水排放标准至关重要，是监督管理农村污水的重要保障，农村生活污水排放标准是水处理工艺与技术确立的重要依据之一，且与基本设施建设和后期运维成本相关。有条件的地区可以根据实际情况适当调整控制指标，因地制宜制定农村生活污水排放标准。

3. 工业废水近零排放与水循环利用技术

工业企业耗水量巨大，废水排放造成的污染十分严重，而我国部分地区的水资源相对短缺，水环境承载力弱。因此，最大程度利用工业废水，实现近零排放与循环利用，不但可以减少对水资源的消耗，减轻对生态环境的污染，而且对推动实现"碳达峰"和"碳中和"具有非常重要的意义。工业废水按行业主要可以分为能源化工废水、印染废水、钢铁废水和电厂废水等，其主要特点是水质水量变化大，污染物成分复杂，包括悬浮物、难降解有机物和各种无机离子等。

当前工业废水近零排放与水循环利用主要的处理技术包括预处理技术、生化处理技术、深度处理技术、浓缩减量技术和结晶固化技术。虽然一定程度上实现了工业废水的近零排放和循环回用，但是仍然存在工艺复杂冗长、能源消耗高、水中盐分无法资源化利用等问题。因此，为了助力"双碳"目标的实现，推动经济社会可持续发展，后续技术的开发不但要瞄准集成处理单元，提高处理效率，减少废水和固废的排放，而且要实现有价金属离子的资源化利用。

当前工业废水近零排放与水循环利用技术已经得到了初步的推广应用，但是仍然存在一些缺点，主要包括：①工艺复杂冗长，建设成本高，运行能耗高；②结晶后产生的副产物盐分中不可避免会混入少量有机物、重金属及其他盐，只能作为固废加以处理，不但增加处理成本，而且造成了资源的浪费。

4. 流域水环境和水生态

良好的水生态环境是实现中华民族永续发展的内在要求。"十三五"以来，我国水环境质量改善效果显著，但部分流域或局部水生态退化问题依然存在。水资源保障、饮用水源安全、新污染物污染、富营养化、生态用水短缺、水生态系统退化等水生态环境问题未得到根本解决。"三水共治"背景下，流域水环境治理、水生态修复和高质量发展已成为重大国家战略。

现阶段流域水环境研究多关注流域尺度内的污染物的迁移转化规律、新污染物的分布及生态效应、水污染控制的理论与技术、河湖水体的污染治理、富营养化水体的成因与控制对策和饮用水的安全保障，实现重点流域的水质改善和水生态健康；流域水生态研究多关注生态系统健康、生态系统演变规律、生态修复策略及技术和生态大数据建立，推进河湖等水体生态系统功能恢复，支撑"十四五"水生态系统保护、协同治理新思路。未来在面向新时代生态文明建设新要求下，以水资源效率提高、水环境质量提升、水生态功能恢复和水健康循环保障为关键要点，加强水源水质保护管理，持续巩固提升水生态环境，不断满足人民群众对优美生态环境的需要（Macintosh et al., 2019；孙福红 等，2022）。

三、国内外研究进展总结

（一）物化处理理论与技术

1. 分离理论与技术

（1）混凝理论与技术

混凝理论将从定性、宏观经验计算向微观理论研究及其数学模型的定量计算发展。混凝形态学研究中，统计力学研究方法有望将微观的颗粒形态观测与宏观的混凝效果分析结合起来，定量描述和解释混凝变化过程。通过对水流流态、颗粒运动轨迹、絮体结构形貌变化、絮体粒度分布等絮凝动力学过程的数值模拟可以更清楚地认识和描述复杂的絮凝过程，进而探寻提高絮凝效率的途径并优化絮凝工艺。

（2）膜分离理论与技术

膜分离技术在水处理领域将长期发挥重要作用，未来需结合实际复杂水质特征，正确认识运行过程中的膜污染形成机制及主导控制因素，综合多种抗污染技术，定向提出绿色经济、高效、低耗的膜污染防控措施。面向膜制造、膜组件设计和工艺系统工程这三个重要环节进行针对性的新型膜材料和多功能膜产品的开发、设计和合成，发展高效、简单、低成本的膜性能改进方法，解决工业化放大生产中的关键问题，强化分离膜的选择功能、使用寿命及抗污染能力。针对市场应用需求，因地制宜进行膜技术集成工艺的开发和设计，明确组合工艺中各处理单元间的相互作用和不确定因素，进一步增强处理效果，并扩展膜分离技术的功能和应用范围。充分利用互联网和人工智能技术优势，将其融入膜材料设计、膜性能优化、膜分离机制的精准认识及运行管理过程，实现膜过程的自动化和精准化。

（3）吸附理论与技术

传统吸附材料已难满足现阶段污水处理的需求，未来新型的吸附材料应具备较好的吸附速率和吸附容量、较宽的pH适用性，能够在复杂的水质组分中保证材料优异的吸附性能、再生使用性，易于回收可重复利用且环境友好，材料制备过程简单，能耗低。吸附剂粒径、流速、孔结构和基质浓度等条件会影响传质速率，水处理中的吸附分离技术发展趋势是更加注重反应器的控制和优化，以实现高效、经济的效果。

（4）离子交换与电渗析理论与技术

离子交换材料可通过化学修饰和孔道结构的优化提高其选择性去污性能。通过材料基质、功能基团、致孔剂的调配以及合成过程条件的优化，制备出针对特定物质的高选择性离子交换材料。通过复合离子交换材料与纳米材料，例如铁、镧、锆、铝等金属，提高材料的吸附量。该类材料因"限阈效应"表现出比离子交换材料或纳米材料更为优异的吸附能力。离子交换树脂仅将污染物分离浓缩，并不能彻底去除污染物。因此，将离子交换技术同微生物降解、高级氧化、电化学处理、膜分离等工艺相结合，可实现污染物的高效去除，同时能够避免或减少树脂高浓脱附液的产生。这种集成化的工艺和装备，给离子交换材料在水处理中的应用带来更为广阔的前景。

膜堆是电渗析技术最核心的部分，而离子交换膜是膜堆的核心。膜污染、膜堵塞和离子选择性离子交换膜均对电渗析性能有重要影响，未来将聚焦于新型离子交换膜的研究，如膜污染规律，以建立有效缓解和清除膜污染措施；开发兼具高选择性和耐污性能好的膜等。

（5）协同分离新技术

未来混凝与吸附、膜滤的协同分离技术研究将主要围绕以下几个方面开展：无机/有机复合型混凝剂研发，如将钛盐混凝剂与铝/铁混凝剂复合、有机高分子絮凝剂、硅烷偶联剂等修饰的聚合钛盐混凝剂等，可以实现优势互补，提升处理性能；开发新型混凝剂，在协同分离过程中实现混凝剂的循环利用，降低系统的运行成本；开展多种水处理场景下的评价，优化操作参数，开发适用于协调分离技术的新型药剂和膜滤组合工艺。

2. 化学转化理论与技术

（1）传统化学转化技术

化学转化技术未来有可能在以下三个方面有所突破：①融合生物技术、电化学技术等，开发适用性更强、污泥产量更低、处理效率更高的多元化新技术；②在传统工艺的基础上，加入新材料、新设备，研究低能耗、少维护、高度一体化的节能新工艺；③结合智控运维、大数据分析的优势，赋能化学转化技术智慧化发展。

（2）光化学转化技术

光化学转化技术未来仍围绕寻求突破性的光催化剂展开，使用特征良好的探针化合物和接近实际处理系统中遇到的溶液条件，扩大评价光催化水处理系统性能，考虑材料成本和可用性、大规模生产可行性以及长期稳定性，以寻求突破性的光催化剂，设计和测试特定应用的材料。此外，光催化剂的性能也取决于污染物以及干扰物的性质和浓度，当前在水处理工程中光化学氧化系统应用仍较少，未来需要明确本技术在水处理中可能具有竞争力的利基领域。

（3）电化学转化技术

电流效率低、处理能耗高、电极材料成本高等问题仍是限制电化学转化技术工程应用的限制因素。未来电化学转化技术的发展将涉及以下几个方向：开发具有强催化活性、高稳定性、高耐腐蚀性、廉价的新型电极材料，有效提高污染物的氧化降解能力，降低处理成本；优化电化学反应器结构，提高传质效率，使污染物快速、高效地与电极接触，提高污水处理效率；发展电化学转化技术与其他水处理技术联用的组合处理工艺，拓宽实际应用的范围，使电化学技术向高效、低能耗、更易规模化生产使用的方向发展，利用太阳能、风能等可再生能源处理装置提供电能驱动电化学反应的发生。

（4）生物电化学转化技术

单一的生物电化学工艺尚无法满足污水处理与资源化要求，体现在能量产率低、体量小、产物回收纯度低等问题，因此生物电化学转化技术与传统污水处理工艺结合更具发展潜力，鉴于生物电化学作为传统工艺的辅助工艺具有的诸多优点，如何取长补短、发挥不同工艺间的协同互补作用将是今后发展的重点。未来生物电化学转化技术将主要围绕以下几个方面展开：研发新型高效的微生物催化剂和电极功能材料，实现产物附加值的最大化；充分发挥各组合工艺的作用及协同效应，提高污水处理及能源化效果；根据水质特征选择合适的生物电化学转化技术及其复合工艺类型。

（5）协同化学转化技术

协同化学转化技术未来将围绕开发低碳、高效的协同化学转化体系，实现毒害污染物的选择性去除，以及提升出水的安全性等方面。涉及以下几个研究方向：原子或分子尺度的体相化学过程及界面作用机制解析；以机理研究为基础，设计高性能材料用于污染物的高效和选择性去除；以不同应用场景为导向开发抗水质干扰的可靠转化技术；解析污染物转化产物与中间体（特别是金属基物质）的理化性质，合理设计污染物自强化降解体系；深入探究污染物的转化规律、揭示转化产物及副产物的环境、健康风险，开发更安全的协同转化技术。

（二）生物处理理论与技术

1. 生物处理原理

（1）生物处理基本原理

环境工程、微生物学、基因工程等多学科的交叉研究将推动废水生物处理技术的发展。未来需要更深入地探讨微生物的生物学特性、基因表达和代谢途径，为废水处理提供更为精准的技术支持。基于蛋白质组学揭示微生物去除新污染物的代谢途径和蛋白质互作网络，促进对微生物去除新污染物的分子机理有更深入的认识，有助于设计更高效的微生物处理系统。此外，废水生物处理过程中产生的微生物生物质可以被进一步开发和利用。这些生物质可作为生物肥料、动物饲料和生物能源等领域的有价值资源。通过代谢工程和合成生物学手段，开发出高附加值的化学品和生物制品。

（2）生态净化基本原理

近年来，水生态修复技术逐步由河流湖泊湿地生境修复以及氮磷富营养化治理，发展到重点关注"气候变化""生态系统服务""生态修复理论与技术"和"生物多样性"等。然而，我国现阶段的水环境形势不容乐观，未来应更多关注多类型生态系统协同修复的内在机理和规律、生态修复效果评估方法与可持续管理，以及生态净化产品的高价值资源化利用等方面，为水环境质量的提升与管理决策工作提供有力的理论依据和技术支撑。

2. 生物处理技术与模型

（1）活性污泥法

活性污泥法未来发展的重点包括技术创新和改进、数字化智能化、低能耗生物处理技术推广以及污泥资源化利用。在技术方面，将推出新型反应器和填料、改进处理流程和操作条件，研发新材料，提高对传统和新污染物的高效去除能力。同时，活性污泥法将朝着数字化智能化方向发展，实现精细化的过程管控和实时监测优化。此外，低能耗生物处理技术如好氧颗粒污泥和菌藻颗粒污泥也将得到推广应用。污泥资源化利用是重要举措，将推动污泥中的碳、氮、磷等资源和能量的回收利用，并发展污泥资源化产品的市场出路，实现减污降碳协同增效。

（2）生物膜法

为解决严峻污染问题、满足可持续发展需求，传统生物膜法需要进一步改进与发展。研发新型高效多功能载体、可回收利用能源与资源、多反应复合的微生物膜系统，探究生物膜结构与种群互作机理，建立基于微生物功能的生物膜模型，精准调控与维持生物膜系统，有效提高生物膜法的处理效率和能源与资源利用率，应对新污染物的挑战，为其工程应用奠定理论基础。

（3）膜生物处理反应器

随着对清洁水需求的不断增长，膜生物处理反应器将发挥更大作用。然而当前膜生物处理反应器较高的投资运营成本难以满足我国"双碳"目标下的新要求，因此实现工艺的降碳减污、协同增效是未来发展重要趋势。同时，膜污染导致的高成本及高能耗等问题也在一定程度上限制了膜生物处理工艺的进一步应用。未来，膜生物处理反应器的发展趋势主要包括以下三个方面：①优化膜生物处理反应器结构并进行系统性环境经济可持续评估，实现降碳减污协同增效；②研发新型膜组件，特别是具有高机械强度、高通量、低成本及自清洁性能的膜组件；③深入探索膜污染及膜清洗机理，开发绿色、低碳、高效的膜污染控制及清洗技术。

（4）厌氧生物处理技术

厌氧生物处理的未来趋势包括技术创新、资源化利用和减污降碳。技术方面要开发高效的厌氧氨氧化菌剂，突破传统技术限制；资源化方面要利用污水中的有机物生产可再生能源，实现水资源高值化利用；减污降碳方面要在保证处理效能的同时控制副产物污染风险。建议加强低温适应策略研究，培养适应低温环境的高效厌氧氨氧化菌群落，解决有机废水制备高值产品的技术突破和经济成本限制。

（5）生物脱氮除磷

生物法是污水处理厂脱氮除磷的主要工艺，随着对于氮磷去除机制研究的不断深入，以及水处理工作者对生物脱氮除磷工艺的不断推陈出新，逐渐探索出一条适合我国国情的水处理之道。

（6）污水资源化与能源化技术

污水是可再利用的资源，含有丰富的碳、氮、硫、磷等物质。可持续的污水处理技术应将处理转向回收，利用污水中的COD作为能源，回收氮素用于制造氮肥，并将磷资源回收再利用。此外，污水温度也可用作热源。这种可持续技术应专注于能源和资源的回收，并以低能耗和资源消耗为特点，实现水的循环利用。

（7）模型与调控理论

ASM模型需要完善活性污泥动力学参数校正方法，尤其对全程硝化和异化硝酸盐还原微生物参数的研究很重要。参数测定方法的统一标准和考虑金属元素对微生物生长的影响将提高模型可靠性。耦合二沉池反应过程可以增加模型的实用性。环境模型可与大数据模型耦合，用于水务数字化和智能化决策。推行智能化管理和自动控制系统将推动污水处理厂的自动化、智能化发展。ChatGPT等技术的应用可以提供有价值的调控策略。

3. 生态修复技术与应用

（1）湿地生态修复技术

人工湿地主要存在出水达标的不稳定性和生态影响的不确定性。为此，人工湿地未来的发展趋势应加强以下研究工作：①探究新型脱氮途径；②最优除磷基质筛选指南；③开发固碳增效关键技术；④评估新兴污染物对尾水回用潜在的生态风险。

（2）河道生态修复技术

河道修复是国家山水林田湖草沙生态保护修复试点的主要内容。河道生态修复技术发展趋势主要包括：①由污染控制向流域生态系统恢复发展；②由单河道修复向全流域修复发展；③由单控源截污向生态缓冲区构建发展；④多学科交叉，充分考虑河岸带生态系统的结构与生态、景观功能与社会经济系统之间的联系；⑤加强河流恢复前后的连续长期监测，构建区域性河道水文、水质、生物群落、河道形态等方面的河道生态系统大数据平台，为河道因地制宜生态修复提供依据，建立反馈和纠正机制或流程模型，改进和完善河流生态修复措施。

（3）流域生态修复技术

水生态安全与生态修复关注的重点包括厂网河湖一体化治理、新污染物生态风险评价和管控、河流水质改善与水生态保护修复、湖库水生态保育与藻类水华风险控制、流域湿地系统保护与修复技术。因此，需研发生态风险评价、水质改善、湖泊修复、湿地保护等方面的研究与技术创新，解决工业园区水污染、湖泊富营养化等生态问题，实现流域水生态的修复和综合保护。此外，仍需发展智慧流域管理，推进"三水"协同共治，建立统筹规划和一体化机制，实现全流程、精细化、标准化的智慧管理体系，进而构建全方位、体系化的科技支撑体系，推动科学化、信息化、智慧化的管理监督体系。

（4）工业生态修复技术

工业尾水生态修复技术的发展目的是加快工业尾水处理厂的提标改造工作，着力打好碧水保卫战。由于工业尾水中新兴污染物的复杂性，亟须建立新兴工业污染物的综合评价方法，构建较为完整的新兴工业污染物风险评价与控制策略。同时需加强工业水污染源综合防治和生态环境监测，改善工业废水生态环境监管方式。开展环境污染生态健康评估和综合修复的前瞻性、战略性和应用性研究，发展新型工业尾水生态联合控制技术，最终建立全过程工业水污染生态净化和修复策略。

（5）农业生态修复技术

当前农业环境污染形势依然严峻，土壤重金属、有机污染问题比较严重，粮食安全与环境良好的矛盾突出，多目标复合型污染修复技术和体系还需加强，亟需开展以下工作：①农业面源污染综合防控、农田重金属及新污染物有效治理等方面理论、技术和机制创新研究；②农业绿色清洁生产与养分高效循环处理技术、绿色高效生态服务增值机制；③农业生态系统退化演替与防控机理、不同退化农业生态系统的生态环境效应与系统恢复的理论与方法；④气候变化影响下农业生产区生态环境效应及演变规律、外源物质的迁移处理规律、生态环境质量变化以及环境累积效应规律。

（6）城市生态修复技术

随着海绵城市建设工作持续推进，我国不同区域城市气候、地形地貌、水文环境等特征差异对城市面源污染控制提出了新的要求与挑战。城市面源污染控制的发展趋势主要包括：①海绵城市面源污染控制及水生态修复系统全局优化方法研究，实现以径流污染控制、合流制溢流污染控制、水生态修复为核心指标的多目标优化调控；②海绵设施全生命周期建设与运行研究，实现不同类型设施水量水质调控效能综合提升，长期生态环境与经济效益显著提高；③海绵城市末端水体系统生物多样性构建技术，实现末端水体水环境由水质改善向生物多样性提高的生态转变。

（三）水处理材料、工艺及资源转化

1. 水处理药剂与材料

（1）水处理混凝药剂

混凝剂的发展趋势主要包括：由低分子量向高分子量发展，由单一型向复合型发展，由单功能向多功能发展。鉴于复合高分子絮凝剂及天然改性有机高分子絮凝剂具有的诸多优点，开发新型、高效、经济、环保的复合系列混凝剂和功能化有机高分子絮凝剂将是今后发展的重点。建议今后应加强以下三个方面的研究工作：①研发新型高效的复合高分子混凝剂，充分发挥各组分的作用及协同效应，提高其混凝效果；②研发功能化有机高分子絮凝剂，实现对传统混凝难以去除的污染物的高效去除；③明确混凝剂去除不同污染物的构效关系，根据水质特征选择合适的混凝剂/絮凝剂种类。其研究结果将为复杂水质的多界面絮凝机理和工艺优化奠定理论基础。

（2）水处理吸附材料

在实际的水处理过程中，吸附材料的吸附效率经常受到污染物的物理化学性质、水质条件及操作条件等的影响。因此，将生物降解、高级氧化、膜工艺与吸附法相结合，利用工艺对去除水中有机物显著的协同效应，从而实现污染物的高效去除。高级氧化 – 吸附、吸附 – 膜等联用工艺将是今后重要的研究方向。

（3）水处理催化剂

水处理催化剂是水处理领域的关键技术之一，其发展呈现以下趋势：①高效催化剂设计；②多功能催化剂；③可持续性和环境友好性；④新型催化材料；⑤光催化和电催化技术；⑥催化剂的可控制备和表征；⑦催化剂的应用领域扩展；⑧系统集成与工程应用。

（4）水处理膜分离材料

水处理膜分离材料的发展趋势主要包括：由单功能向多功能发展，由高成本向低成本发展，由低效向高效发展。纳米技术的概念催生了新的水处理膜材料，不仅可以实现性能的突破，还可实现多功能，比如高渗透性、催化反应活性、抗污染性等。加快新型膜材料设计与开发，建议加强以下方面工作：①加强原创性基础研究，坚持创新驱动，开发颠覆性膜材料，研究成膜过程分子相互作用行为，以及分离过程中膜表面和孔道内物质传输行为；②开发国产高性能膜材料产品，攻克高性能低成本水处理膜规模化制备关键技术，加强国产膜材料应用示范，开展膜集成应用技术研究，大力推动自主化、高端化发展，促进高性能膜材料在水资源生态环境综合治理、清洁生产和低碳经济中发挥关键作用；③基于绿色材料与溶剂制备绿色高性能膜材料、通过技术迭代实现退役膜材料的再生循环利用、通过材料革新进一步提升膜材料的使用寿命并降低运行能耗，进而提升水处理膜材料的可持续性。

（5）水处理消毒药剂

研究开发氯、二氧化氯、臭氧等氧化性消毒剂的优化投加方法，例如消毒过程监控模拟模型、模拟软件、消毒效果评价实时反馈调控系统等，以达到同时提高消毒效果、减少消毒副产物生成、降低消毒成本的目的，将是今后研究发展的重点。此外，由于氯、二氧化氯、臭氧、高铁酸盐等单一消毒剂对微生物作用靶点和消毒机理各不相同，研究开发组合或协同消毒工艺及其优化调控方法，以实现对微生物的多靶点多重损伤、减少消毒剂投加量、提升消毒效率、降低消毒成本，将是今后的重点发展方向。开发新型、高效、稳定、经济、环保的多功能复合消毒剂将是未来发展重点。

2. 水处理工艺优化与低碳运行技术

（1）安全供水工艺优化及低碳运行技术

在"双碳"背景下，城镇安全供水工程面临水质安全与碳减排的双重技术需求。需同步发力水源保护修复与既有工程工艺升级，加快推广装配化与智能化供水工程改造建设，强化供水水质全过程监管与建设应急保障体系，重点聚焦多单元耦合与全系统联动调控，应对复杂原水水质，满足高品质供水需求，实现供水工程优化与低碳运行。

（2）污水处理过程智能检测与优化控制

该领域的发展应聚焦如下方面：①仪表检测方面，常规仪表数据挖掘分析与新型仪表研制应用需协调并行。下一阶段需要同步推进存量仪表的物联化和数据科学分析，同时加快推动光谱、光学、电化学等新型仪表的研制与应用，在过渡期可以采用数据模型和软测量等方法来弥补数据获取成本高、有效数据量不足的问题。②智能控制方面，人工智能技术发展迅速、成果丰富，但也存在高质量数据不足、智能分析模型粗糙、应用场景不清晰等实际问题，还需加强与工艺的结合研究，形成可用的集成学习和推理预测内核。开展传统控制与AI技术的对比研究和评价，有助于因地制宜，避免智慧化转型滞留于数据可视化阶段。

（3）城镇污水处理工艺优化及低碳运行技术

城镇污水处理工艺优化及低碳运行技术未来发展聚焦如下方面：①强化新污染物的降解转化。近年来，越来越多研究采用高级氧化（AOP）和生物氧化的方法去除新污染物。由于使用AOP可能产生毒性更大的中间产物，因此鼓励利用生物技术降低产物毒性，例如MBR、SBR和人工湿地（CW）等技术。②污泥无害化与资源化。鼓励采用热水解、厌氧消化、好氧发酵、干化等低能耗、资源化的方式进行无害化处理。提倡利用剩余污泥和餐厨垃圾共发酵强化产酸、产甲烷等，同时实现有机废物的综合处置和资源能源的回收。③发展磷回收工艺。如何在污泥厌氧消化过程中实现高效磷回收成为经济、可持续的发展方向，并且将新型的污水处理及资源回收工艺与结晶法回收磷相结合也将是未来的研究热点。④实现"碳中和"。污水处理过程实现"碳中和"的措施包括节能降耗、剩余污泥厌氧消化实现能源回收、热电联产实现能源转化、微藻养殖固碳和生产生物燃料、开发清洁能源工艺、余温热能利用、碳源捕获和碳源改向等。

（4）典型难降解废水强化处理及低碳运行技术

未来典型难降解废水处理系统发展趋势可以分为以下三条路径：①多能源协同替代传统能源模式变革。②颠覆性减污降碳新技术开发并应用。当前工艺研发和升级优化的趋势是低成本化、绿色化，即尽量选择能耗成本低、原材料可再生、附带二次污染小同时尽可能对废水中可利用的资源能源实现回收的新技术、新工艺。如：厌氧产甲烷、产氢等技术可实现污水能源有效回收；厌氧氨氧化技术不仅可以实现难降解废水高效脱氮，而且大幅度降低电耗和碳排放，是当前公认最节能低碳的脱氮技术；好氧颗粒污泥技术对毒性物质有良好抗性、抗冲击能力强、能承受高有机负荷等特点，在处理高浓度有机废水、高含盐度废水及许多工业废水等方面具有广泛应用前景。③水－能－碳智能管控技术与系统开发与应用。推动污水处理厂节能低碳水泵、风机、专有设备与新技术综合利用与优化，以及输变电系统的优化调度与能效提升。

（5）工业园区废水处理工艺及低碳运行技术

工业园区废水处理的设计运行仍存在依赖专家经验、智慧化智能化不足等问题。通过大数据分析、智能化控制，工业园区水厂智慧管控，结合已有的数据，开展工业园区污水的数据库构建、智慧设计、智慧管控的研究，是未来的发展方向。然而，面向复杂的工业园区废水，仍然缺乏全国性的机构或单位将不同运营单位，不同行业，不同地域工艺技术、经验、数据进行汇总分析，从而获得有实践指导意义的数据库与智慧化实现模式。

（6）水处理新工艺及应用

从发达国家的未来污水处理技术路线以及我国污水处理概念厂发展目标可知，同步实现深度减污、高效产能、减排降碳、资源回收、安全回用是未来较长时期的工艺发展方向。从路径来讲，一是"开源"，即加强污水、污泥中的化学能、热能、生物质能利用，以及磷、蛋白等资源再生；二是"节流"，即通过太阳能、光能等清洁能源利用，以及低碳低耗风机、泵等设备应用降低对传统能源需求。从实践来讲，则需要实现从技术创新、工艺优化、设备升级到全流程智能管控与标准体系构建的全链条协同。技术层面，需要发展低碳、低耗的污染物深度去除、资源能源高效回收、新污染物风险控制技术，提升技术就绪度、稳定性及适应性。工艺层面，需要针对不同水质特征及污水再生、资源回收与能源转化需求，以技术创新为核心优化污水、污泥处理路线，形成系列适配工艺模式。设备层面，需要聚焦风机、泵等高能耗设备升级，并通过精细化管理及全流程智能管控优化运行工况，以实现全流程降耗。标准层面，需要针对碳中和体系下污水处理行业标准缺项，构建涵盖技术、装备、工程、评估、管理等多维度的标准体系，为污水处理工艺的全面升级及标准化应用提供支撑。

3. 污水资源与能源转化理论与技术

（1）城市污水碳捕获理论与技术

未来研究将关注碳捕获率的提升、碳捕获产物的多目标资源化，以及碳捕获与其他技术的集成应用,推动污水处理行业实现"碳达峰、碳中和"和可持续发展目标。在碳捕获率的提升方面,由于颗粒态碳源易被富集,碳捕获率的差异更多取决于对溶解态及胶体态碳源的捕获,因此未来研究应在深入分析城市污水碳源构成的基础上,评估可通过常规分离手段实现的基础捕获潜力和需通过其他物化强化手段实现的最大捕获潜力,提出通过混凝、吸附、电化学、膜分离等多元耦合的污水碳源高效捕获方法。在碳捕获产物的多目标资源化方面,当前生物产氢、制备生物柴油、生产生物塑料,以及提取聚羟基脂肪酸酯(PHA)等具有较高的商业价值的工农业原料的相关技术仍需进一步开发,从而全面实现碳捕获产物多目标资源化。在碳捕获与其他技术的集成应用方面,碳源捕获是污水资源化处理中不可缺少但并非唯一的步骤,还应综合考虑氮、磷、水资源及热能的回收再利用。城市污水"碳捕获"后污水呈现低碳高氮的特性,与常规脱氮技术难以耦合。未来研究中应开发碳捕获与其他处理技术的集成应用,从而满足不同的资源化目标与排放标准。

(2)废弃碳源发酵产酸理论与技术

未来的研究主要集中在三个方面:①进一步提高有机酸产率。预处理,调控发酵温度、预处理、添加生物炭等微量元素等因素均会影响污泥厌氧发酵产酸效率,但其在工程上的操作及实际应用价值还需进一步研究。因此,需要进一步从理论和工程应用层面研究提高有机固废发酵产酸的调控措施。②碳链延长合成中链有机酸。中链脂肪酸一般是指含有6~8个碳原子的脂肪酸,被广泛应用于制备抗菌剂、食品添加剂,或作为中间体被进一步加工成药品、香水、润滑油、橡胶和染料等产品,比短链脂肪酸具有更高的附加值。基于厌氧羧酸平台的碳链延长技术为中链脂肪酸的生产提供了一个有效的选择。该技术利用厌氧发酵技术将有机废弃物转化产生短链挥发性脂肪酸(C_2~C_5),再通过微生物碳链延长反应得到附加值更高的中链脂肪酸。③微生物电化学技术。微生物电化学技术是一种新兴的用来处理难降解有机物的技术,微生物电化学技术可以用来产酸,在阳极有机物降解生成 CO_2 和 H^+,阴极 CO_2 得电子形成挥发性脂肪酸(VFA)。除了直接利用从阳极转移过来的电子外,CO_2 还可以利用阴极质子产生的氢气产生 VFA,具有良好的发展前景。

(3)厌氧产甲烷新理论新方法

尽管关于直接种间电子传递(DIET)产甲烷的报道呈逐年递增趋势,但仍存在以下问题亟待解决:①缺少证据表明厌氧消化中存在 DIET 产甲烷路径。仅通过性能提升和群落的改变以判断厌氧消化中存在 DIET 产甲烷是不充分的。未来研究需考虑其他表征手段,如宏基因组或宏转录组等。②导电材料应用于厌氧消化需考虑投加方式和运行费用。未来研究需考虑将导电材料制备成固定床或移动床内置于厌氧消化器,持续促进 DIET 产甲烷。

(4)新型污水磷回收技术

磷回收工艺发展趋势包括:①渗透生物反应器(OMBR)磷回收工艺;②利用聚磷丝状菌回收磷;③生物铁回收磷工艺:利用厌氧消化液中的有机物将铁还原,之后与水中的磷酸根结合,氧化生成磷酸铁沉淀[$Fe_2(HPO_4)_3$];④氧化铁吸附回收磷:利用纳米技术将水合氧化铁颗粒固定在大孔径阴离子交换树脂表面，形成具有可再生能力的吸附剂，其中的氧化铁颗粒对磷酸盐进行吸附。

（5）微藻处理污水与资源化

微藻不仅具有巨大的固碳潜力，而且还可以用于污水处理，生产出具有高经济价值的生物柴油、蛋白质、脂质等物质，是"碳中和"研究中最佳的固碳微生物。未来研究应关注如下方面：①如何建立高效稳定的藻菌共生体系用于特定废水体系的深度处理依然是限制其在废水处理领域进一步拓展和应用的主要影响因素之一。藻菌共生体系的建立与许多因素有关，主要影响因素有曝气量、氨氮浓度、藻菌接种比例等。②由于微藻比真菌生长得快，它们之间形成颗粒变得较为困难，从而导致它们所产生的球体结构不稳定，大小也不均匀。成球过程是多种因素共同作用的结果，其中包括：藻细胞与真菌菌丝的同步生长、成球时的搅拌速度以及表层的电荷分布。构建生长周期长且稳定的微藻-真菌共生体应是当前研究的难点和重点。③在循环经济的背景下，可再生资源的利用越来越受到人们的关注。将微藻生物质转化为生物柴油、乙醇、氢气、甲烷等多种能源产品也成了当务之急。而微藻柴油的制备关键在于油脂的提取，采用高效的微藻油脂提取方法尤为关键，将有利于缩短提取时间、减少有机溶剂消耗、降低能耗。④对于微藻处理污水与生物质能源化的研究还不够深入，接下来可结合生物信息学加强对微藻细胞代谢通路的了解并获得相关靶基因信息，以提高微藻对复杂环境的耐受性和生物质产量。

（6）废弃碳源合成聚羟基烷酸酯理论与技术

尽管混菌PHA合成技术不断成熟，但仍然存在PHA合成微生物生长缓慢、底物转化率低、曝气能耗高、下游提纯化学药剂使用量大等问题，使得混菌PHA合成工艺难以推广应用。为实现更加可持续且更加具有时间效率的生产工艺，该领域未来的研究可以更多地关注：①与纯菌PHA发酵工艺的结合，提高工艺输出生物量；②原料的预处理及组成的优化，从而使得合成PHA单体组成及分子稳定性得以提升；③下游加工工艺的研发，降低化学品使用量和废弃物产生量，获得适用于混菌胞内PHA提纯加工工艺；④面向工业有机废物资源化，研发与其他能源、资源产品同步回收的具有循环经济综合发展潜力的生物精炼技术；⑤推进混菌PHA合成技术从实验室规模研究到中试规模。

（四）水质化学风险与控制

1. 水质化学风险控制理论与技术

（1）新污染物风险与控制

新污染风险与控制领域的重要发展趋势包括以下三个方面：①新污染物高通量筛查与指纹图谱。利用高分辨率对多种新污染物进行快速筛查、变化趋势分析，绘制水中新污染物"指纹图谱"，有助于新污染物的环境行为分析、风险演变规律、处理技术研发和综合治理系统构建。②新污染生态环境风险和健康风险效应。发展复杂条件下的新污染物风险阈值确定方法和建立新污染风险阈值数据库，有助于新污染物的优先控制物质确定、指南和标准研制及新型处理技术研发等。③新污染物及风险同步控制新型技术工艺。水中新污染物去除时，会转移至吸附材料或浓水中，或转化为氧化副产物，仍存在较高风险，甚至部分氧化副产物的生物风险高于原物质。④新污染物控制指示指标与调控方法。转变污染物浓度控制的传统思路，基于单一技术操作条件与新污染物去除率的关系，制定新污染物去除能力标准；基于处理技术对新污染物去除率和水质参数去除率的关联关系，建立新污染物处理效率的快速指示指标和指示方法。

（2）消毒副产物风险与控制

消毒副产物风险与控制领域的重要发展趋势包括以下三个方面：①消毒副产物分析识别。未来还需要依据我国国情，识别与我国水源水质特征和水处理工艺特点相符的、具有我国特性的高风险消毒副产物，将分析检测技术、浓度调研结果、生成转化机制以及健康风险效应几部分相耦合，提出一系列需优先控制的消毒副产物以纳入我国国家以及地方饮用水水质标准，从而对其进行有效的监管和控制。②消毒副产物前体来源。随着全球水体污染问题日益突出，大量污染物进入水环境，并在后续水厂消毒环节与消毒剂反应生成消毒副产物，鉴于此，未来需开展城市水系统（排水系统 – 水环境/水源 – 供水系统）视角下的消毒副产物前体物识别与解析，研究其迁移转化规律以及生成消毒副产物的反应机理机制。③消毒副产物控制。水厂需优化技术工艺以协同去除原水中各类污染物及消毒副产物前体物，发展绿色高效水处理技术以降低化学药剂及工程材料的使用，例如开发高性能、抗污染、低能耗的物理分离技术，研发具备广谱性、低副产物和持续消毒能力的安全消毒技术，攻关基于新能源、新材料、新理念的饮用水清洁净化技术等，以期达到有效削减消毒副产物的目的。

（3）生物毒性风险与控制

生物毒性风险与控制领域的重要发展趋势包括以下三个方面：①开发客观反映水质生物毒性的技术方法体系。生物毒性评价通常需采取预处理浓缩富集水中的污染物及副产物，常见的预处理方法包括固相萃取和液液萃取等。但无论固相萃取还是液液萃取，均难以保留水中的挥发性物质，可能导致对毒性的低估。②认识并科学管控复杂水质中的关键致毒组分。水中污染物种类繁多，尤其当氧化或消毒后，由于副产物的生成导致水质更加复杂。而现行的水质标准管控对象可能并非关键致毒组分。③形成毒性评价为先导的水处理工艺开发策略。由于水中污染物组成的多样性及副产物生成的复杂性，在水处理工艺开发过程中应树立系统思维，不仅着眼于单一污染物去除，而应保障水质生物毒性控制。仅关注某一种或某一类污染物的控制，对水质安全保障的效果可能适得其反。

2. 水质生物风险控制理论与技术

（1）常规消毒技术与工艺

未来常规消毒技术与工艺的发展方向主要集中在以下三个方面：①消毒抗性细菌的特

性与控制。消毒抗性细菌是近年来备受关注的研究对象，当前研究主要聚焦在其群落结构特征、抗生素抗性以及消毒抗性机制等方面。但是，对消毒抗性细菌最基础的生长代谢特性的研究相对薄弱，同时，亟需开发针对性的高效灭活技术。②消毒效果的快速检测与在线控制。部分研究者提出了利用荧光特征等便于快速检测的光谱信息等作为消毒效果替代性指标的技术方案。随着新型微生物在线或离线快速检测设备的开发及应用，有望实现对消毒过程的实时在线控制。③生物风险的全过程系统控制。为实现生物风险的高效控制，除消毒单元外，还应贯彻"单元互顾、系统最优"的指导思想，系统考虑其他处理单元对消毒环节的影响。在饮用水或再生水供水系统中，还应考虑消毒对后续的输配、利用环节的影响。

（2）有害藻类控制技术

截至2023年，供水系统中有害藻类的控制技术种类很多，各有优劣。未来各技术的发展趋势将是在克服自身缺陷的条件下开发各类组合工艺来应对实际运行过程中的藻类问题。

以膜过滤技术和强化混凝技术为例：膜分离应用于除藻技术主要指微滤和超滤低压膜滤，但膜污染问题难以控制，分离出来的藻渣需要二次处理等。因此在实际应用中，膜分离法通常与前处理、组合工艺搭配运行，提高去除效率，缓解有机膜污染。常用的联合工艺有电氧化-超滤除藻工艺、气浮-超滤膜工艺、粉末活性炭-膜分离技术等。

强化混凝技术具有对工艺改造方式简单、成本低、可操作性强、效果明显等特点，成为水处理中最常见的控藻技术。强化混凝技术的焦点主要在絮凝剂、助凝剂的改性，尤其是壳聚糖改性。壳聚糖是天然阳离子聚电解质，本身具有高效促进混凝沉淀的能力，对人体无毒害作用，不会对环境产生二次污染。

（3）消毒新原理与新技术

今后应针对现有纳米消毒技术应用现状加强以下三个方面的研究工作：①研发新型纳米消毒抑菌机制，发挥纳米材料对微生物高效消杀特性，提升消毒效率；②研发适应于特定纳米消毒机制的反应装置，并充分考虑反应动力学模型、微观转质特性，构建高效消毒技术与工艺；③构建纳米消毒技术综合控制生物性污染物，实现基于纳米消毒技术的高品质直饮水处理，为安全、健康、高品质直接饮用奠定理论基础与技术支持。

（五）水循环利用理论与技术

1. 城镇水系统低碳循环技术

（1）城市水系统健康循环理论

随着全球气候变化、人口和经济发展的需求，城市水系统健康循环的相关研究就不仅仅局限于上述，还应进行更广泛意义上的拓展。在国家可持续发展的战略指引下，凭借多种节制用水政策的驱动，强化工业用水及饮用水的重复利用和继续开拓进取，研发经济高效、资源回收的污水处理工艺，从而转变污水处理厂为水、能源和植物营养素的再生、再利用与再循环工厂。

（2）低碳城镇水系统

海绵城市建设采用绿色设施替代钢筋混凝土设施，可大幅度减少雨水系统建设的碳排放，设施形成的绿色空间还具有一定的碳汇能力。水系统的各子系统之间的碳减排具有协同性，需要管理部门系统筹划规划，技术推动，激励先行，实现经济效益、环境效益和社会效益的三重提升。

2. 农村污水治理与水循环利用技术

农村污水治理与水循环利用技术发展包括如下方面：①推进农村污水无人值守远程控制物联网平台研发；②完善水质监控方法；③完善农村污水处理技术评估方法；④强化新污染物去除；⑤加强对污泥的统一规划处理；⑥分级制定农村污水排放标准。

3. 工业废水近零排放与水循环利用技术

未来工业废水近零排放与水循环利用技术有以下两个发展趋势：①优化整合处理流程，降低各环节的处理能耗。根据废水水质的差异，合理集成预处理技术、核心生化技术及深度处理技术，强调单元工艺之间的协调性，以实现工业废水的高效低耗短流程处理。②开发废水中有价离子的分盐结晶资源化利用技术。未来可探索结晶杂盐资源化利用，例如通过核晶造粒技术将高价离子预先去除，随后采用膜法（纳滤）、热法（硝盐联产）、冷冻法（卤水脱硝）等工艺，实现分盐目的。同时要处理好分盐投资与产出效益的平衡关系，实现水和盐资源化利用的最优解。

4. 流域水环境和水生态

"三水共治"背景下，流域水环境治理、水生态修复和高质量发展已成为重大国家战略，相关研究既是水生态环境保护的重大科技需求，也是支撑"十四五"水生态系统保护和协同治理新思路必经途径。流域水环境和水生态研究发展趋势主要包括：①水资源调控、水环境治理和水生态修复之间的相互关系；②区域水处理、水资源再生与循环利用；③氮磷等生源要素和新兴污染物对流域生态过程的影响及其微生物响应机理；④流域水资源综合配置和生态用水保障；⑤流域水生态完整性退化诊断新技术体系、退化成因及交互作用。

建议今后在以下三个方面加强相关基础与应用研究工作：①湖泊富营养化和蓝藻水华控制理论与工程技术；②大时空尺度水生态研究与大数据融合的水环境安全保障；③流域综合治理与完整性退化诊断新技术体系和水生态系统保护修复策略。

截至2023年，流域关键水环境指标和新兴污染物尚未纳入污染物总量控制，现行地表水质量标准难以适应新时期水生态安全保障，流域水环境综合治理与水生态完整性修复调控新技术模式尚不完善；未来研究的重点应关注流域河流生态需水量评估、流域水质水量优化调配和联合调度、新兴污染物对伴生流域生态过程的影响机理、流域水生态完整性退化诊断新技术体系研发等方面，最终实现河湖水生态系统的"监测 – 评估 – 修复 – 管护"一体化集成技术体系。

四、总结与展望

在未来 5~10 年甚至更长时间内，水处理理论与技术将面临如下挑战。

1）建设新污染物风险防控及水循环利用安全保障理论与技术体系，发现新的水环境问题和新的污染产生机制，面向国际学术前沿，提出解决水环境问题的中国思路。

2）开发水污染控制的减污、降碳协同增效技术，完善技术与理论集成，解决水处理理论与技术的"技术孤岛"现象，助力水环境"碳达峰、碳中和"的实施。

3）面向美丽中国、健康中国和生态文明建设等国家重大战略，解决水污染治理及水环境质量提升过程中的"卡脖子"问题。通过研发颠覆性技术与装备，推动学科成果的转化，形成"基础 – 技术 – 应用 – 管理"的闭合式创新驱动链条。

参考文献

陈孟，张克峰，张英芹，等，2021. 铝盐、铁盐和钛盐混凝对三卤甲烷前体物的去除研究［J］. 现代化工，41（9）：178-184.

楚文海，肖融，丁顺克，等，2021. 饮用水中的消毒副产物及其控制策略［J］. 环境科学，42（11）：5059-5074.

郝晓地，申展，李季，等，2022. 国际上主要污水磷回收技术的应用进展及与之相关的政策措施［J］. 环境工程学报，16（11）：3507-3516.

黄敬云，2020. 基于混合死端／错流正渗透系统的藻水分离研究［D］. 天津：天津工业大学.

蒋绍阶，陈金锥，张智，2006. 多级串联加压泵站供水系统优化调度研究［J］. 给水排水，32（11）：96-99.

李团结，于鹏飞，赵宗祺，等，2022. 活性炭吸附联合 Fenton 氧化处理高含盐有机废水的研究［J］. 工业用水与废水，53（2）：23-27.

刘子赫，2021. 外加碳源对硫代硫酸盐驱动的自养反硝化耦合厌氧氨氧化体系的影响及机理研究［D］. 广州：华南理工大学.

南军，贺维鹏，李圭白，2010. 絮凝过程絮体粒度分布特征及流场仿真［J］. 北京工业大学学报，36（3）：353-358.

孙福红，郭一丁，王雨春，2022. 我国水生态系统完整性研究的重大意义、现状、挑战与主要任务［J］. 环境科学研究，35（12）：2748-2757.

王梦梓，2016. 基于利用小球藻处理高浓度有机废水的耦合技术研究［D］. 北京：中国农业大学.

王松良，施生旭，2023. 发展中国生态农业是实现中国式农业现代化的根本路径［J］. 中国生态农业学报（中英文），31（8）：1184-1193.

王文龙，吴乾元，杜烨，等，2020. 城市污水中新兴微量有机污染物控制目标与再生处理技术［J］. 环境科学研究，34（7）：1672-1678.

王欣桐，2023. 浅谈 A/O 系列工艺技术及其在处理工业园区污水中的应用［J］. 河南化工，40（1）：13-16.

王玉莹，支丽玲，马鑫欣，等，2019. 污水处理中的菌藻关系和污染物去除效能［J］. 环境科学与技术，42（7）：116-125.

吴小琼，沈江珊，朱君秋，等，2017. 光电催化水处理技术研究新进展剖析［J］. 环境科学与技术，40（2）：76-82.

肖融，楚文海，2020. 从"源头到龙头"的前体物全过程来源分析消毒副产物的源头控制［J］. 给水排水，56（9）：137-145.

曾思育，董欣，2015. 城市降雨径流污染控制技术的发展与实践［J］. 给水排水，41（10）：1-3.

张杰，陈昭斌，2019. 过氧化物类消毒剂的研究新进展［J］. 中国消毒学杂志，36（9）：709-711.

张杰，李冬，2007. 节制用水 永续发展［J］. 建设科技，（15）：28-30.

张杰，李冬，2010. 城市水系统健康循环理论与方略［J］. 哈尔滨工业大学学报，42（6）：849-854.

张洁，郭琳琳，张鹏，2022. 生态循环产业园混合工业污水处理工程实例［J］. 工业水处理，42（2）：177-182.

AHMED Y M, JONGEWAARD M, LI M, et al, 2018. Ray Tracing for Fluence Rate Simulations in Ultraviolet Photoreactors［J］. Environmental Science & Technology, 52（8）：4738-4745.

ALBERGAMO V, SCHOLLÉE J E, SCHYMANSKI E L, et al, 2019. Nontarget Screening Reveals Time Trends of Polar Micropollutants in a Riverbank Filtration System［J］. Environmental Science & Technology, 53（13）：7584-7594.

ALJABERI F Y, AHMED S A, MAKKI H F, et al, 2023. Recent advances and applicable flexibility potential of electrochemical processes for wastewater treatment［J］. Science of the Total Environment, 867：161361.

CAO K F, CHEN Z, SHI Q, et al, 2021. An insight to sequential ozone-chlorine process for synergistic disinfection on reclaimed water：Experimental and modelling studies［J］. Science of the Total Environment, 793：148563.

CHEN X Q, BAI C H, LI Z L, et al, 2023. Directional bioelectrochemical dechlorination of trichloroethene to valuable ethylene by introduction poly-3-hydroxybutyrate as a slow release carbon source［J］. Chemical Engineering Journal, 455：140737.

CHEN Z Q, GUO Z R, WEN Q X, et al, 2016. Modeling polyhydroxyalkanoate（PHA）production in a newly developed aerobic dynamic discharge（ADD）culture enrichment process［J］. Chemical Engineering Journal, 298：36-43.

DU Y, WANG W L, WANG Z W, et al, 2023. Overlooked Cytotoxicity and Genotoxicity to Mammalian Cells Caused by the Oxidant Peroxymonosulfate during Wastewater Treatment Compared with the Sulfate Radical-Based Ultraviolet/Peroxymonosulfate Process［J］. Environmental Science & Technology, 57（8）：3311-3322.

FARIS A M, ZWAIN H M, HOSSEINZADEH M, et al, 2022. Modeling of novel processes for eliminating sidestreams impacts on full-scale sewage treatment plant using GPS-X7［J］. Scientific Reports, 12（1）：2986.

GAN Y H, LI J B, ZHANG L, et al, 2021. Potential of titanium coagulants for water and wastewater treatment：Current status and future perspectives［J］. Chemical Engineering Journal, 406：126837.

GIBERT K, IZQUIERDO J, SÀNCHEZ-MARRÈ M, et al, 2018. Which method to use? An assessment of data mining methods in Environmental Data Science［J］. Environmental Modelling & Software, 110：3-27.

GUVEN H, DERELI R K, OZGUN H, et al, 2019. Towards sustainable and energy efficient municipal wastewater treatment by up-concentration of organics［J］. Progress in Energy and Combustion Science, 70：145-168.

HUO Z Y, DU Y, CHEN Z, et al, 2020. Evaluation and prospects of nanomaterial-enabled innovative processes and devices for water disinfection：A state-of-the-art review［J］. Water Research, 173：115581.

KAILA V R I, WIKSTRÖM M, 2021. Architecture of bacterial respiratory chains［J］. Nature Reviews Microbiology, 19（5）：319-330.

MACINTOSH C, ASTALS S, SEMBERA C, et al, 2019. Successful strategies for increasing energy self-sufficiency at

Grüneck wastewater treatment plant in Germany by food waste co-digestion and improved aeration [J]. Applied Energy, 242: 797-808.

NGUYEN P Y, CARVALHO G, REIS M A M, et al, 2021. A review of the biotransformations of priority pharmaceuticals in biological wastewater treatment processes [J]. Water Research, 188: 116446.

PENDERGAST M M, HOEK E M V, 2011. A review of water treatment membrane nanotechnologies [J]. Energy & Environmental Science, 4 (6): 1946-1971.

RAHMAN A, MOSQUERA M, THOMAS W, et al, 2017. Impact of aerobic famine and feast condition on extracellular polymeric substance production in high-rate contact stabilization systems [J]. Chemical Engineering Journal, 328: 74-86.

RAN J, WU L, HE Y B, et al, 2017. Ion exchange membranes: New developments and applications [J]. Journal of Membrane Science, 522: 267-291.

VALERO F., BARCELÓ A, ARBÓS R J D, et al, 2011. Electrodialysis technology: theory and applications [J]. Desalination, Trends and Technologies, 28: 3-20.

VORONTSOV A V, 2019. Advancing Fenton and photo-Fenton water treatment through the catalyst design [J]. Journal of Hazardous Materials, 372: 103-112.

WANG H B, WU Y H, LUO L W, 2021a, et al. Risks, characteristics, and control strategies of disinfection-residual-bacteria (DRB) from the perspective of microbial community structure [J]. Water Research, 204: 117606.

WANG P, CHUNG T S, 2015. Recent advances in membrane distillation processes: Membrane development, configuration design and application exploring [J]. Journal of Membrane Science, 474: 39-56.

WANG T, XIE X, 2023. Nanosecond bacteria inactivation realized by locally enhanced electric field treatment [J]. Nature Water, 1 (1): 104-112.

WANG X T, CUI B Y, WEI D Z, et al, 2021b. Effect of feed solid concentration on tailings slurry flocculation in a thickener by a coupled CFD-PBM modelling approach [J]. Journal of Environmental Chemical Engineering, 9 (6): 106385.

WU Q Y, YANG L L, DU Y, et al, 2021. Toxicity of Ozonated Wastewater to HepG2 Cells: Taking Full Account of Nonvolatile, Volatile, and Inorganic Byproducts [J]. Environmental Science & Technology, 55 (15): 10597-10607.

ZHANG X Y, LIU K, WANG S D, et al, 2022. Spatiotemporal evolution of ecological vulnerability in the Yellow River Basin under ecological restoration initiatives [J]. Ecological Indicators, 135: 108586.

撰稿人　刘广立　周丹丹　陈志强　刘　海　李彦澄　巫寅虎　黄浩勇　许博衍
　　　　苏青仙　毛玉红　苗　瑞　郑　祥　杨　庆（北京工业大学）　王大伟
　　　　罗金明　双陈冬　吴兵党　张淑娟　赵华章　王玉珏　李海翔　王佳佳
　　　　赵　欣　王　灿　骆海萍　徐　喆　王亚宜　盛国平　吕　慧　罗一豪
　　　　郑　雄　郭婉茜　穆　杨　李文卫　曹世杰　张　建　陈　一　苑宝玲
　　　　齐维晓　沈锦优　于晓菲　李海燕　王文龙　楚文海　杜　烨　陶　益
　　　　霍正洋　陈　荣　邱　珊　刘　和　张耀斌　潘　杨　贺诗欣　温沁雪
　　　　南　军　赵志伟　邱　勇　曾　薇　姚　宏　王爱杰　高宝玉　王　威
　　　　方晶云　王　鲁　王志伟　白朗明　高　嵩　孙　猛　董双石　李　冬
　　　　张　杰　王秀蘅　金鹏康　李　轶　王少霞　闫　政　陈　卓　张　冰
　　　　杨　庆（兰州交通大学）

湖泊治理理论与技术

一、引言

（一）我国湖泊治理领域发展概况

我国湖泊数量众多、类型多样，是"山水林田湖草沙"的有机组成部分，在水资源保障、水质净化维持、水生态保护中发挥着重要作用。近年来，在国家对湖泊生态环境的高度重视和不断加大的治理投入下，湖泊碧水保卫战成效显著。我国湖泊富营养化的趋势得到明显遏制，水质得到明显改善，湖泊生态系统健康状况已逐步恢复，湖泊生态环境状况整体明显趋好。主要表现在：①可利用湖库淡水资源总量显著增加，湖库对饮用水安全保障的作用更加凸显；②大部分湖泊透明度上升，发生藻化的湖泊数量减少，湖泊水生植被逐步恢复，湖泊富营养化得到明显遏制；③重要湖泊生物多样性水平稳步提升；④干旱半干旱区湖泊水量显著增加，湖泊生态服务功能改善。

（二）我国湖泊面临的主要生态环境问题

我国湖泊生态环境问题呈现明显的区域分异。"胡焕庸线"以东地区主要存在水质变化及其引发的水生态问题，包括：①湖泊水质总体上持续改善，但富营养化问题和蓝藻水华风险依然存在，出现拟柱胞藻、假鱼腥藻和微囊藻等优势种属季节性演替的新特征；②水华藻类可能产生毒素、臭味以及湖泛等次生灾害。许多湖泊中检出拟柱胞藻毒素、二甲基异莰醇等水质标准外藻源污染物，对水生态健康和供水水质安全达标构成威胁；③湖泊生物多样性下降，水生植被退化严重，水体自净能力减弱。西北地区主要是湖泊水量变化及其引发的水生态问题。

（三）湖泊水化学与污染物迁移转化的研究概况

湖泊水化学领域研究者持续深入研究湖泊水体中化学物质的性质、组成和分布及其迁移转化规律，在有机物、氮磷以及新兴污染物归趋及生物转化方面取得进展，取得了《湖泊营养物基准—中东部湖区（总磷、总氮、叶绿素 a）》国家生态环境基准等重要成果。但是，当前对富营养化湖泊的生化反应发生机制、受周围环境影响途径和程度等科学问题的认识仍存在不足，对于污染源快速高分辨溯源及量化污染贡献的能力仍不足，对于湖泊污染过程机制的理解亟待深入。需要结合原位监测、灵敏分析、快速追踪等手段，深入研究跨介质污染物赋存形态的时空动态特征、污染物迁移转化机制，为富营养化湖泊生态修复提供支撑。

（四）湖泊生态系统结构功能与生态退化修复的研究概况

我国湖泊面临的突出挑战是水体氮、磷含量升高导致的富营养化以及藻类水华暴发，进而带来不同程度的湖泊生态系统退化。我国研究者针对长江中下游浅水湖泊、云贵高原湖泊、城市内湖等湖泊开展调查研究和现场试验，识别了水利枢纽工程建设引发的湖泊水位波动及生境变化特征；解析了生物多样性下降、大型水生植物严重退化、浮游生物小型化、水生态系统食物网结构简单化的退化特征及其关键影响因素；分析了高强度流域开发、人类生产生活活动以及全球气候变化的影响，形成了富营养化浅水湖泊生态系统稳态转换阶段及驱动要素等理论成果，取得了生态需水量计算及保障、湖滨带与缓冲带生态修复、湖体生境改善、生态系统修复与维系、蓝藻水华预警防控等单元技术工艺研发成果。

（五）湖泊治理理论与技术体系

针对湖泊水生态环境保护与治理需求，我国研究者基于湖泊水质生态调查、结构功能研究和修复治理实践，提出了中国湖泊水质基准理论、富营养化浅水湖泊生态系统稳态转换阶段及驱动要素理论、蓝藻水华形成的四阶段理论、浅水湖泊富营养化控制理论、生物操纵理论等理论成果。针对湖泊富营养化治理和退化生态系统的修复，国内外研究者针对性研发物理、化学和生物生态修复技术，研发了入湖污染（点源污染、面源污染）、湖泊内源污染、湖泊生态补水、湖滨带与缓冲带生态修复、湖体生境改善、湖体生态修复、藻类水华防控等治理单元的技术方法。结合重点湖泊流域治理，研究者提出了湖泊水质生态系统治理集成技术体系与管理体系，为湖泊保护治理提供技术支撑。

二、国内外最新研究进展

（一）湖泊治理理论概况

近年来，国内外研究者围绕湖泊水质生态保护治理开展了大量研究工作，形成了富营养化湖泊生态系统稳态转换、蓝藻水华发生、湖泊生态系统退化演替与调控等理论成果。

富营养化湖泊存在清水稳态和浊水稳态之间的转换过程。Scheffer等学者提出，对于处在清水稳态的湖泊生态系统，沉水植被覆盖度随营养盐浓度增大而逐渐降低，当营养盐浓度增大到临界阈值即灾变点时，沉水植被覆盖度急剧减少，生态系统转变为浊水稳态；对于浊水稳态生态系统，只有当营养盐浓度降低到临界阈值即恢复点时，沉水植被覆盖度才开始显著增加。我国研究者针对浅水湖泊、高原湖泊等不同类型湖泊特点，形成了富营养化浅水湖泊生态系统稳态转换阶段及驱动要素等理论。

蓝藻水华发生机制研究旨在阐明蓝藻水华发生规律，识别影响蓝藻水华形成的关键环境因子及蓝藻生理生态特性，掌握蓝藻水华发生的全过程特征，为蓝藻水华监测预警和科学防控提供理论支撑。我国研究者研究围绕蓝藻生长的氮磷限制、水华发生的全过程特征开展大量研究工作，提出蓝藻水华形成的四阶段理论。

湖泊生态系统退化演替与调控机制研究包括掌握生态系统结构、稳定性和弹性变化，确定退化演替方向及指示性物种组成变化，识别群落演替原因及关键环境因子，分析水生动植物物种对于关键环境因子的耐受性及化学计量内稳性，为湖泊生态系统保护与修复提供理论指导。我国研究者针对长江中下游浅水湖泊及云贵高原湖泊，开展了水生植被退化演替规律、营养盐驱动演替机制、食物网调控理论等多方面研究工作，提出浅水湖泊富营养化控制理论、生物操纵理论等理论成果。

（二）湖泊治理技术体系概述

受高强度人类活动影响，我国湖泊普遍存在水质污染、生态退化问题，迫切需要科学治理，构建湖泊治理修复技术体系。围绕我国富营养化湖泊治理领域存在的污染防控、生态补水、生境改善、生态修复、藻华灾害防治技术需求，研究者开展了污染源解析、内源污染治理、生态补水水量水质保障、湖滨带与缓冲带生态修复、湖体生境改善、生态系统修复与维系、蓝藻水华预警防控等单元技术工艺研发，针对典型湖泊特点提出水质生态系统治理集成技术体系，为富营养化湖泊治理保护提供技术支撑。

（三）入湖污染源解析技术

1. 入湖污染源强解析

入湖污染源强解析技术可以帮助识别和量化入湖污染物的来源和排放强度，从而采取针对性措施来减少入湖污染。源解析方法包括正向和反向溯源，正向方法包括排放清单法和流域模型法。排放清单法是通过对污染源的统计和调查，根据不同源类的活动水平和排放因子模型，建立污染源清单数据库，从而对不同源类的排放量进行评估，确定主要污染源。流域模型法是以小尺度实验结果为基础，并结合特定的模型软件，推算大尺度的污染源排放情况。就河湖污染而言，通常是在各种水文模型的基础上耦合特定污染物的模块进行解析，如传统重金属模块与SWAT模型联合使用的SWAT-Heavy Metal（SWAT-HM）模型。反向溯源主要包括受体模型，受体模型是通过受体和污染源样品的组分分析来确定污染源对受体的贡献值。受体模型主要包括主成分分析（PCA）、因子分析（FA）、化学质量平衡法（CMB）、正定矩阵因子分解法（PMF）、绝对主成分分析－多元线性（APCS-MLR）等。

点源污染源强解析技术研究方向主要包括流量浓度法等。面源污染源强解析技术方面，研究方向主要包括土壤流失方程（USLE）、修正通用土壤流失方程（RUSLE）、水文分割法、平均浓度法、回归方程法、SPARROW模型等经验模型和SWAT、DPeRS、ANSWERS、AnnAGNPS、HSP、SWMM机理模型。入湖点源污染通常多为城市生活污水和工业废水。截至2023年12月，单独研究入湖点源污染物负荷解析技术的研究较少，点源污染物负荷解析主要作为外源污染负荷解析的一部分。杨水化等（2020）采用流量浓度法对武汉后官湖周边工业污染源、城镇污水处理厂等点源污染负荷进行评价，识别了外源污染负荷与贡献。梁斐斐（2020）等采用流量浓度法对济宁市入河主要点源污染物进行评价，识别了不同区域入河点源污染物负荷。

非点源污染指溶解的和固体的污染物从非特定的地点，在降水冲刷作用下，通过径流过程而汇入河流、湖泊等并引起水体的富营养化或其他形式的污染。针对非点源污染的模拟主要包括经验模型和机理模型。经验模型是在实际观测研究中获得的经验方法，通过统计分析建立非点源污染负荷与降雨量、径流量和土壤侵蚀量等因素之间的关系，主要包括USLE、RUSLE、水文分割法、平均浓度法、回归方程模型和SPARROW模型等（包鑫 等，2020）。机理模型结合了土壤侵蚀、降雨、径流、污染物迁移和转化的物理过程，通过对相关数学方程的求解，可以以一定时间步长模拟长时间序列内的流域内污染物迁移和转化，也可以揭示面源污染时空分布信息，主要包括SWAT、DPeRS、ANSWERS、AnnAGNPS、HSP、SWMM等模型。

2. 湖泊点源污染治理

城市点源污染治理技术主要包括污水收集、溢流控制、污水常规处理技术、污水深度处理技术、尾水生态净化技术、污水消毒技术、污泥处置技术、污泥资源化利用技术等；农村点源污染治理技术主要包括农村分散式污水处理、农村集中式污水处理、全过程资源化利用技术、生活垃圾污染控制、农业废弃物处置与资源化利用等。

污水常规处理技术包括活性污泥法、生物膜处理法、生态处理技术等。活性污泥法有AAO、SBR反应器、CASS、改良式序列间歇反应器等工艺，在城镇污水处理厂中应用广泛。生物膜处理技术通过过滤、吸附、生物降解的方式处理城市污水。

污水深度处理方法包括混凝沉淀、吸附、膜分离等物理方法，臭氧氧化、芬顿氧化等化学氧化法，曝气生物滤池、生物活性炭、膜生物反应器等生物方法，以及人工湿地等自然生态处理方法（齐文华 等，2023）。

污泥处置技术包括土地利用和填埋。农用、园林绿化、土地改良等土地利用方式是污泥有机质、氮磷钾最重要的资源化利用方式，具有改善土壤结构、增加土壤肥力、促进植物生长的作用（梁丽营 等，2020；王谦 等，2016）。利用现有城市生活卫生垃圾场填埋是国内对污泥进行处置最常见方法，具有投资较少、容量大、见效快的特点，但存在污泥中的有毒有害物质渗滤污染地下水、污泥填埋的填埋场容积有限、高昂的运输费等问题（娄和震 等，2020；娄永才 等，2018）。

3. 湖泊面源治理

城市面源污染治理技术方面，主要包括海绵城市技术、前置库、缓冲带等。农村面源污染治理技术方面，主要包括源头减量技术、循环利用技术、过程缓冲技术、末端治理技术等。

迄今为止，主要依靠分散的、小规模的 LID 措施来调节雨水径流量、削减污染物，解决大概率小降雨引起的城市面源污染问题（冯爱萍 等，2019；冯爱萍 等，2020）。虽然在上海、北京、广州、苏州、西安、深圳等大中城市采取了一些工程措施治理当地面源污染，但 LID 治理措施的应用区域面积较小、对污染物针对性较差，且受环境、材料堵塞、植物耐受性不足等因素影响，部分措施推广受到限制。缓冲带是结合城市河流现有岸坡条件在对地势、高程进行勘测后选取适当位置设置不同形式的水陆缓冲带。合理的植被配置是缓冲带有效控制径流及其中污染物的关键，需要根据所在地的实际情况进行乔、灌、草的合理搭配（冯麒宇 等，2021）。

4. 入湖河道治理

河道水质净化技术包括河道自净功能强化技术、河道旁路净化技术、生态浮岛技术、高密植植物床技术等。河道基底及底泥修复技术主要包括污染基底疏浚、生境营造技术、滩潭技术等。河道生态系统恢复技术主要包括水生植物恢复技术、水生动物恢复技术、缓流区控藻技术等。

河道自净功能强化技术主要是通过恢复生态，使河道恢复并强化自净功能，减少或去除河道污染物的过程。河道自净功能强化技术是水环境保护领域的重要研究方向之一。这些措施包括但不限于：①增加溶解氧；②增加水的通气性；③调控生态系统结构，如通过增加河岸植被、建设生态湿地、增加底栖动物的数量等方法，增强河道的自净能力；④增加微生物数量，如增加自然微生物群落、添加微生物菌剂等；⑤利用物理、化学和生物处理技术，如包括沉淀、吸附、生物降解等。综合利用上述技术，可以有效地增强河道的自净能力，减少污染物的排放，保护生态环境。

河道旁路净化技术包括：①湿地旁路净化技术；②人工湖旁路净化技术；③坡面旁路净化技术；④河道侧向过滤带旁路净化技术。河道旁路净化技术可以更快速地实现河道水质的改善。

（四）湖泊内源污染控制技术

随着社会经济发展，大量氮磷营养盐、有机质和重金属污染物通过点源排放、地表径流等方式进入湖泊，并在底泥中大量沉积。近些年来，在外源污染逐步控制的条件下，底泥中污染物可借助对流扩散、生物降解、扰动悬浮等作用进入上覆水体中，构成内源污染。我国湖泊中以滇池为代表的封闭式湖泊的水体自净能力较弱，污染物极易沉积于底泥中。因此，内源污染治理已成当前湖泊治理的研究热点之一。

湖泊底泥污染物质含量特征、水-底泥界面行为和底泥中污染物释放规律是内源污染诊断的科学依据，在此基础上，近年来发展并完善相应的控制技术方法，主要包括底泥疏浚技术、底泥覆盖技术、湖底曝气技术、原位钝化技术和植物修复技术等。

1. 内源污染诊断

多种方法可以用于评价内源污染程度。单指标指数法用于计算每种指标的超标倍数，可以很好反映单种污染物的污染状况；地累积指数可以评价水体沉积物、填埋场或土壤中单种重金属的危害程度；内梅罗综合评价法可以综合评价总氮、总磷、有机质和各类重金属的综合污染状况；元质量指数法将底泥厚度纳入评价体系，基于浓度和元质量的综合评价法可以将污染状况和污染物总量同时进行评价。然而，以上单一方法均存在局限性，例如无法表示不同污染物的污染差异，或计算方式会导致结果可能会比真实污染状况更严重。因此，评价过程中需考虑实际污染物的浓度并通过多种评价方法联合对污染物进行有效评估。

Sellami 等使用单指标法和地累积指数法对塞提夫市（阿尔及利亚东部高平原）城市和城郊土壤重金属污染评估，经过污染区与空间位置的比较，分析出锌和铅的污染来源于工业区和工业废弃物无控制填埋场，但铬的空间分布与人类活动空间存在不符的情况。Duode 等使用单因子指数法、地累积指数法、内梅罗综合评价法等多种方法对布里斯班河沉积物进行重金属污染评估，得出研究域内的沉积物受到了污染，从分布来看是位于河流沿岸的桥梁附近，同时使用两种模式识别技术（PCA 和 HCA）识别金属来源，发现海沙侵入、运输相关的来源以及混合沙石侵入。

2. 底泥疏浚及其异位处置

环保疏浚起源于日本和欧美的水污染防治技术，经过约 50 年的研究和发展，已形成了一个将科学与技术紧密联系的湖泊水环境治理门类（范成新 等，2020）。在过去的 30 年中，美国在五大湖的疏浚工程产生了超过 $5.35 \times 10^7 \mathrm{~m}^3$ 的底泥总量。环保疏浚从 20 世纪 90 年代末引入我国以来，就成为我国湖泊污染治理的主要技术手段之一。自 1998 年在滇池草海开展污染底泥疏浚及处置项目起，环保疏浚工程已在包括太湖、滇池、巢湖在内的我国 100 多个湖（库）的富营养化控制、黑臭治理及生态修复中得到应用，发挥了一定的积极作用。一方面，疏浚从湖体去除了多年沉积下来的大量污染物，从总量上有效去除了污染物相对活性的部分，促进水生生态系统的恢复，控制草型湖泊的沼泽化进程；另一方面，从长期来看疏浚能改善水体的透明度，提高底泥表层的溶解氧水平，提升人居环境和旅游资源，增加库容以及开发地区水资源储存容量。

环保疏浚工程技术的关键因素包括疏浚方式、疏浚工具和疏浚工艺。从完整性而言，输泥方式、堆场设计、余水（或退水）处理技术非常重要，在一定程度上影响疏浚周边水环境。以滇池环保清淤工程为例，该系列工程工艺经历了由单纯自然干化到自然干化与人工辅助干化、土工管袋围堰、底泥脱水固结一体化的技术创新。

环保疏浚工程虽然已在太湖、滇池、巢湖等100多个湖（库）的富营养化控制、黑臭治理及生态修复中发挥了积极作用，但是也一直伴随着对污染风险的质疑，例如不加防护的直接疏浚会造成一定程度水质恶化。此外，疏浚可能破坏种子库。

底泥疏浚的关键在于疏浚底泥的异位处置。针对五大湖疏浚底泥的处置，美国相关部门通过了水资源开发法案（WRDA），该法案从基础科学、工程领域到技术开发及商业化提出了一系列可行方案，内容包括热解吸、流化床处理、等离子体玻璃化、催化分解、土壤淋洗、固化稳定化等处理手段以及制备人工土壤、建筑产品等资源化方式。

3. 原位覆盖

原位覆盖技术是通过在污染底泥表面铺放一层或多层清洁的覆盖物，将上覆水与底泥进行物理隔离，从而阻止底泥污染物向水体的释放。具体来说，覆盖材料通过阻隔底泥中的污染物，使得污染物不会在水力冲击下重新悬浮至上覆水。同时，底泥由于被隔绝于水体，内部将发生一系列化学反应，污染物将逐步被转化、固化，从而降低溶解态污染物向上覆水的扩散。某些覆盖材料具有较大的比表面积和有机碳含量，便于微生物的吸附和生存，微生物可通过自身生物降解将污染物高效、彻底转化成无毒无害物质。

覆盖技术通过稳固底泥、吸附作用、降解作用等物理化学途径削减污染物进入上层水体。覆盖层是原位覆盖修复的核心部分，覆盖材料包括天然材料、改性黏土材料、土工材料等，无机覆盖材料主要有砂石、红壤、灰渣等，这些材料易于获取、成本低，适合大范围使用，但吸附能力有限，覆盖厚度大；改性活性材料主要有黏土、沸石、生物炭等，具有比表面积大、高离子交换性和高吸附性的特点，但价格昂贵，同时需要控制用量，防止对水体造成二次污染。

原位覆盖技术已经在国内外许多场地进行了试验，根据国内外一些应用实例来看，大部分覆盖材料厚度在5~80 cm（Bona et al., 2000），但此技术在我国的应用还不多，还需进一步的试验论证和示范检验。总体而言，覆盖技术可以降低底泥氮、磷等营养元素的释放，并对重金属以及有机污染物的迁移转化有明显的抑制作用，但在实施时要综合考虑水体水深、湖底坡度、水流速度、水道通航情况等因素。

4. 湖底曝气

曝气增氧技术是指人工向缺氧污染水体中充入空气或氧气，以提高水体的溶解氧（DO）水平，进而增加底泥中溶解氧浓度，有效抑制水体中 NH_4^+–N 和 TP 的释放，从而改善受污染水体的水质。曝气增氧技术适用于可降解性物质含量较高的水环境治理。曝气的运行方式、溶解氧、pH值、温度等因素对硝化过程的影响是当下的研究重点，国内外用于黑臭水体修复的人工曝气技术设备主要包括水下射流曝气设备、纯氧充氧曝气系统、微气泡曝气系统、叶轮吸气推流式曝气系统等（王凤贺 等，2012）。

曝气增氧技术以其低廉的投资与运行费用、良好的治理效果，在国内外得到了大量运用。人工曝气技术的应用，既要考虑湖泊的特征，也要考虑设备的适用性。小型湖泊适用于人工曝气技术，而对于大型湖泊，需要多套设备，运行费用较高，不宜采用此技术。

5. 底泥原位钝化

原位钝化是一种经济、高效、生态的底泥内源污染控制技术。该技术是指向底泥或者水体中投加钝化药剂，通过钝化药剂捕获水体污染物降低水体污染物浓度，反应后的钝化药剂会沉降形成钝化层覆盖在底泥上，抑制底泥的悬浮，适用于磷、重金属等污染底泥的治理。当下最常用的钝化剂是铝盐、铁盐和钙盐。

原位钝化技术在我国的研究经验较少。我国有学者曾用天然沸石、石灰、铁盐和铝盐对广东星湖内源性磷负荷控制进行了实验（孔明 等，2020）。复合钝化剂中 pH 调节剂能够降低覆水 TP 浓度，促进底泥不稳态磷向稳定态磷状态转变，减少疏浚过程中的二次污染。成晓玲等在星湖分别投加铝盐和铁盐钝化剂治理污染底泥，经过对比分析发现 2 种钝化剂都取得了较好的去除效果，能脱除水体中 50% 左右的磷含量；相比于铁盐钝化剂而言，铝盐更容易净化湖水水质，并且药剂用量较少。原位钝化技术的主要优势在于修复效果迅速明显，但对于大型的浅水湖泊而言成本略显偏高。

6. 植物修复底泥

该技术通过在湖泊底泥中引种挺水植物、沉水植物或浮叶植物，利用植物生长或植物根系区微生物吸收、分解、代谢以降低或消除底泥污染物。目的在于有效增加湖泊底泥与上覆水溶解氧，通过营造较适宜的生存环境，从而增加生物多样性，同时也可有效抑制底泥污染物因向上覆水释放而造成的二次污染，当植物生长到一定程度，可通过定期收割来达到进一步削减底泥污染物的目的。

水生植物生态修复应与底泥内源污染控制同时进行，相互促进。在恢复水生植被时，应首先引入耐污性较强的先锋植物，待水质逐步好转后，再引入其他对污染较为敏感的种类，逐步恢复原有的水生植物群落。常见修复植物包括水生维管束类、水生藓类和高等藻类。在污水治理中应用较多的是水生维管束植物，它具有发达的机械组织，植物个体比较高大，通常分为挺水、浮水、漂浮和沉水植物四种类型，用于底泥修复的植物一般都是沉水植物。

沉水植物根部分泌的各种营养物质聚多糖、氨基酸使在根部共生的大量微生物的活性提高，增强对污染物的降解能力（滑丽萍，2006）。相对于环保疏浚、原位覆盖等当下常用的工程措施，植物修复具有投入低、对生态环境的扰动小、持续有效时间长、处理污泥量大等特点，不仅可以恢复和重建底泥和水体的自然生态功能，而且具有一定的观赏价值和经济价值。

（五）湖泊生态补水技术

生态补水是指通过工程措施向水生态脆弱湖泊补水，从而有效遏制湖泊生态系统结构破坏与功能丧失，逐渐恢复生态系统自我调节功能的方法。湖泊生态补水涉及湖泊生态水位及需水量计算、多水源补水水质保障、生态补水方案评价等方面的内容（中国质量检验协会，2021）。

1. 湖泊生态水位及需水量

湖泊生态需水是指为维系湖泊水生态系统的结构与功能，需要保留在湖泊内符合水质要求的流量（水量、水位、水深）及其过程。生态环境需水也可称为湖泊生态流量，分为基本生态流量和目标生态流量。对于淡水湖泊而言，水位是其植被格局形成的主导因子，因此通过生态补水治理湖泊，水位的计算十分重要。湖泊基本生态流量的计算，应涵盖最低生态水位、年内不同时段水位和全年水位。基本生态水位计算方法包括不同频率最枯月平均值法（Q_p法）、近10年最枯月平均流量（水位）法、类比法、频率曲线法、湖泊形态分析法、生物空间法等。目标生态水位计算方法包括频率曲线法、生物需求法等。

2. 多水源补水水质保障

补水水源水质应优于被补水湖泊，生态补水实施后，被补水湖泊的水质状况应得到有效缓解，逐步达到原有控制断面水质目标。湖泊的补水水源主要包括域外调水、再生水、雨水、本区域库区水、入湖河流等。其中，域外调水和再生水因其水源水量大、水质稳定等优点，是湖泊生态补水的主要水源。

域外调水即跨流域调水，一般具有输水通道距离长、施工量大的特点。输水通道包括隧洞、渠道、管道、渡槽等，也可借助天然河道作为输水通道。当出现水源部分水质参数不达标或水质不稳定，但无其他替代水源时，可考虑在输水通道出口位置布设出水净化措施，如人工湿地、一体化水处理设备、砂砾石床过滤、人工水草等，可具体根据空间面积、运维费用等情况，选择一种或者多种水质保障措施。域外调水可借助数学模型对相应的流场和浓度场进行数值模拟，评价其对湖泊水质、水动力的改善效果。在数值模拟的基础上，采用技术手段对域外调水对湖泊治理效果进行优化，如分布式引水技术，其通常作为较大流量集中引排时的附加措施，目的是减少或消除湖湾死水区、增加水体流动。

再生水补给是城市污水经过处理并达到再生水水质要求后，将其排入治理后的被补水湖泊，以增加水体流量和减少水力停留时间。对再生水的水质要求需要根据湖泊水体的环境条件、水力学特征和生态禀赋进行考虑。再生水作为城镇稳定的非常规水源，是经济可行、潜力巨大的补给水源，应优先考虑利用。为保障再生水利用的安全性、可靠性和稳定性，应对再生水进行深度处理，包括混凝沉淀、介质过滤、生物过滤、人工湿地、植物塘、消毒（臭氧、紫外线灯）等技术。

多水源补水统筹调控受到诸多因素的影响，比如湖泊水质目标、水源水质变化、雨旱季节变化、输水经济性等因素，实践中常根据需要建立相应的模型模拟确定，可采用 SWAT 分布式水文模型、MIKE21 或 EFDC 水质 – 水动力耦合模型等（Ngana et al.，2003）。

3. 生态补水方案评价

基于湖泊的水生态保护目标及管理需要明确的补水实施方案，应考虑湖泊的生态环境现状、景观格局、生物多样性、营养盐含量等要素，运用相关评价模型对生态补水效果进行评估。生态补水一般会对湖泊原有的水动力场造成一定的影响，在湖泊水力调控作用机制研究中发现，与静止条件相比，紊动能够促进铜绿微囊藻、四尾栅藻以及小环藻的生长，并且存在一个生长最佳的紊动强度（戴秀丽 等，2016）。湖泊水动力条件也会影响补水水流扩散，水质空间分配不均会直接影响水体置换效果。

补水进出口的位置以及补水水量对湖泊流场、浓度场的影响十分显著。若补水进、出口选择限制较多，无法达到最佳治理效果时，也可通过技术措施来改善湖泊水体的水动力条件，包括设置导流屏障、改善地形、调度以及新建排水闸等。

改善补水对湖泊水动力条件的影响，一般可通过增加或者改变补水位置、调节补水流量、人工改善湖水流动等方式进行水力调控，通常需要建立数学模型进行模拟。胡琪勇（2017）在滇中引水工程对滇池草海水质改善效果研究中，使用 MIKE21 FM 水动力模型，识别出关键补水口对草海水质的提升效果。

（六）湖滨带与缓冲带生态修复技术

湖滨带与缓冲带作为河湖重要生态空间，具有阻控面源污染、保护水质、稳固河岸、保持物种多样性等生态功能，对阻隔或减缓人类活动对河湖的直接干扰、保护河湖生物多样性、减少面源污染物入河湖等具有重要意义。然而，随着社会经济发展，人类对湖滨带与缓冲带生态系统的干扰越来越强，农业和城市扩张加剧了自然湖岸植被的破坏，导致了湖泊水生态系统退化。湖滨带与缓冲带生态修复是"十四五"水生态环境管理的重要工作之一，也成为流域治理和生态修复领域的关注热点。

1. 缓冲带生态修复

湖泊生态缓冲带作为湖泊水体和陆地的过渡带，一定程度上减轻了人类活动和自然过程对湖泊的干扰，保护着湖泊生境，对维护环湖生态系统安全有重要意义（王佳恒 等，2023）。湖泊生态缓冲带由水位变幅区和陆域缓冲区两部分构成（生态环境部，2021）。根据缓冲带生态修复的程度分为生态修复和功能强化。生态修复主要包括陆域缓冲区植被恢复和水位变幅区护岸营造；功能强化主要包括污染防治技术和水源涵养技术。实际应用时，针对不同的问题选择适宜的技术，因地制宜才能发挥出更好的作用。

陆域缓冲区植被恢复技术。无植被保护的湖岸，极易受到湖水冲刷，导致湖岸后退。缓冲带植被恢复技术是通过在湖泊的缓冲带内种植适宜的植物，依靠植物生长带来的生态效益来达到提升缓冲带生态多样性的目的。植被恢复技术主要由土壤改良技术、建植技和养护技术组成。

水位变幅区护岸营造技术。水位变幅区是水陆间重要的生态交错带以及缓冲带的重要组成部分。适宜的护岸技术在控制河岸侵蚀、消减风浪、为水陆动植物提供生境等方面具有重要的功能。当下常见的护岸类型有两种形式，硬质密实护岸技术和生态护岸技术。

污染防治技术。污染防治缓冲带通过构建人工湿地、生态拦截沟、蓄滞池、多级生态塘等技术，在污水进入湖泊前流入缓冲带，使污染物降解，以较低浓度进入湖泊，从而达到净化水体、改善水质、保护生态环境等目的。

水土涵养技术。水土涵养缓冲带主要依靠栽种植物根系的土壤固持能力达到涵养水源、保持水土的目的。缓冲带的空间结构、植被配置均会影响处理效果，群落物种多样性和植物高度多样性能有效抵御土壤侵蚀，其中乔灌草复合缓冲带是良好的植物群落配置技术。

2. 消落带生态修复

湖库消落带泥沙沉积、地质灾害、生态环境和水质污染等问题（卢彬 等，2021）直接影响着湖库的安全运行和区域社会经济的可持续发展。消落带生态修复技术主要包括生态护坡护岸、河岸植被重建、湿地修复及其组合工艺。

消落带是因水利工程运行调节水位消涨或自然水系最高水位线与最低水位线之间形成的消落区域（周火明，2023），是湖库周围泥沙、有机物、化肥和农药等进入水域的最后一道生态屏障，在保持生态系统动态平衡、维持生物多样性、生态安全、生态服务价值等方面具有重要功能（邓杨，2021）。由于周期性的水位涨落和反复干湿交替作用对土壤的结构影响显著，导致土壤稳定性降低，意味着消落带以及周边区域土壤基质流失，植物生长出现问题（卢彬，2021）。近些年研究深入到生态修复方面，其中最典型的技术方法有生态护坡护岸、河岸植被重建、湿地修复及其组合工艺。

3. 湖滨生物多样性保育

湖滨带生物多样性保育技术是指通过运用生物、生态工程的技术，逐步使生物多样性尽可能恢复到原有的或更高的水平，最终达到生态系统自我维持和良性循环状态，其主要内容大体上可以归结为生境恢复、生物恢复和生态系统功能恢复3个方面。生境恢复包括岸坡修复和水体－基底修复；生物恢复包括先锋物种引入和群落结构优化配置与组建；生态系统功能恢复则对是其进行长期监测和管理，及时调整群落结构、修正演替方向，恢复和维持生态系统功能。

（1）生境条件恢复

1）岸坡修复技术。①生态护岸技术。生态护岸技术有助于生物多样性和湖泊水质的改善，近年来各种新技术新材料不断被应用到生态堤岸措施中，推动了生态护岸技术的进一步发展（姜成埕 等，2022）。②生态修复区迎风岸坡重建与消浪挡藻技术。针对湖滨带水位多变、迎风岸坡淘刷、夏季蓝藻堆积等问题，采用柔性可浮降式围隔系统，依据风场湖流启闭导流门，通过消浪、挡藻、导藻等过程，有效防止近岸带蓝藻的堆积（殷雪妍 等，2021）。

2）水体 – 基底修复技术。①配水工程技术。筑坝、筑堤、建库严重削弱了湖泊与江河的水文连通过程，同时填湖造田、围湖造塘阻断了湖泊水生生态系统和陆地生态系统之间的联系，还会干扰水体中物质交换、生物迁移（刘丹 等，2019）。②人工浮岛技术。人工浮岛技术是指人工将水生植物或陆生植物栽植到漂浮于水面的浮岛上，通过根系吸收等作用达到水质净化的目的。人工浮岛技术成本低、处理效率较高、不需要额外占用土地、环境友好。

3）生态清淤技术。基底修复的主要工作之一是淤泥的疏浚，清除含高营养盐的表层沉积物及其表面由营养物质形成的絮状胶体、半休眠状活体藻类和植物残骸等，进而降低内源污染。

4）基底快速沉降 – 持久稳定 – 水质底质改善技术。针对近岸土壤水土流失与养分不均、重建基底底泥再悬浮、水体透明度低等问题，采用无机与有机高分子按一定比例混合的土壤改良剂，有效改善土壤结构和肥力状况；通过聚合氯化铝（PAC）改性的硅藻土絮凝沉淀水体中的污染物质以促沉降，利用抛石抑制底泥的再悬浮；利用"秸秆 – 聚丙烯酰胺（PAM）"土壤改良剂，配合构建"乔 – 草 – 被"（草本 – 地被）缓冲带，增强岸坡基底稳定性（殷雪妍 等，2021）。

（2）生物因素恢复

1）物种恢复技术。①先锋物种引入技术。先锋物种引用技术是物种恢复的有效方法。只有当单种或少数几种植物集结形成一个完整的植被覆盖，使得生境有利于那些具有不同需求和耐力的植物种定居的时候，才初步形成基本的植物群落结构单元。②水生植被多层次重建技术。在高藻敞水区，以先锋与建群植间种方式高密种植沉水植物，确保快速稳定建群；在沉水植被建成区，挂养蚌类和放养滤食鱼类协同净化水质；在水文多变区，以人工水草联合高密度浮叶植物减缓风浪。③植被优化配置与稳定化技术。筛选和培育适合本地湖滨区基质固着和水质净化的湿生、挺水、浮叶和沉水植物，且根据环境条件合理配置，还有通过多层次规模化水生植被的重建，构建健康稳定的水生态系统。

2）群落优化恢复。群落结构优化配置与组建技术能够有效增强群落的稳定性和适应性，通过结合湖滨带具体的气候、水文条件等因素，考虑水平和立体结构，综合配置不同生活型植物，提高生物多样性，增强群落的稳定性和适应性。

（3）生态系统恢复

生态系统的调控是以生态演替理论为基础，通过对生态系统施以人为作用，促使其结构和功能向人们需要的方向演替。湖滨带生态修复是一个长期的过程，气候变化或生物入侵都可能改变恢复的效果，可通过对其进行长期监测和管理，及时调整群落结构、修正演替方向。

（七）湖体生境改善技术

生境（habitat）又称栖息地，是指生物的个体、种群或群落所生活地域的环境。生境通常由生物和非生物因子综合形成，涵盖了生物生产必需的生态条件及其他对生物起作用的生态因素。湖体生境主要包括上覆水体和沉积物两种类型，其中上覆水体是浮游植物、浮游动物和鱼类等的主要生存场所，而沉积物是底栖生物和沉水植物等主要生存场所，它们在防治污染、水土保持、生态系统构建等方面均具有重要作用。

1. 湖体生境质量调查与评估

生境质量是指生态系统为生物个体、种群与群落生存发展所提供条件的能力，其质量的高低取决于可供生物生存、繁衍和发展的自然资源的丰富程度。生境中常见非生物指标包括氮磷营养物、溶解氧、pH值、氧化还原电位、透明度、水位/水量、沉积物构成等，是用于判断湖泊生境状况的重要指标。生境改善措施实施前应先进行生境质量调查与评估。

生境质量调查方法主要有野外监测、实验室样品监测、遥感技术等类型。生境质量评价首先以典型生物，如水生植物、底栖动物、微生物、鱼类和沉积物等为研究对象，并对生态环境因子进行筛选，计算不同生境因子的贡献度，最后综合叠加确定生境综合质量。截至2023年，生境质量的评价方法主要两种：一是基于生物多样性分布数据与相关生境指标耦合的综合评价法；二是基于生境适宜度模型的模拟评价法。

2. 湖体透明度及水下光强改善

湖泊光强改善技术包括3大类：物理改善、化学改善和生态改善。物理改善技术是指通过外部物理方法对水体底部光照不足的区域进行补光，从而快速建立水下光场。化学改善技术是指通过对水体透明度较差的水体投加化学或生物药剂，通过絮凝沉淀水中悬浮物抑制藻类繁殖，从而提升水体透明度的技术手段。生态改善技术是指通过构建以水生植物为主，水生植物与微生物共同作用为辅的手段，对湖泊水体进行原位治理，以提升水体透明度的方法。

水体透明度是沉水植物恢复成功与否的关键因素之一（陈俊伊 等，2020）。沉水植物通过对水中氮磷等营养物质的吸收作用，同时释放化感物质抑制浮游藻类生长；增加水体溶解氧含量，同时根系的固定作用可以防止底泥再悬浮，能有效降低水体浊度；为水生动物提供栖息、繁殖场所，水中微生物种类数量都得到增加，形成生物膜，促进水体自净能力提升。

（1）湖泊光强物理改善技术

现今，水下光照补偿的方法主要包括：①太阳能光伏驱动LED灯带照明技术（Xu et al.，2020）；②基于光追踪系统驱动光纤照明技术；③基于导光管组合照明技术等。太阳能光伏驱动LED灯带照明技术主要通过光伏装置进行电能输送，供给LED防水灯带在水下的照明。

（2）湖泊光强化学改善技术

絮凝剂的种类有很多，常见的有无机絮凝剂、有机絮凝剂（王瑞 等，2020；杨开吉 等，2019）以及生物絮凝剂（李政伟 等，2023）等。无机絮凝剂主要有聚合氯化铝、硫酸亚铁、聚合硫酸铁、聚合氯化铝铁等；有机絮凝剂主要有聚丙烯酸钠、聚苯乙烯磺酸盐、聚氧化乙烯和聚丙烯酰胺等；生物絮凝剂主要有微生物菌剂、复合微生物制剂等。

（3）湖泊光强生态改善技术

在湖泊基底环境改良的基础上，通过提升沉水植物群落覆盖率，并根据地域环境的不同，搭配不同季节生长及功能的沉水植物，促进清水型生态系统加快构建（王锦龙，2023）。

3. 水文要素调控

水文调控技术一般指当下游河湖水量不足时，可通过协调上下游的用水关系，或者是从其他河湖调水来增加流量，也可以从其他河湖引水来改善其水质。即采用环境调水来有效解决水质污染的问题。

国外对河流生态流量的研究开展较早，日本最早通过环境需水调度来改善河湖水质。日本东京的隅田川就是利用上游（利根川和荒川）引水，来显著改善水质的成功案例。除此之外，日本的新荒田河、新町河等河流本身流量小且污染严重，采用环境调水也有效解决了水质污染的问题。欧洲国家注重河湖在三维空间内植物分布、动物运动和非生物因素之间的交互作用，强调河湖的生物多样性与景观功能。

4. 生物栖息地恢复

栖息地是湖泊水生生境的重要组成部分，也是实现生物多样性保护功能的重要依托。栖息地质量往往直接决定了湖泊内生物多样性的丰度，而栖息地质量的高低则取决于管理能力、自然条件多方面因素的共同作用。

生物栖息地恢复技术是湖泊水生生态系统保护恢复的前提和基础，湖泊栖息地保护恢复主要侧重于沉积物、自然岸线和湿地等的修复。其中，沉积物栖息地的恢复主要包括：①沉积物清淤，去除沉积物中的污染物；②水下生境营建，形成多样生境；③沉积物污染物原位固化；④沉积物表层基质恢复；⑤生物群落的营建。湖泊自然岸线的恢复可采用拓宽湖泊岸边带、修复边滩、构建深坑浅滩多样生境、恢复水生生境等工程手段进行。湿地栖息地修复构造技术也属于新型生境修复技术的一种，其运用简单的结构构建缓流区、植物种植区、水下地形构建等，恢复多级、多样性复合生境，进而修复栖息地的生态环境（程南宁 等，2021；罗坤 等，2020）。

（八）湖体生态修复与维系技术

湖泊生态系统的修复与维持是近年来湖泊治理的核心热词，通过工程措施使受污染湖泊的生态系统恢复是我国湖泊生态修复的趋势。我国针对湖泊生态修复的工作已经开展了几十年，取得了不俗的成绩，但与此同时也存在一些不足，如强调物理化学措施而忽视生物措施、强调局部改善而忽视整体治理、强调短期成果而忽视长期效果。针对这些问题，近年来发展出了一系列湖体生态修复与维系技术，人们愈来愈将物理、化学手段与生物手段并重，重视综合与长期的生态修复效果。

1. 湖体生态系统健康

湖泊生态系统健康是指湖泊生态系统内的各个要素以及各个要素之间的物质循环与能量流动具有稳定性和可持续性；湖泊对外界的干扰具有良好的抵抗能力和自我恢复能力，能够维持自身的稳定性和弹力；此外，湖泊生态系统健康还包括湖泊生态系统对经济社会、人类健康发挥积极作用（张迪涛 等，2023）。

湖泊生态系统的健康状况反映着湖泊生态系统本身的物理、化学、生态功能的完整性，同时也反映湖泊生态系统对经济社会、人类健康的影响。湖泊生态系统的健康状况可以很好地反映湖泊生态系统受到人类扰动的程度，可为湖泊生态系统的修复工作提供很好的参考价值。现今，氮磷等营养物质升高导致的藻类过度生长是威胁我国湖泊生态系统健康的主要因素。

在湖泊生态系统健康评价工作中应当遵循完整性、独立性、层次性、可操作性和定性定量结合的原则建立评价指标体系。评价指标通常包括水文特征指标、水质状况指标、水生态指标、物理形态结构指标和景观指标。截至2023年，湖泊生态系统健康评价方法主要可分为两类：生物监测法和多指标体系评价法（李杨，2020）。

（1）生物监测法

群落学指标法：生态系统在受到外来干扰和压力而发生改变或者退化时，其群落结构往往会发生改变。常用的群落结构指标有分类群组成、种多样性、生物量和物种丰度等。其中，种多样性已成为环境评价中被广泛使用的一个指标。

指示物种法：该评价方法主要依据该生态系统关键物种、特有物种、环境敏感物种、濒危物种等的生产力、生物量、数量及其他生理生态指标来进行。如今，将鱼类、硅藻、底栖无脊椎动物作为水体指示指标的应用尤为广泛。

（2）多指标综合评价法

相比于生物监测法，多指标综合评价法结合了生态学、生理毒理学、物理化学以及计算机辅助手段，以其综合性、全面性、易量化的特点，成为当前比较常用的方法。但是该方法的缺点是指标体系的选取因环境背景和评价目的的不同而不同，权重的确定也不能充分体现指标对健康程度的影响。

2. 浅水湖泊稳态转化

对于水深较浅、不存在季节性水体热分层现象的浅水湖泊，通常存在两种稳定状态："清水"型稳态，沉水植物覆盖度高、水体透明度大；"浊水"型稳态，沉水植物覆盖度低甚至消失，浮游植物占优势，水质混浊甚至频繁出现蓝藻水华。两种状态之间可以发生转化，关键的影响因素是水中营养盐浓度。

3. 沉水植物恢复

沉水植被恢复或构建技术，是指在富营养化藻型"浊水"态浅水湖泊水体中，通过工程技术措施，降低营养盐水平和藻类密度等，创造适宜沉水植物生长的条件，促进原有沉水植物繁殖体萌发生长或重新引入沉水植物，并抚育成具有较高覆盖度的沉水植被，进而提升水体透明度，降低浮游藻类密度，将湖泊状态转变为"草型"清水状态。

中度富营养化湖泊中，发育良好沉水植被可以通过竞争营养盐以及释放化感物质抑制藻类的生长，以及缓解水流扰动带来的底泥悬浮，提高水体的透明度，并为水生动物提供栖居地和避难场所，提升水生生物多样性，进而恢复湖泊生态系统健康（涂茜 等，2022）。

沉水植物能否正常生长与底质特性密切相关，底质的物理、化学以及微生物性质不同，沉水植物生根、繁殖与生长也会显著不同，计勇等（2018）探究了鄱阳湖三种不同基质（泥滩基质、草洲基质及沙滩基质）条件下鄱阳湖三种典型沉水植物苦草、马来眼子菜以及轮叶黑藻的生长情况，发现在泥滩基质培养条件下三种沉水植物生长好于其他两类基质。沉水植被恢复速度及群落结构则受到种植深度、种植密度和植物种类搭配影响。王朝霞（2019）研究了太湖沉水植物种子库的空间分布，发现当埋藏深度大于 3 cm 时，苦草种子难以发芽，种子的萌发率会随着埋深的增加而降低，0 cm 埋深下的苦草种子萌发率高达 90%。袁素强（2020）通过在升金湖的研究发现，当苦草、黑藻、金鱼藻和竹叶眼子菜共存时，随着种植时间的延长，苦草和竹叶眼子菜因为竞争不过黑藻和金鱼藻而逐渐消失。

4. 湖体生物调控

生物调控也称生物操纵或食物网操纵，是通过一系列湖泊中生物及环境的操纵达到优化湖泊生态系统的效果，尤其是使蓝藻类生物量下降，包括经典生物操纵技术和非经典生物操纵技术。经典生物操纵是通过改变鱼类群落结构，减少对大型滤食性浮游动物（尤其是枝角类种群）的摄食压力，从而增加对浮游植物的牧食，降低浮游植物生物量。非经典生物操纵则是通过直接投放滤食浮游植物性的水生动物，如鲢、鳙等鱼类，或蚌类、大型溞等，降低浮游植物生物量。

生物操纵技术主要涉及人工清除或投放的生物种类，以鱼类、贝类和大型溞为主。Bergman 发现通过去除 50%~80% 的浮游生物食性鱼类，或者高密度放养肉食性鱼类（piscivores），使肉食性鱼类与浮游生物食性鱼类比率达到 12%~40% 时，可以有效促进大型浮游动物和底栖无脊椎动物的发展。Reeders 等提出用斑马贻贝（*D. polymorpha*）作为替代性滤食者控制浮游藻类群，对荷兰几个淡水湖泊进行生物调控。大型溞是湖泊和水库中一种常见的大型浮游动物，对藻类具有较强的摄食力，通过投放大型溞控制浮游藻类在国内有着较多研究应用案例。刘煌等（2020）以长江一级支流花溪河河畔的2个池塘为研究对象进行大型溞控藻研究，通过清除鱼类并投加大型溞，池塘中藻细胞密度较实验前降低了83%，水体透明度显著提高，同时浮游植物的群落结构也发生较大变化，蓝藻比例大幅度降低，藻类多样性得到提高，水体富营养化程度从重度富营养化降低至中营养水平，水体富营养化状态得以消除。

（九）湖体藻类水华防控技术

1. 藻类水华监测预警

蓝藻水华的监测技术原理主要是基于气象、水文、水质、藻类群落结构及生物量变化，通过对蓝藻水华优势种类、强度及时空分布特征的分析，识别蓝藻水华发生规律，进行水华的监测预警，及时发布预警信息（Aubriot et al.，2020）。现如今，科研人员开发了多种技术手段对蓝藻水华进行监测预警。

摒弃人工目视的传统藻类识别方法，更为先进的做法是使用图像处理和机器学习算法来自动识别藻细胞，识别步骤一般包括分割目标图像和特征识别（陈峰 等，2022）。常用的分类算法包括贝叶斯分类算法、聚类树算法、主成分分析法、支持向量机、圆形目标检测算法、类别方差法、遗传算法、分布式遗传算法和深度学习算法等（孔嘉鑫 等，2019）。国内外相关研究进展表示，藻华在线监测预警技术主要依赖于在线的形态拍照技术和色素提取分析技术以及藻类基因组传感技术（李斌 等，2021）。其中藻类基因组传感技术可以在水华形成早期及时准确地反映有毒藻类种类和生物量的动态变化，适合应用于蓝藻水华的早期预警。基因组传感器可以通过搭载浮标、自主水下航行器（AUV）等水面、水下和巡航等载体实现水体的藻类在线监测（Blanco-Ameijeiras et al.，2019）。

采用卫星遥感影像数据监测蓝藻水华主要是基于正常水体光谱与发生藻类水华水体光谱的差异（朱雨新 等，2023）。卫星遥感技术具有快速、大尺度和动态监测的特点，可以快速获取监测区域的瞬时同步数据、全面掌握蓝藻水华时空分布信息、实现蓝藻水华的动态监测（Dai et al.，2023）。水华遥感的研究主题主要分为三大类：藻华水体识别、藻华面积监测、藻总量估算。其中，藻总量的研究还处于起步阶段，随着研究的深入将会为未来三维立体化监测浮游藻类浓度奠定基础（Liu et al.，2021）。藻华遥感监测的研究方法也从传统的线性或非线性回归分析算法，发展为更复杂的人工智能方法，如支持向量机和人工神经网络等，且以"遥感+AI+大数据+云计算平台"为主题的新技术也逐渐成为新热点（吴璟瑜 等，2019）。近年来中高分辨率遥感卫星的发展为多尺度的湖泊水质变化监测提供了多种数据源，促进了湖泊水体动态监测向业务化信息服务方向不断推进（Wang et al.，2022）。但是现有的蓝藻水华预警技术一定程度上会受到人工、设备、水文和气候等条件的影响，使得预警的结果往往存在很大的偏差（来莱 等，2021）。因此，建立更准确的蓝藻水华监测预警系统仍将是藻类水华研究的一个主要方向。

2. 预防性控制藻类生长

藻类生长抑制的方法主要包括物理法、化学法和生物法。物理法通过破坏水体分层及相关的物理条件变化影响浮游植物的生长（Kong et al., 2022）。化学法主要利用化学药剂直接去除藻类，其中化学药剂包括靶向光合作用的除草剂（敌草隆等）（King et al., 2022）、强氧化物（过氧化氢、臭氧等）（Chen et al., 2021；Bernat-Quesada et al., 2020）、化感物质（小檗碱、乙酰丙酮等）（Zhu et al., 2021；Yilimulati et al., 2022；Yilimulati et al., 2021；Zhang et al., 2022）和金属离子化合物（硫酸铜、铁、铝等）（Li et al., 2021）等。生物操纵技术主要利用藻类与微生物、水生生物间的竞争或捕食关系来抑制藻类生长。通过构建和恢复食物链，生物操纵技术对促进水生态系统的良好循环具有重要意义。

（1）紫外线控藻技术（生长早期）

UV-C（200~280 nm）辐照是一种很有效的藻类生长控制方法（Li et al., 2020）。UV-C辐照在细胞、分子和遗传水平上能够对藻细胞的多个靶标造成损伤，包括核酸、光合系统、固氮和同化功能、毒素合成和释放、沉降能力、氧化压力、抗氧化能力和细胞完整性，最终体现出生长的抑制。

（2）超声控藻技术（生长早期）

超声技术通过在水体中产生空穴气泡来实现对藻细胞结构和功能的强烈损伤。超声波抑藻技术研究在实验室规模取得了成功，但是在实际水体里的研究和应用相对较少。

（3）快速生长期的生物操纵技术

用于蓝藻生长控制的生物操纵技术主要借助鱼类的捕食作用来达到蓝藻生物量的控制目的，包括草食性鱼类、以浮游动物为食的鱼类以及鱼食性鱼类。

整体而言，生物操纵技术仍旧处在研究初期阶段，需要平衡考虑鱼类的投加对某一水生境整体生态系统稳定性的影响。

（4）快速生长期的化学控藻技术

添加化学除藻剂通常具有易于操作和作用迅速的优点。人工合成除藻剂，如 $CuSO_4$、Cu^{2+} 复合物以及一些阴/阳离子表面活性剂等，可以迅速消除蓝藻细胞，但通常会给水生生物和生态系统带来严重的副作用。利用化感作用控制藻类生长相较于其他化学除藻剂具有生态效应上的优势，常用的化感物质根据其生物合成途径，主要分为多酚类、生物碱等含氮化合物、脂肪酸/酯类和萜类化合物四大类。利用化感作用抑制蓝藻水华的方式包括直接种植大型水生植物和直接投加化感物质这两种方式。

3. 藻类水华应急处置

常用的藻类水华或赤潮治理技术包括物理方法、化学方法、生物方法等。物理方法如机械收集法、膜过滤法、超声波法、气浮法、磁絮凝等，化学方法如投加金属离子法、黏土絮凝法、H_2O_2氧化法、电化学氧化法、TiO_2光催化法等，生物方法如化感作用法、投加溶藻细菌法、生物操纵法、人工湿地法等。

利用物理法进行水华藻类的打捞分离是常见的应急处理手段，通过打捞实现藻水分离以控制蓝藻水华也有较好的实际应用案例。其中比较典型的是中国科学院南京地理与湖泊研究所的大型仿生式水岸蓝藻清除设备。该装置适应大水面作业，可以实现大型湖泊、水库的蓝藻规模化清除。此外，膜技术可以通过排阻作用有效地阻拦藻类细胞，从而实现藻水分离，同时可最大限度地避免藻细胞的破裂（黄敬云，2020）。生物法抑藻中对植物化感抑藻及生物操纵法的研究较多，其中既有对植物化感抑藻中不同植物种类［如黄菖蒲（王昊，2019）、美人蕉、鸢尾、香蒲（杨浩，2023）等］、植物提取物（如芦苇提取出2-甲基乙酰乙酸乙酯）的研究，也有多种化感物质联合使用的研究（赵鹏程，2020）。而对生物操纵法的研究主要以鱼类、浮游动物的控藻为主（彭国干，2019）。

4. 水华蓝藻资源化

国内外资源化利用蓝藻主要有以下几种方式：利用蓝藻中含量丰富的有机质和氮、磷、钾制备蓝藻堆肥和蓝藻沼肥；利用蓝藻中含量丰富的蛋白质充当饲料原料；利用蓝藻的光合放氢等作为新型的生物质能源；利用蓝藻中丰富的营养成分制作微生物培养原料；利用蓝藻细胞内活性物质等（顾礼明 等，2019）。

5. 湖泛等次生灾害控制

湖泛是水华带来的一种次生灾害，会导致水体水质迅速恶化、生态系统遭到严重破坏，其控制技术主要包括湖泛发生前的监测预警技术、水华藻类控制技术和底泥疏浚技术，以及湖泛发生后的处理处置技术和生态重建技术。

（1）水华监测预警技术

水华监测预警技术主要是对气象、水文、水质、藻类群落结构及生物量发生的变化进行监测，通过对气象、水文和水质等环境因子的变化与水华优势种类、强度及时空分布特征的相关性分析得到水华发生规律并对其进行监测预警。

（2）水质监测预警技术

水质监测预警技术也是有效控制湖泛的预警技术之一。太湖发生湖泛时，湖泛水域均为劣Ⅴ类水，存在高COD_{Mn}、TP、TN、NH_4^+-N，以及低DO等明显的"四高一低"特征。可利用各种水质监测技术对湖泛进行预警，较为常用的是光学分析方法，该方法以物质特征光谱为基础，有独特的优势，在水质在线监测领域获得了快速的发展，检测方法主要有高光谱遥感法、荧光光谱法、吸收光谱法以及红外光谱法等。

（3）水华藻类控制技术

湖泛是水华的次生灾害之一，所以对湖泛发生前的水华进行控制是解决湖泛问题的有效途径之一。水华藻类的控制技术可分为预防性控制藻类生长技术（水华前期）和水华应急处置技术（水华后期）。

（4）湖泛发生后的控制技术

湖泛发生后由于其黑臭特性需要及时控制，国内外的控制技术主要包括黏土絮凝控制技术、曝气控制技术、化学氧化控制技术以及沉积物微生物燃料电池（SMFC）控制技术。高锰酸钾、过氧化氢、过碳酸钠等化学氧化剂具有成本低、效率高、不引入新的污染物等优点，可以快速减少湖泛期间的挥发性臭味物质。通常会与活性炭吸附技术和改性黏土絮凝技术等联用以达到更好的控制效果。SMFC是一种微生物燃料电池（MFC），其阳极电极嵌入厌氧沉积物中，阴极电极悬浮在阳极电极上方的好氧区。阳极电极会转移沉积物微生物氧化有机或无机物质过程中产生的电子，改变其氧化还原电位和厌氧代谢途径，因此可以抑制硫酸盐还原过程，最终达到控制湖泛的效果。

（十）湖泊治理技术集成与管理体系

1. 典型湖泊治理集成技术体系

技术集成是解决复杂湖泊问题的关键。湖泊生态环境问题复杂，污染各异，水体污染物成分多样，水环境治理的目标不同，受经济、社会环境、场地等诸多因素制约。而湖泊治理单元技术有各自的优势与劣势。因此，在湖泊治理的过程中，单元技术的集成应用能更好地应对复杂湖泊污染情况。在充分了解湖泊及其流域污染特征基础上，探究其形成原因，将不同的处理技术进行有机结合进行技术集成，取长补短，从根本上提升治理能力，保障水环境质量，恢复水体自净能力，保证湖泊长效治理效果。

（1）湖泊治理集成技术集成原则

湖泊治理集成技术的集成过程是根据技术的相互依存度，将技术组合或集合，形成更强的技术优势或创造比原来更大的效益或价值。湖泊治理技术集成过程中强调的是实用性，需要与实际需求相结合，基于已突破的单项技术或复合技术，进行技术单元或技术环节的有效集成，其目的是发挥更大的技术效益，创造更高大经济效益和治理效果。

（2）湖泊治理集成技术的集成技术路线

1）水体长效修复原位集成技术。水体长效修复原位集成技术是针对地表水体局域水质恶化及生态系统功能破坏等问题，从营养盐管理、生态因子调控及其协同耦合效应的角度出发，开发基于水生植物群落构建、微生物强化、食物网构建及功能填料强化等方法的自然强化修复技术。水体长效修复原位集成技术可因地制宜构建适于特定水体恢复的植物-微生物-动物良性循环生态链条，强效抵御外界干扰因素冲击，促进受损地表水体水质提升与水生态系统修复。水体长效修复原位集成技术从环境因子及生态因子调控两个角度入手，通过原位集成技术体系植物、基质、微生物等对水体营养盐的吸收、利用及转化，削减水体营养盐含量。原位集成技术植物、基质、微生物及水生动物之间相互耦合，形成具有高度生物活性的生境系统，加速水体生态平衡的构建，实现水体长效稳定治理。

水体长效修复原位集成技术核心装备均为工业化设计产品，具备不占地、功效强、抗风浪、易安装、低养护等优点，可直接应用于受污染的地表水体中，无需占用土地，不受水位波动限制，不同功能模块科学组合，运营成本低（图1）。

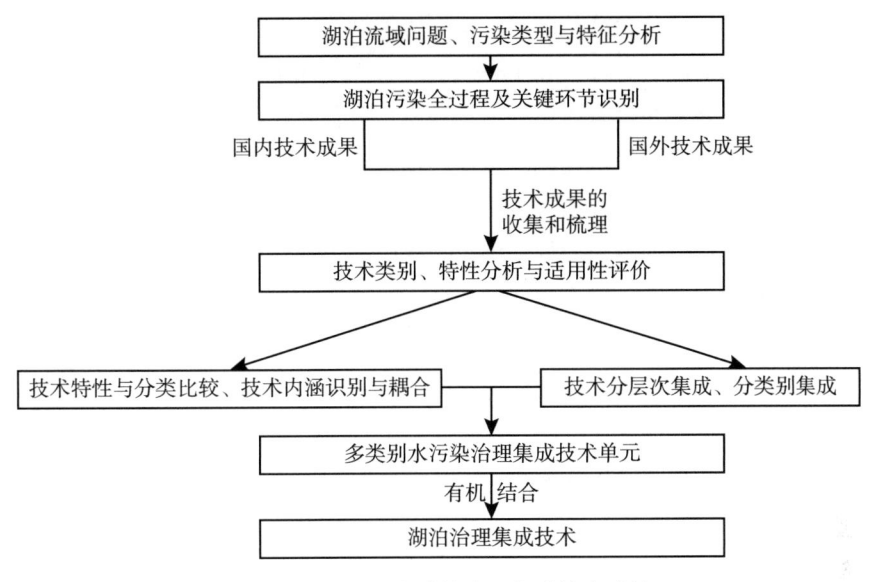

```
┌─────────────────────────────────┐
│ 湖泊流域问题、污染类型与特征分析 │
└─────────────────────────────────┘
                 ↓
┌─────────────────────────────────┐
│ 湖泊污染全过程及关键环节识别     │
└─────────────────────────────────┘
   国内技术成果        国外技术成果
          技术成果的
          收集和梳理
                 ↓
┌─────────────────────────────────┐
│ 技术类别、特性分析与适用性评价   │
└─────────────────────────────────┘
          ↙                    ↘
┌──────────────────────┐  ┌──────────────────────┐
│技术特性与分类比较、  │  │技术分层次集成、      │
│技术内涵识别与耦合    │  │分类别集成            │
└──────────────────────┘  └──────────────────────┘
                 ↓
┌─────────────────────────────────┐
│ 多类别水污染治理集成技术单元     │
└─────────────────────────────────┘
          有机结合
                 ↓
┌─────────────────────────────────┐
│ 湖泊治理集成技术                 │
└─────────────────────────────────┘
```

图 1　湖泊治理集成技术的集成技术路线

2）湖泊黑臭水体原位治理与生态修复集成技术。湖泊黑臭水体原位治理生态修复集成技术同时包含了对湖泊治理的各项需求。将控制内源污染、消除水体黑臭、原位净化水体、实现水质提升、恢复湖泊自净能力、保持长效维持等方面结合在一起。利用以下三个方面的集成技术，同时将其结合起来形成一个综合、全面的湖泊黑臭水体原位治理生态修复集成技术。①内源污染控制与黑臭快速消除集成技术。该技术将污染底泥控制及快速消除水体黑臭两个方面作为重点。②水体原位净化与水质提升集成技术。该技术集成复合载体微生物固定与原位活化一体化技术，强化固定化微生物群落活性，提高水体污染物降解能力。③水质维持与生态修复集成技术。该技术在城市河道中针对沉水植物、生态浮岛及底栖生物为主的生态系统，通过修复或重建水环境生态结构，强化水体本身的自净能力，恢复水体生态系统功能，实现水体自我维持、自我协调的良性循环。最终达到可持续去除污染物、改善水质，恢复水体自净能力的效果。

2. 湖泊综合管理与保障体系

根据每个湖泊的特点，建立规范的管理流程和科学合理的管理方案，实现湖泊生态环境的保护和经济可持续发展。

（1）综合管理

湖泊是自然资源的重要组成部分，它们对保护区域内的生态平衡和人类经济发展都起到至关重要的作用。然而，由于人类活动的日益增加，湖泊面临着许多挑战，包括水污染、非法捕捞、过度开发等问题，这些问题严重影响了湖泊生态系统的平衡和人类社会的可持续发展。因此，为保护和管理湖泊，需要进行综合管理，包括科学规划、湖泊管理体制、管理措施、建立科学的湖泊管理和保护评估考核制。综合管理通过考虑湖泊的所有方面，包括生物、地理和社会经济等因素，从而协调湖泊的使用和保护，确保湖泊的可持续性发展，可以将湖泊的经济、社会和生态效益最大程度地协调起来，实现可持续性发展的目标，为人类社会的繁荣和生态环境的保护做出积极贡献。具体包括：①科学规划。规划是管理的龙头，是各项湖泊管理和保护工作的基础。因此，应该全面规划科学的湖泊管理和保护体系，切实加强各类和各层次湖泊管理和保护规划的编制和实施，为各项湖泊管理工作提供科学的指导，包括湖泊规划原则、主要任务、规划目标。②管理体制。湖泊是重要的自然水资源和生态系统，具有重要的环境、经济和社会价值，有效的管理体制可高效地实现湖泊的可持续利用和保护。为实现湖泊的可持续利用和保护，研究建立湖泊管理体制尤为重要。③管理措施。根据管理目标，建立排放标准、湖泊水功能区限制纳污红线和控制指标，确定湖泊水功能区考核指标和指标限值。同时，建立限制纳污红线责任制、考核制和问责制。完善的管理措施是湖泊管理的重要组成。

（2）管理和保护评估考核

建立科学的湖泊管理和保护评估考核制，可以有效地加强湖泊管理和保护工作的落实，提高其效果和水平。该制度可以对湖泊管理和保护工作进行定期、科学、全面的评估和考核，通过对湖泊环境状况、治理成果、管理效能等方面的监测和分析，发现存在的问题和不足，及时采取措施加以改进。这些指标和评价体系要结合本地区湖泊特点和管理目标，确保评估结果准确、可靠。

湖泊管理措施包括建立排放标准、面源管理、内源管理、湖泊水域和岸线管理、湖泊水量分配和调度、船舶污染管理。例如，可以考虑湖泊水质指数、水量调控情况、出水口排放标准、湖泊生态状况等指标，同时还应考虑到社会经济发展、生态环境承载力等因素。典型地区湖泊管理分析以云南省滇池管理为例。

1）滇池的管理和立法。为了保护滇池的生态环境和促进其可持续发展，相关部门和政府制定了一系列管理和保护立法。其中最重要的一项是《滇池保护条例》，该条例于2018年6月1日正式实施，旨在加强对滇池生态环境的保护和管理。

2）滇池管理体制。从组织机构上讲，昆明市滇池的湖泊管理机构与现有的行政区域管理机构是并行的。在这样的流域管理体制设置下，昆明市实施的并不是流域管理，而是流域管理机构对一个区域实施的行政管理，其性质同昆明市相关行政主管部门的性质一样，只不过是滇池管理机构的权利更大、职能集中，拥有更大的行政权力。

3）滇池管理措施。除工程措施以外，滇池主要治理措施特点是行政处罚权的集中和湖长制。昆明市紧扣水环境整治，创新实施"河（湖）长负责制"，按照"治湖先治水、治水先治河、治河先治污、治污先治人、治人先治官"的思路，对35条主要入湖河道及84条支流开展综合整治。市级4套班子领导亲自挂帅担任河长，统筹督促落实河道治理方案、河道综合整治进展及协调解决工作中的困难和问题；河道流经区域的主要领导担任所属辖区内河段长，对辖区水质目标和截污目标负总责，实行分段监控、分段管理、分段考核、分段问责。经过两年多的努力，河道综合整治取得了阶段性成效。

4）保障与应急措施。行政机构应负责具体的湖泊管理和实施，包括制定湖泊保护规划和计划，并进行监测、评估和信息公开。应急管理体系，是处理突发事件的重要措施。执法机构应加大湖泊保护的执法力度，保障湖泊管理的合规性和有效性。明确水行政主管部门以及湖泊流域管理机构在突发性水污染事件中的预警、事件报告、现场监测、配合处理及水资源调度职责，划分水污染事件级别，并确定分级响应程序以及信息的共享和处理机制。

5）监测和评估体系。开展湖泊监测和评估，可以完整准确地描述和反映某一时段湖泊的健康水平和整体状况，从而为湖泊管理和保护提供综合的现状背景资料；可以提供横向比较的基准，对于不同区域的类似湖泊，评估结果可用于互相参考比较；可以长期监测和评估，从而反映湖泊健康状况随时间的变化趋势。

三、国内外研究进展总结

（一）湖泊治理理论

近年来，在我国"973"计划、水专项、重点研发计划等项目支持下，研究者针对我国浅水湖泊富营养化特点开展机理研究，以长江中下游浅水湖泊及云贵高原湖泊为对象，持续深化对于湖泊污染成因及生态系统变化规律的认识，形成了富营养化浅水湖泊稳态转换、蓝藻水华发生、水生态系统退化演替与调控等理论进展。

研究者提出了蓝藻水华的营养限制因子及发生全过程特征，提出了划分浅水湖泊稳态转化阶段的指标及其阈值；提出了浅水湖泊营养盐循环模式，揭示了我国富营养化浅水湖泊氮磷限制特点，阐明了蓝藻水华暴发的四阶段特点及关键影响因子；掌握了沉水植物退化演替规律及营养盐驱动机制，提出了生态系统多营养级食物网调控原理等理论成果。

（二）入湖污染物削减

1. 入湖污染源强解析技术

非点源污染产生机制复杂、污染物种类繁多以及时空分布差异大。非点源污染负荷模型在污染过程模拟、污染负荷估算和时空尺度适应等方面存在差异，单一模型不足以对非点源污染进行细致模拟（包鑫 等，2020），模型不确定性将影响模拟结果。贝叶斯理论、神经网络等多模型方法可有效解决结构和参数带来的系统不确定性问题。运用多模型方法对外源污染识别、将多种污染物来源分析技术和方法结合起来可有效识别外源污染负荷，采用多种污染物来源分析技术识别外源污染可能是未来研究趋势。

数据是研究的基础，高精度模型，如SWAT等，需要大量数据支撑。这些数据包括气象、空间和土壤等自然环境数据，以及农田管理、开发建设等人类活动数据。未来仍需要进一步完善对自然环境和人类活动等数据的收集。

随着对入湖污染物源强解析方面的研究逐渐深入，针对我国非热点流域外源污染的评价，采用贝叶斯方法等多模型方法、同位素技术等多种污染物来源分析技术识别外源污染，针对持久性有机污染物、内分泌干扰物等新污染物识别以及进一步完善数据监测和收集将是外源污染负荷解析的研究方向。

2. 湖泊点源污染治理技术

由于资金不足，管网、技术落后，我国城市污水处理技术存在能耗高、占地大、感官差、负资产多等问题，尤其在节能降耗、绿色低碳、环境友好等方面明显落后于发达国家，无法满足我国城市现代化建设与城市发展的实际需求。城市污水等点源污染治理仍需要通过污水收集管网不断优化改造，以及管网和污水处理厂一体化不断推进来完善；通过建设发展海绵城市、初期雨水收集、调蓄或处理设施有效减少初期雨水污染。对于分散式点源污染，就地处理和回用成为研究和应用的热点。结合城市实际发展与污水处理现状，制定阶段性、系统化、全面性的污水处理方案及措施，有效推广城市污水处理技术，并结合大数据等技术对城市污水处理进行创新发展。

农村污水处理作为我国打造美丽村庄的关键环节，需因地制宜，根据区域适用性和经济合理性选择污水处理技术模式，注重"生物＋生态"结合处理，将污水治理与农村厕改相结合。有效衔接农村改厕与生活污水治理，有效减少农村生活污染排放、提高水资源利用率和粪污资源化利用率。鼓励各地结合实际，将厕所粪污、畜禽养殖废弃物一并处理并资源化利用；建立有效的污水设施运维机制；建立完善有效的考核与监督机制（王玉 等，2022）。

3. 湖泊面源治理技术

从发达国家的水污染治理经历看，随着我国城镇污水收集和处理系统建设的不断推进，点源污染的削减能力会不断完善，而面源污染的总体比重会逐渐上升，面源污染控制的重要性也会日益显现。国内外城市面源污染控制方法总体可分为工程和非工程措施两类。为实现高效、低成本面源污染控制，一方面需大力开展针对面源污染产生机理和控制技术的研究；另一方面需提升城市管理水平，出台相关制度，加强宣传引导。在不同环节上的污染管控措施应统筹协调、因地制宜。在流域（区域）尺度上，形成"源头－过程－末端"的全过程雨水径流收集和处理体系，将不同技术措施合理组合，实现综合治理效果优化，并保证各系统的完整性和良好衔接。

我国城市面源污染控制对策可分两方面：①全过程治理，体现"源头削减、过程控制、系统治理"，统筹解决城市的水安全、水环境、水资源和水生态等多重问题；②工程措施与非工程措施相结合，前者主要包括源头、过程和末端的各类控制雨水径流的工程措施，后者主要包括体制机制建立、生态保护、水系管理、场地布置、城市管理等。农业面源污染逐渐成为制约我国现代农业和经济社会可持续发展的重大障碍，其治理工作在我国生态环境保护与治理工作中的重要性日益加强。我国未来农业面源污染治理过程中应加强污染产生机制和迁移转化过程研究，通过少量人工干预，努力提高单项治理技术的治理效率，将农业面源污染发生与发展的"产–流–汇"3个阶段的治理技术结合起来，突出流域治理思路。

4. 入湖河流治理技术

入湖河流治理技术包含内容广泛，由于生态治理实践差异较大，存在重建设轻养护的问题，建立跟踪制度，加强全过程管理、精细化管理将是发展趋势。国内外经过多年的发展，在技术、理念等方面均有了一定的突破，我国在"十四五"阶段提出了自然恢复为主，人与自然和谐共生的要求，将生态治理措施推向了历史舞台。通过专项多年努力，这方面的相关技术已经发展到了相当高度，并且也在"十三五"期间做了大量集成，但如今在管理、落地等方面仍然有待提高。

（三）生态补水

1. 湖泊生态水位及需水量计算方法

湖泊生态水位及需水量的定义和概念还在不断发展，截至2023年尚未形成统一的认识，在计算湖泊环境需水量时，多是依据实际情况，通过蒸散发量、渗漏量、水生生物栖息地、稀释净化需水量等进行计算。研究较多的区域多为干旱、半干旱地区或新疆等西北内陆地区的湖泊补水，主要是防止湖泊萎缩和干涸等，注重水量的计算。随着滇池、太湖等水质性缺水湖泊的治理需求出现，同时考虑水量与水质耦合研究的湖泊生态补水需水量计算方法成为新的发展趋势。

2. 多水源补水水质保障技术

湖泊生态补水常见的水源包括域外调水、再生水、雨水等，现有的补水水质保障技术可归类为物理法、化学法、生物法以及生态法等。构建多水源补水的调控方案，需要考虑多种不同调控目标下、多种调控情形，一般需要根据实际情况作具体分析，可通过构建水质–水动力–水生态综合模型，采用MIKE21、Delft3D模型/软件等进行模拟，根据不同限制、改善条件，模拟调控情形提出最佳调控方案。

3. 生态补水方案评价方法

补水通道和补水年内过程是生态补水方案评价的重点内容。补水通道应考虑起止高程、地理位置、施工条件、出口净化措施等。补水年内过程应确定补水时间及补水量的调控方式。基于湖泊的水生态保护目标及管理需要确定的补水实施方案，还应考虑湖泊的生态环境现状、景观格局、生物多样性、营养盐含量等要素。主要数据资料的获取方式包括实地调查、卫星遥感数据以及模型预测评估，对比分析生态补水前后要素的时空动态变化特征（Yang et al.，2020；Yi et al.，2020），以此评价生态补水方案对湖泊生态环境的改善效果。

运用生态学机理来评价生态补水，尤其是跨流域调水的安全性，也是近年来研究较多的内容，比较多地关注从流域视角看补水对水生态安全的影响和变化趋势，探究产生的原因。生态补水评价方案内容较多，一般在确定湖泊需水量及补水流量后，根据实际工作选择重点内容进行评价。生态补水通道的评价重点关注通道进出口高程、引水方式等，以及可能对施工建设、后期运营有影响的扰动因素。生态补水年内过程的评价，多在短期、年度的时间尺度上对补水过程及逆行模拟，同时考虑湖泊水质、水量、水文的变化。多水源统筹调控评价，考虑水源水质以及不用时段的供水用水特征；实践中采用湖泊生态动力学模型，基于多目标、多情形设置的方法对补水方案进行优化。

总的来说，生态补水是国内外湖泊生态修复的重要工程措施，其中生态流量的计算是最关键的技术环节。由于开展较早，国外研究已发展出较多的计算方法，并用于湖泊修复的实践，可简单总结为资料分析法和模型计算法，两种方法没有优劣之分，每种方法都可适用于特定的情形，根据计算的精确度、计算情形的适用性、经济成本等因素实际情况选用。借鉴国外的研究成果，国内研究在理论研究的基础上，更重实践，耦合模型成为进行生态流量计算的重要工具，而模型的开发和使用也成为研究的重点。综合来看，国内外研究趋势都是着眼特定应用场景，研究出更加细致、准确的计算方法。

实施后能否达到修复效果是评估生态补水方案是否可行的关键，但由于生态补水工程量大，修复效果难以通过实验模拟验证，开发相关的评价模型对补水效应进行预测成为国内外研究的焦点。当前评价模型多以国外研究开发的为主，在评价指标的选取方面，以水质、优势植被、浮游生物、底栖生物、特定鱼类等单一指标为主，同时关注多指标的综合评价模型还不足。在我国，需要进行生态补水的湖泊以浅水湖泊为主，具有水浅、水动力弱等特点，水文变化对整个生态系统结构和功能的影响较大，仅以某个特定目标作为评价指标，难以反映补水后整体和长期的生态效应。意识到这一问题，针对浅水湖泊生态补水，国内研究者已经开始尝试从生态系统结构、功能、健康等角度建立更加综合评估模型来评估和优化生态补水方案。

（四）缓冲带与消落带生态修复

1. 缓冲带生态修复技术

我国湖泊缓冲带生态修复技术研究起步较晚，但在近几年来得到了快速发展，涌现出许多新兴技术和建设案例。然而在实践中，仍需注意以自然恢复为主，人工措施为辅，做到因地制宜、重点突出，根据不同的地形地貌特点选择最佳的生态修复技术。此外，湖泊缓冲带生态修复技术的应用需要与当地的经济、社会和生态系统相协调，推动可持续发展。未来，湖泊缓冲带生态修复技术将继续在植被配置、生态系统恢复、多样性保护、生态服务等方面不断创新。同时，大数据、人工智能、物联网等新技术也将为缓冲带生态修复技术的应用提供更多可能。

2. 消落带生态修复技术

针对湖库消落带生态修复研究方法，国内学者展开了广泛研究，并不断进行优化。经过多年的优化调整，在消落带生态修复方面取得了丰硕成果，然而研究仍有不足之处，需要进一步讨论。①现有研究中对土壤本身的研究较少。消落带水位涨落、干湿交替，对土壤的影响是巨大的，然而消落带土壤研究比较困难，仍然缺少系统性研究，生态影响机制的研究并不完善。②植被恢复方面研究较多，其解决方案也是在逐步优化，但就如今而言，恢复技术大多依赖土壤，植被在土壤中生长的长期监测并未实现，生态机理的发展尚未明确。③现存技术中尚未出现两全的方案，造价低的技术，依赖土壤的营养基质的持久度且对植物有较高要求。不依赖土壤中营养成分的技术，则需要利用高分子材料，造价较高。总的来说，通过对湖库消落带研究概况以及相应技术的探讨与总结，当下应该优化对植物的选取布置，明晰植物与土壤的作用机制，考虑不同地区湖库消落带的差异，研究适应性较强、造价较低的生态修复技术。

3. 湖滨生物多样性保育技术

近年来越来越多湖泊的湖滨带受人类干扰生物多样性退化严重，恢复湖滨带生态系统的结构，充分发挥湖滨带生态功能成为当前湖泊治理中的重要工作。湖滨带生物多样性保育技术的发展趋势主要包括：①由单因素优化向多因素优化发展；②由单一学科向多学科交叉发展；③由单层空间向多层空间发展；④由个别专业部门管理向一体化管理发展。

国内外已经或者正在从事的生态恢复工程也越来越多，建议今后应加强以下三个方面的研究工作：①加强遥感等技术及现代数学方法在分析河岸带地形、水文、植被特征及其时空动力学变化特征时的应用，并建立定量模型（黄律 等，2022）；②构建多物种耦合的湖泊"减源-增汇"系统。构建完善的湖泊生态系统，净化周边的水污染，以达到减源效果，并发挥湖泊生态系统中植物的碳汇作用（袁兴中 等，2022）；③促进分子生物学技术在湖滨带生物多样性恢复的应用，进一步帮助了解种群间关系、种群动态和进化历史，从而为物种保护和群落控制提供更精确的科学依据。

湖泊湖滨带与缓冲带生态修复技术主要包括缓冲带绿篱构建、缓冲带生态透水地面、缓冲带乔灌草复合系统修复、缓冲带河口低污染水净化、消落带植被构建、消落带生态护坡护岸、消落带湿地修复、湖滨带基底修复措施、湖滨带生态修复工艺、建筑物拆除区生态恢复工艺、废弃鱼塘生态重建工艺、湖滨带湿地工艺、陡岸生态修复工艺等，相关技术被广泛应用在太湖、洱海、元荡湖、抚仙湖、千岛湖、三峡水库等湖库生态系统修复领域，取得了显著的成效。

总的来说，湖滨带生态恢复是一项长期的工作，不仅包括前期的滨湖土地利用调整、生态系统构建的工程措施，也包括工程措施结束后的长期监测。由于湖泊退化问题出现得比较早，欧美以及日本等发达国家已经发展出相对成熟的土地管理政策和生态系统构建理论技术，并有着较多的湖滨带修复工程实践。当前，通过发展各种监测技术和评估模型，对不同生态修复措施的效果和生态效益进行研究估算是其研究重点。而国内湖泊湖滨带生态修复仍以各种适用技术开发为主，针对不同类型的湖泊正在形成相应的湖滨带生态修复技术体系，指导国内生态工程开展。

随着国内生态恢复工程实践越来越多，生态效益和生态修复效果也将成为新的关注点，结合新材料和新技术，深入研究生态系统的物质循环和能量流动，提高技术的可行性和评估效果也在成为国内研究的发展方向，包括：①多学科协同发展。湖泊缓冲带生态修复技术需要涉及多个学科的知识和技术，如生态学、水文学、土壤学、植物学、微生物学、环境工程等，各学科间需要加强协同合作，推动湖泊缓冲带生态修复技术的综合发展。②稳定化和自动化监测技术。通过卫星遥感技术和无人机技术等，实现对湖滨带及其周边环境的全面监测和分析，为湖滨带生态修复效果评估提供全面的数据。③智能化。结合物联网、云计算等新兴技术，构建智能化的湖滨带运维系统，实现湖滨带自动监测、控制和维护。

（五）生境改善

1. 湖体生境质量调查与评估技术

近年来，国内外学者围绕某些特定物种，运用机理模型、回归模型和生态位模型等生境适宜度模型，结合 3S 技术进行生境质量评价，其中 InVEST 模型的 Habitat Quality 子模型以其强大的空间分析能力和能够进行多目标权衡的优势而备受关注（陈一萌 等，2018）。底栖动物是一种常见的生境质量评价指示物种。已发展出 Saproic、BMWP、AMBI 等众多的生境质量计算指数，这些生境质量评价指数在实际运用中有相应的适用性和局限性。其中 BI 生物指数主要基于底栖动物群落组成和对环境耐污能力属性值计算得到，其具有较强地域迁移性，并已在多地验证可靠性，因而在未来湖泊生境质量计算、分析和评价中值得进一步完善和应用。

生境质量调查方法包括基于人工目测、实地勘查和调查问卷等方式进行的实地调查，基于环境水/土/生物等样本的污染物、养分、有机物等监测的实验室样品监测法和基于遥感图像、卫星遥感数据和 ArcGIS 等软件分析的遥感技术。湖泊生境质量评价包括生物多样性分布数据结合相关生境指标和基于生物物理参数建立的生境适宜度模型模拟评价法，其中 InVEST 模型是被广泛应用的有效评估方法，底栖动物常被视为湖泊生境质量计算评价的指示物种。

2. 湖体透明度及水下光强改善技术

对于光强化学改善技术，在实际工程应用中，无机絮凝剂价格便宜，但大量使用会在水中产生一定的金属污染，这是生态系统无法降解去除的，可能会导致湖泊内盐类的增多，进而对生态环境产生不利影响（王瑞 等，2020）。有机高分子絮凝剂虽然用量少，浮渣产量少，絮凝能力强，絮体容易分离，除油及除悬浮物效果好，但这类高聚物在环境中也较难降解，因而其应用范围也受到限制，如今亦是在此基础上不断研制新型复合高分子絮凝剂以减少副作用与危害（杨开吉 等，2019）。微生物絮凝剂不存在二次污染、使用方便、具有广阔的应用前景，有望在未来取代化学絮凝剂的使用。

3. 水文要素调控技术

水文调度技术研究热点逐渐聚焦于湖泊水文过程与生态系统过程之间的耦合关系，侧重水文调控产生的生态耦合效应与互馈机制等。随着未来计算机的不断发展，单模型应用逐渐细化，模型耦合技术将成为湖泊生境研究的未来趋势。水文 - 水动力 - 水质耦合模型同生境适宜性模型相结合，可以模拟更多的实际应用情景，得到更为准确和翔实的结果，优化现有的生态流量需求，提出更为精准的湖泊生态补水方案。

湖泊适宜性生境是指为确保湖泊水生态系统健康，选择湖泊内濒危物种、关键物种等敏感物种作为研究对象，针对其不同生命阶段对栖息地的适宜性需求，进而确定最适宜的生境要求。水文要素可以直接或间接影响湖泊生境条件，进而影响敏感水生生物分布及数量，因而也是重要的生境因子。适宜性生境的水文调控主要通过各类水文模式来实现，只有通过实地调查构建出个性化的水文因素 - 生境与敏感生物之间的因果关系，才可以准确得出指示物种水文要求需求，进而优化水文调控方法。

4. 生物栖息地恢复技术

水生生物栖息地质量的评价方法较为多样，构建物理栖息地模型评估这些影响已经成为当今水生态研究的一个重要方向。栖息地适应性研究对了解指示物种的适应机制、评估其生境质量、预测栖息地变化和制定合理保护策略具有重要意义，其研究结果可用于制定该区域种群保护和管理策略，提高治理措施的针对性、科学性和可操作性。当前国内外研究仍处于初级阶段，大多仅考虑生物选择栖息地的单一因素，缺乏对多种因素叠加的分析。因此，湖泊水生生物栖息地的评价与预测方法仍需要完善。在生物栖息地适应性模型研究中，当下也主要考虑关键因子影响，缺乏对底质、盐度等影响的长期考虑。为了提高栖息地质量研究的可靠性，对于模型中关键因子的选取和隶属度函数的建立方面仍需要进一步的研究。

（六）湖体生态修复与维系

1. 湖体生态系统健康状况评价方法

在基于生物完整性（IBI）生态系统健康评价中，通常会采用鱼类、底栖生物、着生藻类作为指示物种，但对于污染较严重的湖泊，上述类群数量锐减，可获得样本的数量越来越少，这就使得上述指示物种作为健康评价指标的可应用性大大降低，运用微生物作为新的指示物种成为解决该问题的途径之一（李鹏善 等，2018）。基于 PSR- 熵权综合健康指数法的城市湖泊健康评价方法通过利用经济合作与发展组织（OECD）建立的压力 - 状态 - 响应（PSR）框架模型建立指标体系，并将信息熵（IE）理论引入指标权重的确定，正在成为城市湖泊生态系统健康综合评价方法的发展方向。

2. 沉水植被恢复技术

沉水植被作为水生态系统生产者的关键一环，其修复工作是湖泊生态系统修复工程的重中之重。而在沉水植被修复工作中，需要注重的要点则是适宜于湖泊修复的先锋物种的选取、沉水植物种植的方案以及植被的维护和管理。其中，尤其需要注重的是沉水植物种植方案的设计。合理的种植方案不仅有利于先锋物种在湖体内的适应及生长，还对后续的生态系统修复起着关键作用。截至2023年，主要针对水体浑浊度高、透光率低，沉水植被无法获得足够的光照的问题，发展出的沉水植被的种植方案有可调式沉床种植、围隔种植、絮凝沉淀辅助沉水植被种植等手段，但这些方案仍然不够成熟。因此，如何为沉水植被先锋物种创造合适的条件仍然是今后沉水植被修复工作的重点。

沉水植被构建与恢复是浅水富营养化湖泊生态修复的最终目标，尽管其依据的基本理论"浅水湖泊稳态转化"最早由国外研究提出，但沉水植被构建与恢复技术在我国有着更充分的研究和实践。沉水植被修复技术方面，国外研究更侧重湖泊原有的沉水植物种子库自然萌发与发育，恢复过程较慢。在我国，由于浅水湖泊众多，以及城市景观湖泊治理中的景观提升需求，对沉水植被构建技术有着更加迫切的需求，相比自然抚育技术，发展出了更多人工强化抚育技术，包括先锋种类筛选、人工种植及种群结构调控等技术措施，这些技术的发展有力地促进了我国湖泊生态修复的实践，如今对于较为封闭且规模较小的城市湖泊，可以在短时间内通过构建沉水植被实现从"藻型"浊水到"草型"清水的转变，并能够较长时间维系，因此沉水植被构建已经成为我国许多城市湖泊生态修复实践的核心措施。杭州西湖部分湖区（Bai et al., 2020）、嘉兴南湖、广州东山湖等著名景区湖泊都成功地实现沉水植被构建。

我国湖泊沉水植被构建的技术主要源于小规模的中试围隔实验研究，技术参数对于面积较大且开放的自然湖泊中沉水植被恢复或构建不完全适用。我国自然湖泊沉水植被构建方面较为成功的案例是2018年湖南大通湖（面积>80 km^2）沉水植被构建，全湖沉水植被覆盖度曾达到50%以上（李杨，2021），而在太湖、滇池等更加大型的富营养化浅水湖泊中，多次进行过沉水植被构建尝试，仅在围隔区域内短暂恢复，围隔撤掉后不但较难以向外扩展，而且出现已构建的植被也逐渐消亡现象。背后的原因在于大型富营养化浅水湖泊沉水植被发育演替的相关理论缺乏，无法有效地指导恢复或构建技术的发展，因此，对于我国众多自然浅水富营养化湖泊沉水植被修复，仍需在理论与技术方面开展进一步研究探索。

3. 湖体生物调控技术

通过调控水生动物来控制湖泊藻类的生物操纵也是起源于国外的生态修复理论与技术，在我国亦取得了许多新的研究进展。鱼类类型调控方面，相对于国外经典生物操纵技术中食肉性鱼类的调控，我国学者提出了以滤食性鱼类，鲢鳙为主的非经典生物操纵技术，并在近年来的湖泊、水库蓝藻水华防控中得到了成功应用；生物操纵技术中，除投放特定类型鱼类外，清除一些杂食性或底栖鱼类也成为重要的生态修复措施，特别是作为沉水植被构建的预处理措施，在我国湖泊生态修复中被广泛应用。

截至 2023 年，湖泊生态修复技术发展已经出现了许多先进的生态修复方法。从湖泊生态系统健康评价到沉水植被修复、生物调控工作，有形式各异的修复方法。虽然生态修复技术种类多样，但这些生态修复方法的构建目的都是达到湖泊生态系统健康恢复。严格来讲，没有最好的湖泊生态修复技术，只有最合适的湖泊生态修复技术。我国的湖泊形态各异，情况不同，应对不同的湖泊生态情况，应当设计出因地制宜的生态修复方案。

（七）藻华防控

1. 藻类水华监测预警技术

随着科学研究的不断深入，尤其是计算机、物联网、卫星遥感、人工智能、eDNA 等新技术的发展，给藻类监测技术的创新及应用提供了新的手段与机遇，物联网 + 人工智能 + 藻类监测技术所带来的革新影响广泛而深远，成为藻类监测技术一个新的发展动向，具体表现为：①快速化。基于光谱吸收原理的在线监测，使得对流域、国家尺度的藻类、水华等情况的快速测试成为可能。②智能化。基于 AI 技术的自动识别技术，能实现藻类的自动识别，代表着未来藻类监测的发展方向。③精细化。eDNA 技术的快速发展与应用，使得在藻类分子层面的批量快速测试成为可能。除加强多源遥感数据联合监测外，研制更高时间分辨率、高空间分辨率传感器是未来研制水色遥感卫星的发展和应用方向。除此之外，开展大尺度藻华遥感监测也成为水色遥感的一个新趋势。

传统的藻类水华监测技术已经不能满足现实需求，现场观测费时费力，且无法在时间和空间上连续监测；水下自动监测探头易受到水中物质侵蚀，且维护费用高昂；卫星遥感的时间分辨率低且受大气影响较大。基于藻类自动识别、藻类偏振 – 荧光检测技术、藻类基因组传感监测技术的原位在线监测技术的研发是未来藻类水华监测预警的发展趋势。另外，利用大尺度范围的藻华遥感动态监测技术对内陆富营养化水体浮游植物进行监测仍面临着诸多问题，如遥感反演模型的普适性、多源卫星数据监测结果的可比性和一致性等。

因此，为了提升遥感在富营养化湖泊浮游植物监测方面的应用能力，亟待补充完善不同湖泊不同优势藻种的光谱数据库，为发展普适性更强的反演算法奠定数据基础。此外，由于不同湖泊面积和水环境的差异以及不同数据源之间分辨率的差异，需要进一步发展多源数据融合的反演算法，以此实现系统化、体系化的监测，利用多卫星、多通道、多模式的方法，构建一个"空天地一体化"的水环境监测平台，从而实现全覆盖、多角度、多手段的实时监测，这将进一步促进内陆富营养化水体浮游植物的遥感监测更智能、更高效、更准确。

2. 预防性控制藻类生长技术

实现在低成本投入的同时更高效地控制藻类生长，是预防性蓝藻控制技术在未来的发展方向。在蓝藻细胞内，已有大量研究识别出了蓝藻细胞的类凋亡过程，mazEF介导的程序性死亡过程最早在大肠埃希菌（E. coli）中被发现。相较于类凋亡，该过程能够主动释放细胞外死亡因子（EDF），达到群体层面的大规模死亡效果，这一现象已经在膜过滤领域得到了研究和应用（Zhang et al., 2022）。在蓝藻控制领域研究程序性死亡过程及其生物学意义，能够有效指导高效控藻目标的实现。

3. 藻类水华应急处置技术

未来水华藻类应急打捞的发展趋势，主要有：①发展持续、高效、低能耗、对环境基本无危害的应急打捞、分离技术；②推动我国藻水分离技术及设备的发展，使其具备我国自主知识产权。在水体富营养化问题日益突出和实现"碳中和"迫切需求的时代背景下，由于对水华藻类应急打捞分离存在着现实需求，这就需要我们发展出低成本、低能耗、效率高和对环境友好的打捞分离技术，提高我国湖泊治理的质量，推动我国湖泊的生态环境改善工作。

综上所述，藻类水华是水体富营养化所引起的问题，通过水华藻类应急打捞分离可以有效应对藻类大规模暴发，保障水源水供水安全，推动我国湖泊生态环境质量情况的发展，改善我国湖泊生态环境。低成本、低能耗、效率高和对环境友好的水华藻类打捞分离技术是有效保障湖泊生态系统健康、饮用水生产安全的重要手段。

4. 水华蓝藻资源化技术

蓝藻资源化利用虽能解决水华蓝藻问题，同时又能将藻类转化为人类可利用的资源或能源，具有良好的应用前景，但截至2023年12月，国内外的蓝藻资源化利用技术尚不成熟，总体利用水平较低；蓝藻资源化利用或处置时运输成本和前处理费用较高，蓝藻脱毒是资源化利用的最大障碍，仍缺少完善的降解技术；资源化利用率低，蓝藻无害化处置、资源化利用项目投资大，运行成本较高，且蓝藻产量波动较大，容易造成生产设备闲置。实际应用需要综合考虑藻类资源化利用的经济可行性、安全性和技术优缺点以加强蓝藻资源化利用。

5. 湖泛等次生灾害控制技术

湖泛等次生灾害控制技术主要分为在湖泛发生前的监测预警技术和湖泛发生后的控制技术两方面，但是这两方面技术都有不可避免的缺陷。未来的发展将会利用现在日趋成熟的科技手段，结合各个技术的优缺点对当下的技术进行创新和提升，比如改性黏土絮凝技术与化学氧化技术结合可以同时去除湖泛的臭和味。除此之外，湖泛等次生灾害控制技术的系统性也需要得到提升，前期的水华、水质和气象监测预警技术可以联合应用，增加对湖泛监测预警的全面性和精确性。所以在未来提高湖泛发生前后的控制技术的高效性和相互之间的系统性是发展方向之一。

（八）治理技术集成与管理体系

1. 典型湖泊治理集成技术

湖泊治理技术集成即是将多种湖泊治理技术结合在一起，形成一种有机统一，不论是从源头防治、中端防护、末端污染治理都应井然有序、有条不紊。未来的发展主要是加强对源头污染的控制和治理，进一步做好治理技术的加强、改进和创新。湖泊治理集成技术实现各项技术措施结合，是一个全面综合的大工程，需要进行严格长期统筹和规划，妥善处理好当地社会需求和经济现状以及环境要求。

2. 湖泊综合管理与保障体系

湖泊资源是人类宝贵的自然资源，不仅可以为人类储存充沛的淡水资源，还可以为人类带来经济效益、社会效益等。为了更好地保护湖泊资源，在未来的发展进程中，无论是管理体制还是各项法律体系以及评估考核方式都应在管理实践中不断完善。未来的发展趋势应该主要包含以下几个方面。

1）管理模式多元化。湖泊综合管理与保障体系的管理模式将越来越多元化，除政府管理外，社会组织、企业和市民也将参与湖泊管理和保障。因此，未来湖泊综合管理与保障体系将形成集多元化管理模式于一体的新型管理体系。

2）信息技术广泛应用。随着信息技术的不断发展，湖泊综合管理与保障体系的信息化水平将得到显著提升。信息技术的广泛应用将实现对湖泊数据的精准监测、全过程管理和追溯，为湖泊综合管理提供更加科学的依据。

3）智能化设施建设。湖泊管理与保障体系的发展还将借助人工智能、物联网等新技术，构建智能化设施。例如，湖泊边缘的监测点可以通过无线传感器和云计算技术实现远程监测和管理，提高湖泊的监测效率。

4）湖泊流域综合管理。包括湖泊流域管理协调、长期管理战略和利益相关者参与等。

5）湖泊生态系统管理。包括整个系统，统筹考虑自然环境和社会经济因素，并结合可持续发展的理念。

6）湖泊水域功能综合利用。一般的自然湖泊都具有供给水量、改善水质、开发水能、利用水体、承载生物、观赏水景等多种生态与社会经济功能，对人类的文明、经济的发展和社会的进步发挥着巨大的不可替代的作用。需根据各个湖泊的特点，制定相关综合利用策略。

四、发展趋势及展望

湖泊是无法实现自我管理的，它们无法在短时间内，或是在持续受到人类活动和累积影响下自行恢复至健康状态。因此，需要对湖泊进行长期的、系统的、有目的的管理。此外，湖泊的管理还应是一个动态调整的过程。纵观国内外成功的湖泊管理经验，主要包括了以下6个思路与具体过程。

1. 加强湖泊流域系统研究，提高科技支撑

欧盟《水框架指令》认为，任何决策都不能是孤立的，上游集水区采取的行动势必会影响到下游湖泊，还应重点关注流域层面的管理等方面。因此，需要针对湖泊–流域形成系统观测与研究，从而正确评估造成湖泊问题的根本因素。而对于不同湖泊，其管理计划具体取决于湖泊（流域）的状况和利益相关方的利益。针对特定湖泊量身定制的恢复计划，对于解决浅水湖泊的富营养化问题是必要的。而深水湖泊的治理路径又与浅水湖泊存在差异（Shi et al., 2022），即强调科学施策、因湖施策、一湖一策。

2. 强化湖泊流域协同治理，推进立法保护

湖泊–流域一体化保护与管理主要强调两点：其一，推动跨地区、多部门协同管理；其二，从法律层面体现国家湖泊保护意志。

3. 优化调整流域产业结构，削减外源污染

在流域层面控制并改善营养负荷（控制外源污染）是采取湖内恢复行动的必要前提。流域产业结构与湖泊污染负荷密切相关，调整流域产业结构是协调流域社会经济发展与湖泊治理保护的关键（Lürling et al., 2020）。一方面，需要淘汰落后生产力，关停高能耗、高污染、技术落后的企业，减轻湖泊–流域系统的环境压力；另一方面，还应引导产业技术升级、绿色制造、清洁生产，提升污水处理能力，提高环保集约效率。

4. 加强水资源科学调度，优化水文条件

科学调度水资源对于维持湖泊水量的动态平衡、改善水质、保障水源安全供给，以及维持水生动植物的生物量和生物多样性至关重要。水工设施（如溢流堰、调水、抽提工程等）通过优化水文水力条件实现水质改善。此外，水资源的节律变化还关系着水生生物的基本生态过程和生态格局，关系湖泊水生态健康与稳定。因此，建议实施湖泊生态缓冲带建设工程、水系整治与连通工程，综合湖泊管理不同目标，科学配置水资源，优化湖泊水资源时空分布格局，推动湖泊健康发展。

5. 实施湖泊生态修复工程，推动集成治理

湖泊生态修复工程是维持湖泊生态系统长期健康和可持续发展的重要路径，核心思路是推动湖泊生态系统结构的改变，从而达到湖泊长效治理的目的。通过增加肉食性鱼类，减少浮游动物食性鱼类和底栖鱼类，为大型浮游动物和沉水植被提供有利的生长条件，并控制内源释放，抑制藻类过度增殖。

6. 发展监测预警与应急控制，保障水质安全

藻类水华监测预报预警和应急防控在富营养化湖泊治理与恢复过程中是必要的（Yang et al., 2018；Shi et al., 2022）。卫星遥感解译为湖泊藻类水华总体情况把控和形势预测提供了便利。应急防控方法作为藻类水华防控的补充手段，仅在必要时采用，且并不宜过度采用（Shi et al., 2022）；虽然实施或重复实施应急管理措施是不可避免的，但仍需充分

评估其环境效应和对后续湖泊修复策略的影响，以确保湖泊系统的供水安全、生态完整性和可持续发展（Liu et al.，2022；杨瑾晟 等，2023）。

参考文献

包鑫，江燕，2020. 半干旱半湿润地区流域非点源污染负荷模型研究进展［J］. 应用生态学报，31（2）：674-684.

陈峰，孔锦秋，2022. 基于模式识别的图像中多目标自动分割和分类研究. 舰船科学技术，44（20）：153-156.

陈俊伊，王书航，郑朔方，等，2020. 南湖水系水体透明度时空分布、影响因素及控制对策［J］. 环境工程技术学报，10（6）：897-904.

陈一萌，于竹筱，许尔琪，2018. 1965年以来6个时期广东潼湖湿地的景观格局和生境质量［J］. 湿地科学，16（4）：486.

程南宁，罗鼎辉，梅生成，2021. 潮汐湿地的栖息地修复构造 CN212612245U［P］.

戴秀丽，钱佩琪，叶凉，等，2016. 太湖水体氮、磷浓度演变趋势（1985—2015年）［J］. 湖泊科学，28（5）：935-943.

邓杨，刘志强，钟荣华，等，2021. 澜沧江糯扎渡水库消落带土壤侵蚀特征研究［J］. 云南大学学报（自然科学版），43（3）：495-502.

范成新，钟继承，张路，等，2020. 湖泊底泥环保疏浚决策研究进展与展望［J］. 湖泊科学，32（5）：1254-1277.

冯爱萍，黄莉，徐逸，等，2019. 基于DPeRS模型的淮河流域氮磷面源污染评估［J］. 环境监控与预警，11（5）：66-71.

冯爱萍，王雪蕾，徐逸，等，2020. 基于DPeRS模型的海河流域面源污染潜在风险评估［J］. 环境科学，41（10）：4555-4563.

冯麒宇，胡海英，刘俊达，2021. 有限资料条件下基于SWAT模型的泗合水流域非点源污染模拟［J］. 水土保持研究，28（5）：128-133.

顾礼明，蔡军，周游，等，2019. 水华蓝藻的资源化利用及展望［J］. 广东化工，46（17）：106-107.

胡琪勇，2017. 滇中引水工程对滇池草海水质改善效果预测与评价［D］. 昆明：昆明理工大学.

滑丽萍，2006. 湖泊底泥中磷与重金属污染评价及其植物修复［D］. 北京：首都师范大学.

黄敬云，2020. 基于混合死端/错流正渗透系统的藻水分离研究［D］. 天津：天津工业大学.

黄律，高雨晗，袁梦祥，等，2022. 云南高原湖滨湿地修复进展［J］. 环境生态学，4（7）：1-14.

计勇，王雪茹，朱文博，等，2018. 底质类型对鄱阳湖典型沉水植被的生长影响［J］. 南昌工程学院学报，37（6）：38-42.

姜成堃，李璐珊，高雪，2022. 生态护岸技术在河道堤防治理工程中的应用［J］. 长江技术经济，6（1）：41-44.

孔嘉鑫，张昭臣，张健，2019. 基于多源遥感数据的植物物种分类与识别：研究进展与展望［J］. 生物多样性，27（7）：796-812.

孔明，邵宁子，高月香，等，2020. 河湖污染底泥原位钝化技术生态风险研究进展［C］//中国环境科学学会. 2020中国环境科学学会科学技术年会论文集（第三卷）.《中国学术期刊（光盘版）》电子杂志社有限公司，181-191.

来莱，张玉超，景园媛，等，2021. 富营养化水体浮游植物遥感监测研究进展. 湖泊科学，33（5）：1299-1314.

李斌，刘保良，陈旭阳，等，2021. 基于海洋生态在线监测浮标数据的钦州湾藻华过程研究［J］. 广西科学，28（1）：30-36.

李鹏善，朱正杰，严燕儿，等，2018. 不同光照强度和底质营养对三种沉水植物的影响［J］. 生态科学，37（1）：101-107.

李杨，2020. 大通湖水生植被重建过程中内源磷迁移转化机制研究［D］. 武汉：武汉大学.

李政伟，张金良，蔡明，等，2023. 微生物絮凝剂在生活污水处理中的应用进展［J］. 水处理技术，49（2）：25-29，34.

梁斐斐，张秀敏，胡星，等，2020. 济宁市主要污染物入河量分析［J］. 治淮，（4）：23-25.

梁丽营，高振刚，刘德财，等，2020. AnnAGNPS 模型在西南岩溶地区奇峰河流域的参数敏感性及适用性分析［J］. 农业环境科学学报，39（3）：590-600.

刘丹，王烜，李春晖，等，2019. 水文连通性对湖泊生态环境影响的研究进展［J］. 长江流域资源与环境，28（7）：1702-1715.

刘煌，曹琳，许国静，等，2020. 大型溞强化生物操纵修复富营养化水体研究［J］. 环境科学与技术，43（2）：156-161.

娄和震，吴习锦，郝芳华，等，2020. 近三十年中国非点源污染研究现状与未来发展方向探讨［J］. 环境科学学报，40（5）：1535-1549.

娄永才，郭青霞，2018. 岔口小流域 AnnAGNPS 模型参数敏感性分析［J］. 生态与农村环境学报，34（3）：207-215.

卢彬，2021. 三峡库区消落带生态修复文献综述［J］. 科技创新与应用，11（19）：59-61.

罗坤，余启辉，马方凯，等，2020. 城市硬质河道生态化改造结构：CN211171803U［P］.

彭国干，2019. 福建晋江龙湖"以鱼控藻"生物操纵改善水质的机制研究［D］. 厦门：厦门大学.

齐文华，金艺华，尹振浩，等，2023. 基于 SWAT 模型的图们江流域蓝绿水资源供需平衡分析［J］. 生态学报（8）：1-12.

生态环境部办公厅，2021. 河湖生态缓冲带保护修复技术指南［S］.

涂茜，冯志，朱海涛，等，2022. 种植密度对4种沉水植物净化富营养化水体效果的影响［J］. 环境保护科学，48（6）：102-109.

王朝霞，2019. 太湖沉水植物种子库空间分布及影响因素研究［D］. 昆明：云南大学.

王凤贺，王国祥，刘波，等，2012. 曝气增氧技术在城市黑臭河流水质改善中的应用与研究［J］. 安徽农业科学，40（10）：6137-6138.

王昊，左胜鹏，秦晓辉，等，2019. 刈割诱导黄菖蒲化感抑藻效应研究［C］// 中国植物保护学会植物化感作用专业委员会. 中国第九届植物化感作用学术研讨会论文摘要集，29.

王佳恒，颜蔚，段学军，等，2023. 湖泊生态缓冲带识别与生态系统服务价值评估——以滇池为例［J］. 生态学报，43（3）：1005-1015.

王锦龙，2023. 水生植物修复对巢湖水生态环境的影响研究［J］. 科学技术创新（5）：77-80.

王谦，冯爱萍，于学谦，等，2016. DPeRS 模型在重点流域面源污染优控单元划分中的应用——以吉林省为例［J］. 环境与可持续发展，41（4）：111-115.

王瑞，许婷婷，张逸飞，2020. 絮凝剂在水处理中的应用与研究进展［J］. 节能与环保，（4）：91-92.

王玉，王雪蕾，张亚群，等，2022. 基于 DPeRS 模型的渭河典型断面汇水区面源污染评估及污染成因分析［J］. 环境监控与预警，14（6）：8-16.

吴璟瑜，商少凌，柳欣，等，2019. 浮游植物类群遥感算法 PHYSAT 在台湾海峡的适用性研究［J］. 厦门大学学报（自然科学版），58（1）：70-79.

杨浩，张青，姚保静，等，2023. 不同投加密度的霍甫水丝蚓对穗花狐尾藻化感抑藻效应的影响［J］. 环境工程学报，17（2）：666-674.

杨开吉，姚春丽，2019. 高分子复合絮凝剂作用机理及在废水处理中应用的研究进展［J］. 中国造纸，38（12）：65-71.

杨水化，彭正洪，焦洪赞，等，2020. 城市富营养化湖泊的外源污染负荷与贡献解析——以武汉市后官湖为例［J］. 湖泊科学，32（4）：941-951.

殷雪妍，严广寒，汪星，2021. 太湖湖滨带水生植被恢复技术集成与应用浅析［J］. 华东师范大学学报（自然科学版）（4）：26-38.

袁素强，2020. 浅水通江湖泊水生植被恢复模式研究［D］. 合肥：安徽大学.

袁兴中，张超凡，张冠雄，等，2022. 基于生物多样性保育的采煤塌陷区生态修复模式［J］. 风景园林，29（3）：52-57.

张迪涛，张鹏，王司阳，等，2023. 基于微生物完整性指数的水生态系统健康评价——以武汉市东西湖区湖泊群为例［J］. 中国环境科学，43（6）：3055-3067.

赵鹏程，2020. 植物激素在基于微藻的污水营养盐去除与化感抑藻中的作用机理研究［D］. 重庆：重庆大学.

中国质量检验协会，2021. 内陆湖泊生态补水技术导则（征求意见稿）［Z］.

周火明，于江，万丹，等，2022. 乌东德库区消落带生态修复植物遴选与配置［J］. 长江科学院院报，39（2）：50-55.

朱雨新，李云梅，张玉，等，2023. 基于遥感反射率的太湖优势藻识别方法. 湖泊科学，35（1）：73-87.

AUBRIOT L，ZABALETA B，BORDET F，et al，2020. Assessing the origin of a massive cyanobacterial bloom in the Río de la Plata（2019）：Towards an early warning system［J］. Water Research，181：115944.

BAI G，ZHANG Y，YAN P，et al，2020. Spatial and seasonal variation of water parameters，sediment properties，and submerged macrophytes after ecological restoration in a long-term（6 year）study in Hangzhou west lake in China：Submerged macrophyte distribution influenced by environmental variables［J］. Water Research，186：116379.

BERNAT-QUESADA F，ÁLVARO M，GARCÍA H，et al，2020. Impact of chlorination and pre-ozonation on disinfection by-products formation from aqueous suspensions of cyanobacteria：*Microcystis* aeruginosa，*Anabaena* aequalis and *Oscillatoria* tenuis［J］. Water Research，183：116070.

BLANCO-AMEIJEIRAS S，CABANES D J E，HASSLER C S，2019. Towards the development of a new generation of whole-cell bioreporters to sense iron bioavailability in oceanic systems—learning from the case of *Synechococcus* sp. PCC7002 iron bioreporter［J］. Journal of Applied Microbiology，127（5）：1291-1304.

BONA F，CECCONI G，MAFFIOTTI A，2000. An integrated approach to assess the benthic quality after sediment capping in Venice lagoon［J］. Aquatic Ecosystem Health & Management，3（3）：379-386.

CHEN Z，LI J，CHEN M，et al，2021. Microcystis aeruginosa removal by peroxides of hydrogen peroxide，peroxymonosulfate and peroxydisulfate without additional activators［J］. Water Research，201：117263.

DAI Y，YANG S，ZHAO D，et al，2023. Coastal phytoplankton blooms expand and intensify in the 21st century［J］. Nature，615（7951）：280-284.

KING O C，VAN DE MERWE J P，BROWN C J，et al，2022. Individual and combined effects of diuron and light reduction on marine microalgae［J］. Ecotoxicology and Environmental Safety，241：113729.

KONG Y，ZHANG Z，PENG Y，2022. Multi-objective optimization of ultrasonic algae removal technology by using response surface method and non-dominated sorting genetic algorithm-Ⅱ［J］. Ecotoxicology and Environmental Safety，230：113151.

LI B，ZHANG X，DENG J，et al，2021. A new perspective of copper-iron effects on bloom-forming algae in a highly impacted environment［J］. Water research，195：116889.

LI S，TAO Y，ZHAN X M，et al，2020. UV-C irradiation for harmful algal blooms control：A literature review on effectiveness，mechanisms，influencing factors and facilities［J］. Science of The Total Environment，723：137986.

LIU D，YU S，CAO Z，et al，2021. Process-oriented estimation of column-integrated algal biomass in eutrophic lakes by MODIS/Aqua［J］. International Journal of Applied Earth Observation and Geoinformation，99：102321.

LIU K，JIANG L，YANG J，et al，2022. Comparison of three flocculants for heavy cyanobacterial bloom mitigation and subsequent environmental impact［J］. Journal of Oceanology and Limnology，40（5）：1764-1773.

LIU Y, BAI G, ZOU Y, et al, 2022. Combined remediation mechanism of bentonite and submerged plants on lake sediments by DGT technique［J］. Chemosphere，298：134236.

LÜRLING M, MUCCI M, 2020. Mitigating eutrophication nuisance：in-lake measures are becoming inevitable in eutrophic waters in the Netherlands［J］. Hydrobiologia，847（21）：4447-4467.

NGANA J O, MWALYOSI R B B, MADULU N F, et al, 2003. Development of an integrated water resources management plan for the Lake Manyara sub-basin, Northern Tanzania［J］. Physics and Chemistry of the Earth, Parts A/B/C, 28（20-27）：1033-1038.

SHI X L, YANG J S, CHEN K N, et al, 2022. Review on the control and mitigation strategies of lake cyanobacterial blooms［J］. J. Lake Sci, 34：349-375.

STEINMAN A D, KINDERVATER E, 2022. Ecosystem restoration in the Everglades and Great Lakes ecosystems：Past, present, and future preventative management［J］. Inland Waters, 12（1）：8-18.

WANG W, SHI K, ZHANG Y, et al, 2022. A ground-based remote sensing system for high-frequency and real-time monitoring of phytoplankton blooms［J］. Journal of Hazardous Materials, 439：129623.

YANG W, XU M, LI R, et al, 2020. Estimating the ecological water levels of shallow lakes：a case study in Tangxun Lake, China［J］. Scientific Reports, 10（1）：5637.

YANG Z, BULEY R P, FERNANDEZ-FIGUEROA EG, et al, 2018. Hydrogen peroxide treatment promotes chlorophytes over toxic cyanobacteria in a hyper-eutrophic aquaculture pond［J］. Environmental Pollution, 240：590-598.

YI Y, XIE H, YANG Y, et al, 2020. Suitable habitat mathematical model of common reed（Phragmites australis）in shallow lakes with coupling cellular automaton and modified logistic function［J］. Ecological Modelling, 419：108938.

YILIMULATI M, JIN J, WANG X, et al, 2021. Regulation of photosynthesis in bloom-forming cyanobacteria with the simplest β-diketone［J］. Environmental Science & Technology, 55（20）：14173-14184.

YILIMULATI M, ZHOU L, SHEVELA D, et al, 2022. Acetylacetone interferes with carbon and nitrogen metabolism of *Microcystis* aeruginosa by cutting off the electron flow to ferredoxin［J］. Environmental Science & Technology, 56（13）：9683-9692.

XU C, WANG H J, YU Q, et al, 2020. Effects of artificial LED light on the growth of three submerged macrophyte species during the Low-Growth winter season：implications for macrophyte restoration in small eutrophic lakes［J］. Water, 12（2）：539.

ZHANG C, ZHANG G, JIN J, et al, 2023. Selenite-Catalyzed Reaction between Benzoquinone and Acetylacetone Deciphered the Enhanced Inhibition on Microcystis aeruginosa Growth［J］. Environmental Science & Technology, 57（15）：6188-6195.

ZHANG X, MA J, GUO Y, et al, 2022. Induced *maz*EF-mediated programmed cell death contributes to antibiofouling properties of quaternary ammonium compounds modified membranes［J］. Water Research, 227：119319.

ZHONG P, YANG Z F, CUI BS, et al, 2005. Studies on water resource requirement for eco-environmental use of the Baiyangdian Wetland［J］. Acta Scientiae Circumstantiae, 25（8）：1119-1126.

ZHU X, DAO G, TAO Y, et al, 2021. A review on control of harmful algal blooms by plant-derived allelochemicals［J］. Journal of Hazardous Materials, 401：123403.

撰稿人： 陶　益　种云霄　史小丽　王洪涛　张　建　卢少勇　彭剑峰
　　　　 陈　卓　刁国华　昝帅君　闫　晗　郭子彰　程　呈　吴海明
　　　　 国晓春　张　静　史秋月　段高旗　余春瑰　韩佳慧　邵世云
　　　　 杨　勇　陈　昱

ABSTRACTS

Comprehensive Report

Report on Advances in Water Environment Science

The Comprehensive Report on the status and prospect of water environment science (hereinafter referred to as the "Report") reviews the current status, research progress and research hotspots based on the research achievements on water and environment at home and abroad. The report summarizes the latest research progress in the field of water environment in terms of water environment benchmark standards and water ecosystem quality assessment, water quality analysis and risk assessment, water pollution control chemistry and biology, water quality risk control theory and technology, urban water system and water environment, industrial water system and water environment, lake pollution and treatment and water ecosystem environmental monitoring and early warning and informatization. On this basis, the report also gives an outlook on the development trend of the water environment science, and puts forward development recommendations, aiming to provide scientific support for the development of water environment protection and control as well as the water environment science in China.

In recent years, major progress has been made in the water environment science in the areas of water-quality and water-ecology evaluation and environmental benchmark and criteria establishment, water treatment theory and technology, and lake governance theory and technology, as briefly described below.

Regarding the theory of water-quality and water-ecology evaluation and environmental benchmark and criteria establishment, the recent research hotspots mainly focus on the water-quality and water-ecology evaluation system, environmental benchmark and criteria establishment, and water ecological health evaluation methods, and so on.

Among them, the water-quality and water-ecology evaluation system mainly focuses on the quantitative evaluation of water quality, the evaluation system of water quality and water characteristics, and the evaluation system of water environment with regional characteristics, and so on. The environmental benchmark and criteria establishment mainly focuses on the methodology of water-quality benchmark determination, water environment benchmark threshold, transformation approach of water-quality benchmark to its standard, and so on. The water ecological health evaluation methods mainly focus on water ecological monitoring techniques, standards and norms for water ecological health evaluation, and water ecological monitoring and evaluation, and so on.

In terms of water treatment theory and technology, the recent research hotspots mainly focus on the theory and technology of wastewater resources and energy conversion, the theory and technology of water quality risk control, optimization and low-carbon operation of water treatment process, and the development of new pharmaceuticals and new materials for water treatment.

Among them, the theory and technology of wastewater resources and energy conversion mainly focuses on the theory and technology of safe and efficient wastewater reclamation and reuse, the theory and technology of wastewater carbon source capture, the theory and technology of high-value conversion of discarded carbon source, novel recovery technology of nitrogen, phosphorus and precious metal resource, new principles and method of anaerobic methanogenesis, wastewater treatment and resourcing by microalgae, and so on.

The theory and technology of water quality risk control mainly focuses on the risk and control of new pollutants, disinfection by-products, and biological toxicity, conventional disinfection technology, harmful algae control technology, new principles and new technologies of disinfection, and so on.

The optimization and low-carbon operation of water treatment process mainly focuses on the optimization of safe water supply process and low-carbon operation technology, intelligent detection and optimal control of wastewater treatment process, optimization of urban wastewater treatment process and low-carbon operation technology, enhanced treatment of typical refractory wastewater and low-carbon operation technology, wastewater treatment process and low-

ABSTRACTS

carbon operation technology in industrial parks, and new low-carbon process system, and so on. The development of new chemicals and materials for water treatment mainly focuses on new chemicals for coagulation and disinfection, and new materials for adsorption, catalysis and membrane separation.

In terms of lake-governance theory and technology, the recent research hotspots mainly focus on the lake pollution sources analysis, lake endogenous pollution control technology, lake ecological water replenishment technology, lakeshore and buffer zone ecological restoration technology, lake habitat improvement technology, lake ecological restoration and maintenance technology, lake algae bloom prevention and control technology, and lake governance technology integration and management system, and so on.

Among them, the lake pollution sources analysis mainly focuses on the enhanced analysis of lake pollution sources, lake point source pollution management, lake surface source management and lake river management and other directions.

The lake endogenous pollution control technology mainly focuses on endogenous pollution diagnosis, sediment dredging and its disposal in situ, in-situ coverage, lake bottom aeration, in-situ passivation of sediment and plant repair of sediment and other directions. The lake ecological water replenishment technology mainly focuses on the lake ecological water level and water demand, water quality guarantee of water replenishment from multiple sources and evaluation of ecological water replenishment programs. The lakeshore and buffer zone ecological restoration technology mainly focuses on the direction of buffer zone ecological restoration, ecological restoration of fallout zones and lakeshore biodiversity conservation. The lake habitat improvement technology mainly focuses on the direction of lake habitat quality survey and assessment, lake transparency and underwater light intensity improvement, hydrological element regulation and bio-habitat restoration. The lake ecological restoration and maintenance technology mainly focuses on the direction of lake ecosystem health, shallow lake homeostasis transformation, submerged plant restoration and lake biological regulation. The lake algal bloom prevention and control technology mainly focuses on the directions of monitoring and early warning of algal bloom, preventive control of algal growth, emergency disposal of algal bloom, resourceisation of cyanobacteria in bloom and control of secondary disasters such as lake flooding. The lake governance technology integration and management system mainly focus on typical lake governance integrated technology system and lake comprehensive management and guarantee system and other directions.

From the perspective of the overall research progress of the water environment science, the development directions, including wastewater resources and energy recovery, low-carbon optimal design and operation of water systems, and the application of artificial intelligence, are both research frontiers and hotspots at home and abroad.

At the same time, for the "14th Five-Year Plan" period, according to the new needs of water and ecological environmental protection in China, the research focus has been from wastewater pollution control to synergistic governance of water resources, water ecology, and water environment.

In the field of water quality, water ecology evaluation and environmental benchmarking standards, comprehensive indicators for complex environments, regionally differentiated benchmarking standards and systematic evaluation studies are the main development trends. At present, the traditional water quality indicators at home and abroad focus on the evaluation of physical and chemical properties of water resources, and the evaluation results are difficult to provide a detailed and holistic analysis of the relevant environment. Chinese scholars face the non-linear changes in the complex system of the water environment and the qualitative characteristics of the "three water integration" as the core of the innovative concept of "water feature", to understand the water quality of the water ecological situation to provide strong support. Developed countries have established relatively perfect technical methods and systems for water quality benchmark standards, and Chinese research on water quality benchmark standards started relatively late, but developed rapidly. Since the "11th Five-Year Plan", China's ecological environment benchmark work has made breakthrough progress, based on China's regional differentiation characteristics have been issued a series of water quality benchmarks and their development of technical guidelines; after many years of development and revision and improvement of China's water quality standards have been gradually formed in line with China's national conditions of the complete set of systems. The development level of China's water quality benchmark standards has basically reached or even exceeded that of developed countries or regions such as the United States and the European Union. The study of ecosystem health assessment began in the 1980s, but there is no uniform view of "ecosystem health" in the international community. In China, after continuous research, the research on ecosystem health assessment has been extended from rivers to lakes, reservoirs and other water environment types, and gradually formed its own system, which can provide data support for the development of ecological restoration objectives, assessment of ecological restoration effects, and environmental legislation and law enforcement.

ABSTRACTS

In the field of water treatment theory and technology, the synergistic effect of pollution reduction and carbon reduction has been the hotpot in the international water treatment industry all over the world. With economic and social development, although the pollution intensity is increasing, and the types of pollutants are becoming more and more complex, the public environmental awareness has been enhanced, and the requirements for the quality of the water environment are constantly improving.

Therefore, wastewater treatment plants in some developed countries are developing from biological nitrogen and phosphorus removal to enhanced nitrogen and phosphorus removal. Meanwhile, the application of advanced treatment technologies such as advanced oxidation, nanofiltration and reverse osmosis is becoming more widespread to achieve the removal of emerging pollutants such as environmental endocrine disruptors, pharmaceuticals and personal care products, and to meet the demand for a healthier and safer water environment quality. Low-carbon treatment and energy development, climate change issues and energy crises require urban wastewater treatment to achieve low-carbon, treatment process to achieve energy conservation and improve energy self-sufficiency. Developed countries in Europe and the United States have carried out research focusing on wastewater reclamation and reuse, wastewater biomass recycling, nitrogen and phosphorus recycling, etc., in accordance with their respective national conditions. Domestic also carried out a series of research and development work represented by the concept of municipal wastewater resources plant, with a view to promoting the transformation and upgrading of the water treatment industry.

In the field of lake governance theory and technology, following the concept of ecological civilization and the harmonious development of man and nature, the health of lake ecosystems and the comprehensive restoration of ecological functions are becoming new goals and requirements. As a result, lake governance is changing from pure water quality management to the synergistic improvement of water quality and water ecology. How to achieve the new goal of higher-quality protection and governance of lakes along with rapid socio-economic development of the watershed is a key issue to be addressed at home and abroad. In recent years, the domestic lake governance research and practice, combined with traditional water quality management theory and technology system, drawing on the path of lake governance in developed countries, but also constantly exploring new mechanisms and methods of ecological restoration of lakes to meet the current and future governance needs, lake protection and restoration of research and practice level basically reached or even exceeded the level of developed countries or regions. On the one hand, the technical level of lake basin environmental management has been effectively improved, through the optimization of the traditional technology to obtain the best management efficiency while continuously integrating the latest theories and technologies, looking for the technical increment of lake management, and improving the scientific and technological support capacity of lake management. For example, new type of passivator, new type of wetland, bio-habitat restoration and constructive technology and new lake environment monitoring technology based on Internet of Things, satellite remote sensing, artificial intelligence, eDNA, etc.have achieved better application effect in the process of lake management. On the other hand, the concept of coordinated governance of lake basins has been strengthened, the industrial structure of the basin has been optimally adjusted, the scientific scheduling of water resources has been strengthened and lake ecological restoration projects have been carried out, thus promoting the organic combination of lake governance-related legislation, policies, planning, standards and other management measures and governance technologies, and gradually forming a systematic governance system.

The water pollution problem in China remains serious and has become a prominent shortcoming in the construction of an ecological civilization. The water pollution treatment and the water environment protection are related to the well-being of the people and the future of the country. During the "14th Five-Year Plan" period, China's water ecological environmental protection has entered a new stage, and water ecological environmental protection has been transformed from pollution management to the synergistic management of water resources, water ecology and water environment and the overall promotion of such management.

The specificity and complexity of China's water environment problems and the urgency of solving water environment problems have become a powerful driving force for the rapid development of water environment science. Water and environment science in China to promote ecological civilization, the construction of a beautiful China in the process of the status of more and more prominent, has gradually become a strategic key discipline to support the high level of protection of water ecology and environment, to promote high-quality development, and to create a high quality of life indispensable.

In recent years, water environment science has made great progress, and the following development trends have been presented in terms of control objects, control objectives, control means, research methods and theories:

(1) The control object pays more attention to the identification and control of new high-risk pollutants and the synergistic control of compound pollutants. The types of pollutants in the water

environment continue to increase, new pollutants continue to emerge, and the characteristics of compound pollution are increasingly prominent. Focus on conventional single pollutant in the water environment pollution formation mechanism and control principles, has been unable to meet the increasingly complex water environment pollution management needs. Therefore, the identification of new high-risk pollutants, microscopic transformation mechanisms and control principles, water quality standards set the basic theory, the theory and technology of synergistic control of complex pollutants has become the main direction of development of water environment science.

(2) Control objectives pay more attention to water ecological protection and restoration and water ecological health protection. China's water environment management goals have been cut from conventional pollutant emissions, to improve the quality of the water environment, water ecological protection and restoration and water ecological health security development. Therefore, water ecological restoration and safety and security theory and technology system, water ecological health evaluation theory, methods and technology has become the new development needs.

(3) The control means pay more attention to the new theory and technology of pollution reduction and carbon reduction and resource recycling. Low-efficiency and high consumption of water environment pollutants at the end of the governance model, is not in line with the new needs of China's socio-economic high-quality development. The whole process of water pollutant prevention and control, pollution reduction and carbon synergistic theory and technology, water ecological recycling as well as efficient recycling of resources and energy theory and technology breakthroughs are receiving more and more attention to achieve the recycling of resources, the whole process of control and fine management is the inevitable requirements of the future development of water environment science.

(4) Research methods to the development of microscopic analysis and macroscopic simulation. Water pollutant migration and transformation research methods to electronic transfer tracking, ultrastructural analysis, micro and nano-interface observation, water pollutant ecological effects of research methods to the molecular, cellular, microbial community direction, the water environment system simulation methods to the regional simulation, watershed simulation and global scale simulation development, the application of information technology means of big data will be more extensive and in-depth.

(5) Theoretical innovation is more concerned about the in-depth intersection and deep integration

with emerging disciplines. The development of basic theories and cutting-edge technologies of water and environmental disciplines is becoming more and more in-depth and closely integrated with modern biotechnology, information technology, biotechnology, new energy technology, new materials and advanced manufacturing technology. Diversified disciplinary crossover and the introduction of big data, artificial intelligence and other emerging technologies provide a strong impetus for the original innovation of the basic theories of water environment science, breakthroughs in disruptive technologies and the development of comprehensive solutions to multi-scale, cross-basin and cross-regional water ecological and environmental problems.

In view of the current situation of the development of water environment science in China, targeted research should be carried out in the following areas to promote better development of water environment science in China.

(1) Water environment mechanism, water quality model and water environment evaluation, prediction research. Including: water pollution mechanism and water quality migration law research, water environment multi-media model, complex waters of the three-dimensional water quality migration transformation model, taking into account the human activities of the water environment change prediction model, water quality model coupled with distributed hydrological model, surface pollution prediction model, based on the uncertainty theory of the water environment evaluation method, water environment impact assessment methods, early warning and forecasting of water pollution emergencies and emergency management, and so on.

(2) Research on key technologies for water resources protection and river and lake health guarantee system construction. Including: theoretical methods and implementation techniques of water resources protection, theoretical methods and implementation techniques of river and lake health, health assessment methods of rivers and lakes, river and lake health guarantee system, identification of pollution sources, theoretical methods of risk management of the water environment, the implementation effects of engineering and non-engineering measures and water ecological and environmental impact assessment, water resources protection planning, engineering and construction techniques.

(3) Water ecology protection and restoration theory and method and application research. Including: water ecological survey, monitoring and analysis, water ecological function evaluation, water ecological health evaluation, ecological hydrological model, water ecological carrying capacity, ecological environment water demand theory and method, water ecological scheduling model, ecological response to hydrological changes in the mechanism of water ecological

protection technology, soil and water conservation planning, soil and water conservation engineering and construction, soil and water conservation monitoring, assessment and control technology, water ecological protection monitoring, warning and supervision and management, water ecological compensation mechanism.supervision and management, water ecology compensation mechanism, etc.

(4) Theoretical and applied research on total water pollution control. Including: delineation of water functional zones, calculation methods of dynamic pollution holding capacity of water bodies, water environment capacity allocation methods, theoretical methods of joint scheduling of water conservancy projects for pollution prevention, harmonious allocation methods of total water pollutant control, theoretical methods of initial sewage right allocation in river basins, and theoretical methods of trading in the sewage right market.

(5) Research on water pollution prevention and water recycling. Including: pollution reduction, carbon reduction and synergistic technology, new pollutant risk prevention and control technology, water recycling safety and security technology.

(6) Research on comprehensive management of water environment to support the construction of water ecological civilization. Including: the construction of comprehensive governance system of water environment, ecological protection planning and construction technology in the construction of water projects, water ecological civilization construction guarantee system, water ecological civilization construction level assessment and monitoring and rapid identification and decision-making system research and development.

Written by HU Hong-Ying, WEI Dong-Bin, LU Yun, LIU Guang-Li, ZHOU Dan-Dan, CHEN Zhi-Qiang, TAO Yi, CHONG Yun-Xiao, WU Yin-Hu, CHEN Zhuo, DAO Guo-Hua, WANG Wen-Long, HUANG Nan, LI Yan-Cheng, and WU Lei

Reports on Special Topics

Assessment of Water Quality and Aquatic Ecosystem and Establishment of Environmental Standards

Water shortage and water pollution is a long-term and cumulative problem, causing the water environmental protection to be extremely complex. Development of scientific and efficient water environment evaluation index system and establishment of water quality standards play an important role in water environment protection. Following the coordinated framework for protecting water ecosystem, water resource, and water environment, the theory on evaluation of water quality and water ecosystem and development of environmental standard have significant advances recently, mainly include the following three aspects.

(1) The evaluation index system for water quality and water ecosystem: A series of water environment standards have been issued for protecting water resource, including water environment quality standards, pollutant discharge standards, and water use standards. However, the traditional water quality evaluation index system has not fully considered the complexity of water environments and cannot accurately reflect the actual changes in water quality. As China's environment protection concept shifts from pollution control to ecological restoration, the water quality index is gradually transitioning from traditional physical and chemical indices to ecological indices. Especially, an innovative concept of "Water Feature" has been proposed recently, which can comprehensively and accurately depict water environment characteristics and

enhance consideration of the health of water ecosystems.

(2) Water environment criteria and standards development: Water quality criteria are the scientific basis for the establishment/revision of water quality standards. A theoretical system for criteria and standards development with Chinese characteristics has been established. China has made breakthroughs in the key technology of ecological division of lake nutrients, and has established a method for ecological division of lake nutrients, using statistical analysis and pressure-response model methods to establish criteria and standards for lake nutrients. The development of water quality criteria for human health protection needs to consider regionally differentiate factors in exposure assessment, bioaccumulation assessment, and health risk assessment. The research on transformation of water quality criteria into standards should be strengthened, in which the social, economic, and technical factors should be considered.

(3) Methods for assessing aquatic ecosystem health: The methods for assessing aquatic ecosystem health can be divided into indicator species method, ecological integrity index method, and comprehensive index evaluation system method. Among them, the comprehensive index system method is one of the applications of systems theory in the evaluation of aquatic ecological quality. A comprehensive score was calculated to classify and depict the health status of the target ecosystem or its components. However, the serious challenges in practice are lack of data and complex processing. With the accumulation of research on aquatic ecosystem health assessment, a technical system for monitoring and evaluating aquatic ecosystems with Chinese characteristics has been preliminarily formed.

Theoretical researches on water quality and aquatic ecosystem assessment and the establishment of environmental standards remain a top priority in China. And the following studies should be strengthened in future: 1) Optimizing index system for assessing the water quality and aquatic ecosystem considering complex conditions; 2) Developing methodologies for setting water quality criteria fit for the conditions of China; and 3) Establishing new methods and technologies for comprehensive assessment on aquatic ecosystem health.

Written by WEI Dong-Bin, LU Yun, BAI Yao-Hui, YAN Zhen-Guang, JIN Xiao-Wei,
WEI Liang-Liang, ZHENG Xin, LI Li-Ping, DING Ning, LI Min,
GAO Hua-Nan, LIAO An-Ran, TANG Ying-Cai,
WANG Fei-Peng, and MI Lan

Water Treatment Theory and Technology

The development of water treatment theory and technology is of great significance for the efficient utilization of water resources. Water treatment theory and technology mainly focus on pollution control, carbon emission reduction and risk management of water sources containing pollutants such as pathogenic microorganisms, dissolved organic matter and suspended matter. According to the basic principles, water treatment technology can be divided into three categories: separation, chemical and biological transformations. With the development of society and economy, as well as the response to global climate change and resource and energy crisis, the concept of water treatment theory and technology has gradually changed from the traditional concepts of "sewage treatment and standard discharge" to "water recycling", from the simple "pollution control" to "water ecological restoration".

In recent years, the water treatment theory and technology have developed rapidly in China. During the "14th Five-Year Plan" period, the National Development and Reform Commission jointly launched many plans related to sewage resource utilization, so as to promote synergies in pollution reduction and carbon reduction, and to promote high-quality sustainable development. We reviewed the latest progress of water treatment theory and technology since 2022, and discussed future prospects of water treatment theory and technology. The main challenges in future were summarized as follows:

(1) The theoretical and technical system for the risk prevention, new pollutants control, and the safety guarantee of water recycling is expected to establish. New problems of water environment and new mechanisms of pollution generation is expected to discover. Facing the international academic frontier, Chinese ideas are expected to provide for solving water environment problems.

(2) Synergistic technologies for pollution reduction and carbon reduction are expected to develop to improve the integration of technology and theory, solve the "technology island" phenomenon of water treatment theory and technology, and help the implementation of "carbon peak and carbon neutrality" in water environment.

(3) Following major national strategies, the problems of "stuck neck" in the water pollution

control and water environment quality are expected to solve. Based on the R & D of disruptive technologies and equipment, a closed innovation-driven chain of "foundation-technology-application-management" is expected to setup.

Written by LIU Guang-Li, ZHOU Dan-Dan, CHEN Zhi-Qiang, LIU Hai, LI Yan-Cheng, WU Yin-Hu, HUANG Hao-Yong, XU Bo-Yan, SU Qing-Xian, MAO Yu-Hong, MIAO Rui, ZHENG Xiang, YANG Qing(Beijing University of Technology), WANG Da-Wei, LUO Jin-Ming, SHUANG Chen-Dong, WU Bing-Dang, ZHANG Shu-Juan, ZHAO Hua-Zhang, WANG Yu-Jue, LI Hai-Xiang, WANG Jia-Jia, ZHAO Xin, WANG Can, LUO Hai-Ping, XU Zhe, WANG Ya-Yi, SHENG Guo-Ping, LV Hui, LUO Yi-Hao, ZHENG Xiong, GUO Wan-Qian, MU Yang, LI Wen-Wei, CAO Shi-Jie, ZHANG Jian, CHEN Yi, YUAN Bao-Ling, QI Wei-Xiao, SHEN Jin-You, YU Xiao-Fei, LI Hai-Yan, WANG Wen-Long, CHU Wen-Hai, DU Ye, TAO Yi, HUO Zheng-Yang, CHEN Rong, QIU Shan, LIU He, ZHAO Yao-Bin, PAN Yang, HE Shi-Xin, WEN Qin-Xue, NAN Jun, ZHAO Zhi-Wei, QIU Yong, ZENG Wei, YAO Hong, WANG Ai-Jie, GAO Bao-Yu, WANG Wei, FANG Jing-Yun, WANG Lu, WANG Zhi-Wei, BAI Lang-Ming, GAO Song, SUN Meng, DONG Shuang-Shi, LI Dong, ZHANG Jie, WANG Xiu-Heng, JIN Peng-Kang, LI Yi, WANG Shao-Xia, YAN Zheng, CHEN Zhuo, ZHANG Bing, and YANG Qing(Lanzhou Jiaotong University)

Lake Management Theory and Technology

Lakes, as important national strategic resources, are important constituent of the life community of "mountains, rivers, forests, fields, lakes, grass and sand". Lakes provide valuable ecosystem services, including drinking water sources, spiritual and recreational values, transport and groundwater recharge, and provide habitats that support biodiversity. Lakes play a critical role in regional and global environmental change, maintenance of ecological services, circulation of livelihood factors, water resource security, flood control and drought control, and economic and social development of the basin.

There has been increasing effort and investment on management of the ecological environment of lakes, the battle to defend clear water has achieved remarkable results, the trend of eutrophication of lakes in China has been significantly curbed, and the control of water pollution and eutrophication are generally improving, but the situation of exogenous and endogenous pollution is still severe, the risk of algae bloom is still considerable, and there are problems such as insufficient understanding of the mechanism of water pollution and ecological degradation, lack of water quality ecological benchmark and standards, relevant technologies and integrated systems for treatment and restoration needs to be updated, and insufficient technical support for project maintenance and management. Based on the research results of lake pollution control technology, this report focuses on reviewing the main research progress in the field of lake treatment at domestic and global level, summarising and assessing the research and development progress of lake treatment theory and technology in China for recent years. The report summarizes the modes concerning lake management technologies and governance system, analyzes the existing problems, and looks forward to the development.

Focusing on the technical needs of pollution prevention and control, ecological water replenishment, habitat improvement, ecological restoration, and algal bloom hazard prevention and control in the field of eutrophication lake treatment in China. The report has carried out and developed technologies such as pollution source analysis, endogenous pollution control, ecological water quantity and water quality assurance, ecological restoration of lakeside zone and buffer zone, lake habitat improvement, ecosystem restoration and maintenance, and early warning and prevention and control of cyanobacterial blooms. Based on the nutrient limiting factors and the characteristics of the whole process of cyanobacterial blooms, the researchers proposed the indicators and thresholds to distinguish the steady-state transformation stages of shallow lakes and the nutrient cycle mode of shallow lakes, revealed the characteristics of nitrogen and phosphorus limitation in eutrophication shallow lakes in China, and clarified the characteristics and key influencing factors of cyanobacterial blooms in four stages, presenting the principles for the degradation and succession of submerged plants and the driving mechanism of nutrients, and the principle of regulation of multitrophic food web in the ecosystem was proposed. According to the characteristics of typical lakes, the integration of water quality ecosystem treatment technology is the key to solving complex lake problems, in which combining different treatment technologies, exerting strengths, fundamentally improve the governance capacity, ensure the quality of water environment, and restore the self-purification ability of water bodies. In addition, based on the successful lake management experience at domestic and global level, it is proposed to carry out long-term, systematic and purposeful management of lakes to ensure the long-term sustained management.

Written by TAO Yi, CHONG Yun-Xiao, WANG Hong-Tao, ZHANG Jian, LU Shao-Yong, CHEN Zhuo, DAO Guo-Hua, PENG Jian-Feng, SHI Xiao-Li, ZAN Shuai-Jun, YAN Han, GUO Zi-Zhang, CHENG Cheng, WU Hai-Ming, GUO Xiao-Chun, ZHANG Jing, SHI Qiu-Yue, DUAN Gao-Qi, YU Chun-Gui, HAN Jia-Hui, SHAO Shi-Yun, YANG Yong, and CHEN Yu

附录

附件1 2020年水环境学科所获国家最高科技奖励

奖项	第一完成人及完成单位	题目	等级
国家自然科学奖	方红卫（清华大学）	河流动力学及江河工程泥沙调控新机制	二等奖
国家技术发明奖	王爱杰（哈尔滨工业大学）	污水深度生物脱氮技术及应用	二等奖
	全燮（大连理工大学）	强化废水生化处理的电子调控技术与应用	二等奖
国家科学技术进步奖	张土乔（浙江大学）	城市供水管网水质安全保障关键技术及应用	二等奖
	俞汉青（中国科学技术大学）	城镇污水处理厂智能监控和优化运行关键技术及应用	二等奖

附件2 2020—2023年水环境学科所获环境保护科学技术奖励

年份	第一完成人及完成单位	题目	等级
2020	戴晓虎（同济大学）	污泥全链条资源化处理处置关键技术与应用	一等奖
2021	姚宏（北京交通大学）	工业废水自养脱氮降碳资源回收协同增效关键技术创新与应用	一等奖
2021	王业耀（中国环境监测总站）	国家水生态环境质量监测与评价关键技术研究与示范	一等奖
2021	苏婧（中国环境科学研究院）	河流-地下水系统污染精准识别与协同防控关键技术及应用	一等奖
2021	王浩（中国水利水电科学研究院）	富自然-功能协调流域建设关键技术与实践应用	一等奖
2022	胡洪营（清华大学）	再生水处理高效能反渗透膜制备与工艺绿色化关键技术	一等奖
2022	陈彬（北京师范大学）	城市小微水体水质水量联合调控与生态修复理论技术与应用	一等奖

续表

年份	第一完成人及完成单位	题目	等级
2022	姜霞（中国环境科学研究院）	湖泊内源污染控制与生态修复关键技术与实践应用	一等奖
2022	曾鸿鹄（桂林理工大学）	西南岩溶农业活动区水安全保障关键技术研发与应用	一等奖
2022	乔琪（中国环境科学研究院）	工业污染规律辨识与产排污量化关键技术及应用	一等奖
2023	刘锐平（清华大学）	典型行业废水特征无机物转化控制关键技术及应用	一等奖
2023	李翔（中国环境科学研究院）	重金属污染场地土壤－地下水污染协同防控关键技术及应用	一等奖
2023	张建（山东大学）	低碳型人工湿地污水再生关键技术与应用	一等奖
2023	冯玉杰（哈尔滨工业大学）	弱电介导强化水环境生态修复技术应用	一等奖
2023	白敏冬（天津大学）	陆海水域微小有害生物应急处置技术装备与工程	一等奖

索引

B

标准制定　11，12，50，56，70，72，74，84，93，103，107，110

C

产城融合　32
沉水植物　43，164，168~172，177，179，186，192
城市供水系统　25，26
城市排水系统　26
城市水环境与水系统协同治理　27
城市水系统健康循环　138，152，155
城市污水碳捕获　131，148
持久性有机污染物　6，9，28，39，41，87，106，108，180

D

底泥疏浚　162，163，175
低碳城镇水系统　138，153
电化学转化　121，122，142
电渗析　120，121，141
地下水异位修复技术　46
地下水原位修复技术　46
点源污染治理　160，180
毒害效应　16，17，32，90，103，106，107
多样性保育　167，183，193

G

工业用水　10，29，30，64，65，86，152，154
光化学转化　88，121，141

H

河道水质净化　161
湖滨带与缓冲带生态修复技术　40，166，183
湖泊生态补水技术　39，165，193
湖泊生态系统　37，38，65，66，113，157~159，165，170~172，177，183，186~190
湖泊生态修复技术　38，40，187
湖泊治理　37，65，157~159，162，165，170，176，177，179，183，186，188~190

213

环境基准　3，10，11，54~56，83，84，91，92，95，103，107，110，114，158
活性污泥法　31，32，34~36，123，130，131，139，143，160
活性污泥数学模型　63，124
混凝　19，24，30，31，43，62，63，119~121，125，126，129~132，137，140，141，146，149，152~154，160，165

J

集成技术体系　154，158，159，176
近零排放　30~32，65，139，153

L

蓝藻资源化　40，175，188
离子交换　19，30，120，121，126，141，150，163
磷回收技术　133，149，154
流域区域水环境协同治理　3，47

M

面源污染治理　161，181
膜分离　24，62，120，123，127，128，130，132，137，140，141，146，149，152，160
膜生物反应器　31，32，123，132，139，160

N

内源污染控制技术　39，161，164
农业面源污染　34，35，41，45，125，138，145，180，181
农业养殖污水　34，36

Q

区域再生水循环利用　28，29，33，64，72

R

入湖污染源解析技术　39，159

S

生态补水　39，158，159，165，166，181，182，185，193
生态风险　18，21~23，29，32，33，58~60，73，74，99，134~136，144，145，191
生态健康　13，14，16，23，39，47，57，68，70，71，73，75，83，84，90，96~102，104，105，110~114，136，140，145，157，190
生态修复技术　38，40，123~125，143~145，158，166，167，182~184，187，212
生物电化学转化　121，122，142
生物毒性　6，8，17，18，21，23，57，58，61，62，106~108，111，135，136，151，214
生物调控　38，40，172，186，187
生物完整性　57，68，89，97，98，101，104，105，111~113，185，193
生物膜法　31，43，123，143
数值模拟　5，7，9，45，140，165
数字孪生　15，52~54，63，74~76
水华防控　40，67，158，173，187，190
水环境　3~18，21，23，25，27~29，32~34，36，40，41，44~57，59~61，63~76，83~92，95，98~112，114，125，131，134，136，138~140，143，145，151，153，154，161~163，176~178，180，187，211，212

索 引

水环境基准　3，10，11，54，55，84，91，92，95，103，107，110，114
水环境学科　3~5，18，32，54，70~73，211
水环境质量标准　11，12，14，23，47，56，73，76，84，85，95，102，104，107，110，114，136
水环境质量评价　12，13，15，51，57，83，89~91，105，107
水生态系统健康　11，13，14，47，50，57，83，97，104，105，185，193
水生态环境保护与治理　53，158
水征　16，32，73，84，90，103，106，113
水质化学风险　21，60，134，150
水质生物风险　23，62，136，151

T

同位素示踪　46

W

微塑料　6，9，106
微藻技术　133
污水处理概念厂　131，148

X

吸附　7~9，19，22，31，32，35，38，42，43，61，88，120~123，126，127，129，130，132，133，135，141，146，149~151，154，160，161，163，176
消毒副产物　21~24，61，73，76，86，88，106，128，135，137，147，151，154，155
新污染物　6~9，15，21，22，33，39，41，60，61，70，71，87，90，91，110，111，114，120，123，131，133，135，140，143，145，147，148，150，151，153，154，180

Y

厌氧生物处理　31，122，124，144

Z

藻类生长抑制　174
转化潜势　16，17，32，90，103，106，107
指示物种　96，105，108，171，184，185